工业园区高难废水处理工艺设计实例

孙贻超　冯　辉　主编

化学工业出版社
·北京·

内容简介

《工业园区高难废水处理工艺设计实例》针对不同种类高难度工业废水，灵活应用国内外成熟处理技术，通过若干高难度工业废水处理工艺设计与开发，以期达到较好的处理效果，并且借助多年技术研发经验总结，对未来有望工业化的新型高级催化氧化技术进行了原理和试验性质的描述，全书内容既是对高难度工业废水处理技术的有益补充，又能够指导实际工程中高难度工业废水处理工艺开发。本书内容力图做到理论与实践、基本原理与应用的有机结合，突出工业园区高难度废水处理工艺开发的实用性，选取了一些成功运行的工程实例进行技术开发方面的详细介绍，注重指导技术研发。

本书适合从事水污染治理的科研人员和工程技术人员阅读，也可供高等学校相关专业的师生参考。

图书在版编目（CIP）数据

工业园区高难废水处理工艺设计实例/孙贻超，冯辉主编. —北京：化学工业出版社，2022.4（2023.8重印）
ISBN 978-7-122-40689-7

Ⅰ.①工… Ⅱ.①孙…②冯… Ⅲ.①工业园区-废水处理 Ⅳ.①X703

中国版本图书馆 CIP 数据核字（2022）第 022961 号

责任编辑：满悦芝　　文字编辑：王　琪
责任校对：宋　玮　　装帧设计：张　辉

出版发行：化学工业出版社（北京市东城区青年湖南街 13 号　邮政编码 100011）
印　　装：北京天宇星印刷厂
787mm×1092mm　1/16　印张 17¼　字数 422 千字　　2023 年 8 月北京第 1 版第 2 次印刷

购书咨询：010-64518888　　售后服务：010-64518899
网　　址：http://www.cip.com.cn
凡购买本书，如有缺损质量问题，本社销售中心负责调换。

定　　价：98.00 元

编写人员名单

主　编： 孙贻超　冯　辉

副主编： 丁　晔　苏志龙

参　编： 徐志勇　佟晓南　秦　微　秦萍萍　闫双春　张军港

李　鹏　王　锐　赵孟亭　侯国风　王森玮　杨　帆

李俊超　崔雪亮　贾晓晨　王　娜　邢　妍　姚晓然

董建铎　尹国盛　李晓鹏　刘　羿　赵　辉　张彬彬

何丽娟　闫　妍　赵风桐　赵明新　隋芯宜　杨文珊

赵　莹　王　晨　李　磊　何丽娟　温佳宝　吕佳静

轩一撒　苑植林　孙宜坤　刘利杰　王坚坚　王桐阳

前 言

工业园区高难度废水（也称高难废水）污染严重，处理难度大，如何对其进行有效的处理，一直都是环境科学与工程领域备受关注的话题。

导致工业园区高难度废水难处理的原因在于其污染物成分复杂、浓度高且多为生物难降解有毒有害物质，除此之外，来水水质、水量的波动幅度大，则进一步增加了其有效处理难度。

鉴于工业园区高难度废水的水质特点，单一方法并不能达到理想的处理效果，目前所采用的处理工艺均为各种技术的组合，因此针对高浓度有机工业废水水质特征，结合多种废水处理工艺理论，确定高效的处理技术至关重要。得益于行业领域内研究者已经做的大量技术研究、开发和工程实践，目前出现了更多的新技术和新工艺以及相关研究的新思路和新方法，为工业园区高难度废水的有效处理提供了更广阔的思路。

本书内容是编者多年工业废水处理技术研发、工程实践总结，针对不同种类高难度工业废水，灵活应用国内外成熟处理技术，通过若干高难度工业废水处理工艺设计与开发，以期达到较好的处理效果，编者借助多年技术研发经验，对未来有望工业化的新型高级催化氧化技术进行了原理和试验性质的描述，全书内容既是对高难度工业废水处理技术的有益补充，又能够指导实际工程中高难度工业废水处理工艺开发，深刻理解本书内容可以有效地提升相关从业者对于高难度工业废水处理的水平与能力。

本书共分为 7 章，其中：第 1、2 两章为综述章节，第 1 章主要介绍了当前针对高难度废水处理的现状和背景，并重点分析了几类典型的高难度废水，第 2 章主要介绍了高难度工业废水处理中常用的技术，包括常规物化工艺、高级化学氧化工艺和生化工艺等；第 3、4 两章主要以两个设计实例，描述了常见高级催化氧化技术处理高难度废水的工艺步骤，其中第 3 章主要针对 BTA 农药废水处理的组合工艺开发进行了详细叙述，第 4 章针对印染零排放母液废水处理的组合工艺开发进行了详细叙述；第 5、6、7 三章则针对目前还未见应用的新型高级催化氧化工艺，分别进行了试验研究，以探究其工业化应用的可行性，其中第 5 章针对光电催化氧化工艺处理难生化杀菌剂废水进行了详细叙述，第 6 章针对多级串联粒子电极工艺处理含酚废水进行了工艺开发描述，第 7 章针对隔膜电催化氧化除氨氮工艺进行了工艺开发描述。

本书内容力图做到理论与实践、基本原理与应用的有机结合，突出工业园区高难度废水处理工艺开发的实用性，选取了一些成功运行的工程实例进行技术开发方面的详细介绍，注重指导技术研发，适合从事水污染治理的科研人员和工程技术人员阅读，也可供高等学校相关专业的师生参考。

限于编者水平和时间，书中难免有疏漏和不足之处，请有关专家和广大读者批评指正。

编者

2022 年 4 月

目录

第1篇　工业园区高难度废水处理现状与常用技术介绍

第2篇 典型工业园区高难度废水工艺设计实例

第3篇 高难度废水处理新技术研究与分析

第 1 篇

工业园区高难度废水处理现状与常用技术介绍

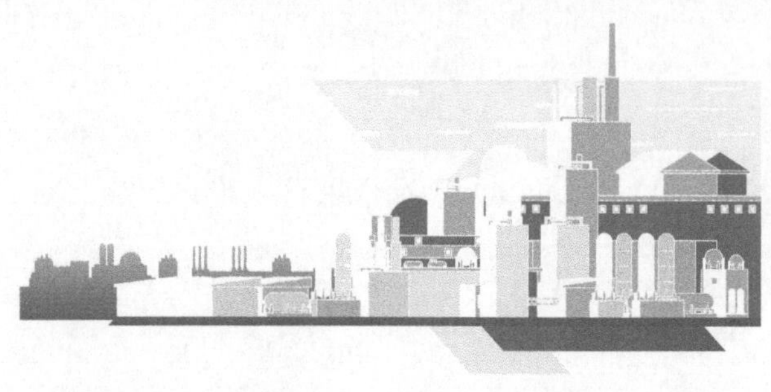

1 绪论

1.1 高难度废水定义

过去几十年来随着我国城市化和工业化进程的加快，造成了严重的水环境问题。“十一五”以来，国家大力推进截污减排，将其摆在中央和地方各级政府工作的核心位置上，在“十三五”期间，更是把生态文明建设首次写进五年规划的目标任务，因此水环境保护取得积极成效。但是，我国水污染严重的状况尚未得到根本性遏制，区域性、复合型、压缩型水污染日益凸显，已经成为影响我国水安全的最突出因素，防治形势十分严峻。为了解决水安全问题、提升环境质量、拓展发展空间，国家在 2015 年出台了更加严厉的《水污染防治行动计划》(简称“水十条”)。图 1-1-1 即为某地未加处理的工业废水直排河道，其后果是有可能造成河道流域的严重污染和生态损坏。

图 1-1-1　未加处理的工业废水直排河道

高难度废水是指化工、石化、冶金、煤化工、制药、染料、制革、造纸、食品加工、养殖等行业产生的工业废水，同时还包括海水淡化和再生水回用过程产生的浓水，废水中除了含有难降解的有机污染物外，还含有大量可溶性无机盐，主要有 Cl^-、Na^+、SO_4^{2-}、Ca^{2+} 等，水质复杂，pH 变化大，毒性高，危害大。此类废水一般是生化处理的极限，而大部分的污水处理均以生物处理系统为主，因此直接排入污水处理设施会破坏处理系统的运行，使污水厂出水无法满足排放标准，成为目前水环境治理中的难题。

高难度难降解有机废水难以生物处理，本质上是由其特性决定的：一是由于化合物本身的化学组成和结构在微生物群落中没有针对要处理的化合物的酶，使其具有抗降解性；二是

在废水中含有对微生物有毒或者能抑制微生物生长的物质（有机物或无机物），从而使得有机物不能快速的降解。图 1-1-2 所示即为典型的高色度高浓度难降解工业废水。

图 1-1-2 彩图

图 1-1-2 典型高色度高浓度难降解工业废水

此类废水在水质、水量等方面具有以下共同特性。

（1）废水所含有机物浓度高

几种典型的高浓度有机废水，如焦化废水、制药废水、纺织、印染废水、石油化工废水等，其主要生产工段的出水 COD 浓度一般均在 3000～5000mg/L 以上，有的工段出水甚至超过 10000mg/L，即使是各工段的混合水，一般也均在 2000mg/L 以上。

（2）有机物中的生物难降解物种类多、比例高

这类有机废水中，往往含有较高浓度的生物难降解物，且种类较多。如在典型的焦化废水中，除含有较高浓度的氨氮外，还有苯酚、酚的同系物以及萘、蒽、苯并芘等多环类化合物，及氰化物、硫化物、硫氰化物等；而比较典型的抗生素废水，则含有较高浓度的 SO_4^{2-}、残留的抗生素及其中间代谢产物、表面活性剂及有机溶剂等。

（3）除有机物外，废水含盐浓度较高

此类废水往往有较高的含盐量，致使废水处理的难度加大。如典型的抗生素废水，其硫酸盐含量一般在 2000mg/L 以上，有的甚至高达 15000mg/L。

（4）各生产工段排水的水质、水量随时间的波动性大

以焦化废水为例，一座中等规模的焦化厂，其水量在一天内可由约 $10m^3/h$ 变化到 $40m^3/h$，废水的 COD 浓度也可由约 1000mg/L 变化到 3000mg/L 以上，甚至更高；而制药废水除水量随生产工序的变化而剧烈变化外，COD 浓度更是可由每升几百毫克变化到几万毫克。

（5）废水处理方法本身也存在较大问题

处理这类废水，多采用生物处理，且以好氧法或好氧法的改进型（如 A/O 工艺等）为主，有的也采用厌氧生物处理。从这些工艺在国内外的实际运用情况看，主要存在工艺流程长、外加物（如外加碳源物、调节 pH 的药剂等）量大且费用高等问题。

由于高难度废水对微生物毒害大，采用传统的生物法难以处理，现有的技术也存在诸多不足，急需新型高效技术的开发和应用。高难度废水处理技术的研究已成为众多科研工作者

密切关注的重大科学问题。近年来处理高难度废水的研究方向，主要集中在新型材料、药剂的研制和新型反应体系的构建，希望可以提高污染物去除效率，实现无机盐类的资源化利用。而针对不同高难废水的特点，探索出高效节能、低成本的有机物预氧化技术和无机盐高效回收技术，已经成为广大研究人员的目标和诉求。材料科学的发展对难降解有机物去除技术的创新有巨大推动作用，十几年来针对新型催化材料的研究一直络绎不绝，然而探究催化材料在高盐体系中降解有机物的过程和机理研究尚有不足，这也成为高难度废水处理方面急需解决的科学问题。

1.2 高难度废水对环境的危害分析

高难度废水中所含有的污染物对于周围生态环境所带来的危害十分大，主要可以分为以下四个方面。

（1）急性中毒

高难度废水中的污染物在排入自然水体以及土壤中后会迅速造成水体和土壤等自然元素的污染，对周边的人、动物以及微生物等生物造成明显的不良影响，其所导致的急性中毒现象危害十分大。例如农药厂、印染厂等化工厂将生产所产生的废水不经严格的处理而排放到自然水体环境中，就会将其中存在的有毒物质直接排放到生活生产水体中，进而造成了整个水体受到有毒物质的污染，进而造成水域范围内的人类、牲畜、微生物、水生生物甚至是植物的中毒死亡。

（2）慢性中毒

高难度废水中的污染物会使人出现慢性中毒，废水排放到自然环境中，其本身的有毒物质在长期的自然环境放置下会逐渐扩散，有毒物质与周边生物体的长期接触会使得生物体体内有机毒物的浓度逐渐积聚，在达到阈值之后会显现出来有毒特征。一旦显现出来生物体的有毒特征，就表示生物体内的机体代谢能力已经受到了干扰，其免疫系统功能也遭到了一定的破坏，生物体自身的细胞组织机构也受到了很大程度的损伤，干扰了整个机体酶体系，导致了整个生物机体无法实现氧气的吸收、利用以及运行，同时也对整个机体产生了无法恢复的化学损伤。如图 1-2-1 所示，即为日本水俣病导致的身体畸形。

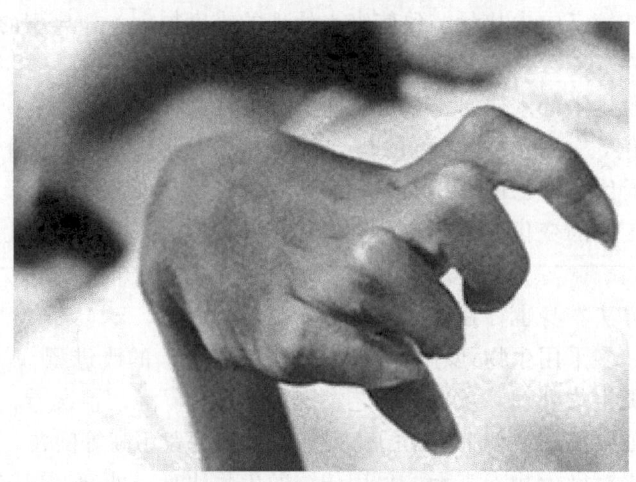

图 1-2-1　日本水俣病事件

(3) 潜在中毒

高难度废水中有些人工合成的有机物质本身的毒性不够明显，但是如果排放到外界与空气长期接触，随着空气的传播会对人体细胞产生不可逆转的伤害。人体在与有毒物质的长期接触中会发生机体细胞破坏现象，而这种受到破坏的细胞会出现不可逆转的损害，进而产生癌症、畸形等生物损害。这种损害对人体的危害十分严重。

(4) 生态环境破坏

高难度废水中的污染物排放到自然环境中，其内部的有机污染物会对生态环境产生严重的破坏，有机污染物长期滞留在自然环境中无法被降解。例如多氯联苯类有机物等污染物，其一般用于增塑剂、润滑剂等化学试剂的制作原料，由于它一般与有机溶剂和脂肪相溶，因此无法被自然微生物降解，排放后会残留在水土和大气环境内，尤其是在生物脂肪内存在现象十分普遍，对生物和生态环境的影响是长期的。

1.3 工业园区高难度废水的产生背景

化工、农药、制革、炼焦、染料等行业都会产生成分复杂、浓度高、含有难降解的有毒有害物质的有机废水，应用传统生化方法处理难度很大。

制药工业是国民经济的一个重要支柱产业，同时制药工业是国家环保规划重点治理的12个行业之一，据统计，制药工业占全国工业总产值的1.7%，而污水排放量占2%。医药制品可分为有机合成药、无机合成药、生物制药和中成药等几大类。产生的制药废水通常具有组成复杂，有机污染物种类多、浓度高，含难降解和对生物有抑制作用的毒性物质等特点，属于最难处理的废水之一，如图1-3-1所示，一般制药废水想要达标处理，单一工艺无法实现。

图1-3-1 彩图

图1-3-1 制药废水不同工艺段的出水

化学工业包括有机化工和无机化工两大类，化工行业生产工艺复杂，多数为人工合成，设计的化工原料、化工产品多种多样，在生产中产生的有机化工废水具有以下特点：成分复杂、水质水量变化大、污染物浓度高、含盐量高、色度高、毒性大、pH低、B/C低、可生化性差等，废水处理难度大，对化工废水的处理已成为世界性的难题。目前对化工废水的处理方法多采用物理法、化学法、生物法及联用处理等办法。如图1-3-2所示，为某化工污水处理厂正在进行化工污水处理。

图 1-3-2　某化工污水处理厂正在进行化工污水处理

1.4　工业园区高难度废水的处理意义

从人类早期历史来看，废水一直被看成是一种有害的东西，需要以廉价的、尽可能不影响环境的方式处置。这意味着，可以采用现场处置系统，如人类生活过程中产生的生活污水，直接排放到江河湖泊。

而在过去的一个世纪里，人们已经认识到这些方法会对环境产生不利影响。这使得人们开发出多种多样的废水处理技术，例如当今的城市污水处理系统。

随着工业的迅速发展，工业园区高难度废水的种类和数量迅猛增加，对水体的污染也日趋广泛和严重，威胁人类的健康和安全。对于保护环境来说，工业园区高难度废水处理比城市污水处理更为重要。

工业产生的高浓度有机废水中，酸、碱类众多，往往具有强酸性或强碱性。一是需氧性危害：由于生物降解作用，高浓度有机废水会使受纳水体缺氧甚至厌氧，多数水生物将死亡，从而产生恶臭，恶化水质和环境。二是感观性污染：高浓度有机废水不但使水体失去使用价值，更严重影响水体附近人民的正常生活。三是致毒性危害：超高浓度有机废水中含有大量有毒有机物，会在水体、土壤等自然环境中不断累积、储存，最后进入人体，危害人体健康。

工业园区高难度废水的处理虽然早在19世纪末已经开始，并且在随后的半个世纪进行了大量的试验研究和生产实践，但是由于许多工业废水成分复杂，性质多变，至今仍有一些技术问题没有完全解决。这点和技术已臻成熟的城市污水处理是不同的。

工业园区高难度废水的成分和性质相当复杂，处理难度大，费用大，必须采用综合防治措施。最根本的措施是用无毒原料取代有毒原料，以杜绝有毒废水的产生。在使用有毒原料的生产过程中，采用合理的工艺流程和设备，消除逸漏，以减少有毒原料的耗用量和流失量。重金属废水、放射性废水、无机毒物废水和难以生物降解的有机毒物废水，应尽可能与

其他废水分流，就地单独处理，并要尽量采用闭路循环系统。或在厂内进行适当的预处理，达到排放标准后再排入下水道。相对清洁的废水如冷却水，在厂内经过简单处理后循环使用，以节省水资源，减轻下水道和污水处理厂的负荷。性质近似于城市污水的工业废水可排入下水道，由污水处理厂集中处理。一些能生物降解的有毒废水如含酚、氰废水，可按排放标准排入城市下水道，与城市污水混合处理，无法排入城市下水道的高难度废水，则应单独处理达标后排放，图 1-4-1 为天津港“8・12”事故产生的含氰废水，属于典型的难处理高浓度废水，需要单独处理达标后排放。

图 1-4-1 天津港爆炸产生大量的含氰废水

着眼未来，为了经济利益，为了可持续发展，我们必须将废水看作是一种原料。清洁的水变得越来越稀少，因此应该对废水进行处理并回用。废水中丰富的营养物，如氮和磷，在某些处理过程中被回收并用于种植农作物。为了实现可持续的未来，我们必须越来越多地使用这种方法，致力于提高废水中的能量利用率。那废水处理又有什么积极的意义呢?

首先，废水处理能够有效地保护水资源，提高水资源的利用效率，从而造福人类。废水如果直接被排放到江海湖泊当中，不仅会污染水资源，更重要的是会造成生态破坏，从而引发一系列的严重后果，人类会面临水资源短缺的问题，进行废水处理能够防范这一问题，从而缓解我国水资源紧张的状况。

其次，废水处理有利于稳定社会与经济发展。通过废水处理技术可以实现水资源再生，最重要的是废水处理之后再排入江海湖泊当中时不会给当地的生态造成破坏，从而稳定生态平衡。无论是经济发展还是社会建设，都需要在一个稳定的生态当中才能够实现，由此可见，废水处理对社会发展以及经济发展有十分重要的作用。

有鉴于此，近年来我国越来越注重工业废水的治理，可以预见，未来五年内，国家将进一步加大工业废水的治理力度。

我国在十多年前就已开始治理工业废水，并不断加大投入，大部分工业企业也都建设了废水处理设施；同时，国家实行排污许可证制度，要求直接或者间接向水体排放废水的企业事业单位，应取得排污许可证。但由于违法成本低等原因，个别工业企业偷排、造成严重环境污染的现象仍旧时有发生。废水污染事件引发社会持续关注，并将进一步成为推动政府出台更严格治理政策措施的催化剂。

在“水十条”落地和“十三五”拉开序幕之际，水环境市场迎来难得的发展机遇。据有关部门粗略估计，2017年污水处理行业可形成400多亿元的产值，2020年产值可增至840亿元，2025年可达1300亿元。行业发展前景巨大。

工业废水治理行业与经济周期的变化紧密相关，很大程度上依赖于国民经济运行情况以及工业固定资产投资规模的波动。在国民经济发展的不同时期，国家的宏观政策也在不断调整，该类调整将直接影响到工业废水治理行业的发展。我国经济近年来一直保持较高的增长速度，固定资产投资快速增长。今后一段时间，在国家有效宏观调控的基础上，国民经济将继续保持快速增长的趋势，工业废水治理行业作为朝阳产业，受益于国民经济快速增长，也将迎来快速发展的有利时期。

1.5 典型高难度废水处理现状

1.5.1 农药废水

(1) 我国农药工业现状及特点

农药（pesticide）是指用来防治农作物（包括树木、水生物）的病原菌、病毒、虫、螨、鼠及其他动植物的化学药剂。

农药的分类方法很多，按用途可分为杀虫剂、杀菌剂、除草剂、杀螨剂、灭鼠剂等；按化学结构可分为有机硫、有机氯、有机磷、氨基甲酸酯、菊酯、无机类等；按加工剂型可分为粉剂、乳油、糊剂、悬浮剂、粒剂、烟剂、气雾剂、片剂、水剂等。

农药是保证农作物高产丰收的重要农业生产资料，一直是化学工业发展的重点。目前我国有农药生产企业1000多家，其中原药400多家，原药的年生产能力近70万吨，年产量近30万吨，居世界第二位。我国生产的农药中，原药品种有200多个，制剂有700多种。在这200多个原药品种中，杀虫剂产量最大，占总量的70%以上，其次是杀菌剂，占13.5%左右，除草剂排第三位，约占13%。年生产能力在万吨以上的品种有15个，其中杀虫剂11个，为敌百虫、敌敌畏、乐果、氧化乐果、甲基对硫磷、对硫磷、甲胺磷、辛硫磷、水胺硫磷、克百威、杀虫双；杀菌剂1个，为多菌灵；除草剂3个，即丁草胺、乙草胺、草甘膦。

目前我国农药工业的整体水平与世界发达国家相比仍存在较大的差距，主要表现在产品结构不尽合理：老品种多，高附加值和超高效品种少，毒性大，环境友好性差，因此通常用三个70%来形象地说明我国目前农药生产的现状，即杀虫剂占农药总产量的70%；在杀虫剂中，有机磷杀虫剂占70%；在有机磷杀虫剂中，高毒品种占70%。这种农药品种的格局，不仅直接影响我国农药工业的整体效益，我国农药年产量占世界总产量的1/8，而销售额仅为200亿元，为全球农药销售总额的1/14，而且由于有些高毒低效农药的残留大，对环境造成了较大的危害。1983年以前，有机氯农药被大量使用，我国六六六、DDT等多年累积的使用量分别高达400万吨和50万吨，以至于被禁用近30年后，发现受这两种农药污染的农田面积达到1333万平方千米。个别地区小麦中六六六含量超标率为95%，部分出口产品因残留农药超标而被退货。

传统的高毒低效农药影响环境已是不争的事实，近几年我国环境状况公报中提到，因为农用化学品不合理的使用，造成耕地质量降低、面积减少等负面影响，因此为了保证农业的可持续发展和生态环境免遭破坏，我国农药工业的研究开发已向绿色农药的领域发展，开发一些高效低毒农药，如用菊酯类或以吡虫林为代表的新烟碱类杀虫剂代替部分有机磷杀虫

剂。它们具有高效、低毒、内吸及与其他杀虫剂无交互抗性等特点，如杭州某厂与法国某公司合资成立的某有限公司开发生产的一种新型生物杀虫剂，这种杀虫剂的使用解决了浙江农民在施用传统农药杀灭水稻害虫时，连同杀死了周围桑树上的蚕这一长期困扰当地农业发展的问题，既保证了水稻丰产，又有助于发展养蚕织绸。

因此，21 世纪我国农药工业除继续加大农药“三废”治理的力度外，将致力于开发生物合理农药和环境和谐农药，以高效、低毒农药逐步替代传统的高毒农药，保证农业的可持续发展和良好的生态环境。

(2) 农药工业的污染

农药生产所排放的“三废”中，废气主要是作为原料使用的氯气、二氧化硫、光气等的剩余物及反应产生的硫化氢、盐酸气、氮氧化物等。在这些尾气中，除光气外，其余均可采用液相吸收的方法来处理，光气尾气一般用水解法处理。其工作原理是光气和水（或稀盐酸）在催化剂 SN-7501 中反应生成二氧化碳和盐酸，从而达到去除光气的目的。

农药生产中排放的废液和废渣一般较少，如多菌灵、杀螟松、呋喃酚等农药的生产过程中排放少量的废渣，有些农药品种则排放少量的废液。由于这些废液、废渣的热值均在 102kJ/kg 以上，因此对这些少量的固体废物采用焚烧的方法即可完全处理达标。许多规模较大的农药厂在生化处理废水的同时，上一台小型焚烧炉即可处理少量固体废物或 COD 特别高（有时盐含量很高）的废水。

目前，农药工业的污染主要来自于生产过程中所排放的废水，据统计，全国农药工业每年排放废水约 1.5 亿吨，主要是生产过程中的排水、产品洗涤水、设备和车间地面的清洗水等。农药行业的废水具有以下特点。

① 有机物浓度高，毒害大。合成废水的 COD 一般在几万毫克每升以上，有时甚至高达几十万毫克每升。

② 污染物成分复杂。以有机磷农药的生产废水为例，不仅含有大量的有机磷和二价硫（当废水中 COD 为 3000mg/L 时，有机磷浓度高达 200mg/L，二价硫浓度超过 300mg/L)，而且还含有大量的合成过程中未反应的中间体、副产物，如对敌敌畏、甲基 1605 的废水进行剖析，鉴定出的 9 种有机化合物中，2 种为原药，6 种为原药降解产物，1 种为其他芳香化合物。

③ 难生物降解物质多。如甲基氯化物废水，当进水 COD 浓度为 1000mg/L，停留 24h，COD 去除率仅为 50%～54%，同时活性污泥逐渐松散。乐果、马拉硫磷等合成过程中产生的含二硫代磷酸酯类化合物的废水亦属于难生物降解废水。

④ 吨产品废水排放量大，而且由于生产工艺不稳定、操作管理等问题，造成废水水质、水量不稳定，为废水的处理带来了一定的难度。

表 1-5-1 列出了几种主要有机磷农药废水的水质水量情况。

表 1-5-1 几种常见有机磷废水排放情况

产品及废水名称	排放量/(t/t)	废水组成/(mg/L)		
		COD	总有机磷	其他污染物
敌百虫合成废水	28	23000～25000		
敌敌畏合成废水	4～5	4000～5000	4000～5000	
乐果母液洗涤水	3	1174	55	甲醇 1377
硫磷酯废水	1.6	1396	44	氯化铵 116，粗酯 5.93%

续表

产品及废水名称	排放量/(t/t)	废水组成/(mg/L)		
		COD	总有机磷	其他污染物
马拉硫磷合成废水	3～4	50000～95000	15000～50000	甲醇、乙醇等
对硫磷合成废水、洗涤水	4～21	8000～21000	250～1400	对硝基酚钠 3000～20000，硫化物 1500～2500
甲基对硫磷、甲基氯化物及缩合废水	9～12	25000～80000	5000～6000	对硝基酚钠 2000～12000
甲胺磷、甲基氯化物氨解废水	17.3	75000	4600	氨氮 68000

农药有机废水的排放，不仅直接造成总磷、氨氮超标，使水体富营养化，藻类植物大量繁殖，另外有些含高毒农药及酚、氰等化合物的废水排放，对水体中的各种动植物造成了极大的危害，同时对地下水及地表水造成污染，严重影响人类的生存。

(3) 国内农药工业废水治理现状

国内农药工业废水治理是从 20 世纪六七十年代开始的。当时，由于技术、经济及人们对环境的认识等原因，治理工作仅停留在表面上。80 年代以后，随着全球环境质量的恶化，人们的环境意识逐渐增强，政府、企业等方面都大力参与到环境治理的工作中。为了保护我国的水流域，1996 年国务院下文要求所有排污单位必须于 2000 年前治理达标排放，否则将一律关、停、并、转，因此企业为了自身的生存和发展，全力以赴地开展环保治理工作。

目前国内外的农药废水处理基本上是采用预处理加生化处理的方法。据资料介绍，包括美国、日本、西欧等发达国家和地区，农药工业废水 80%以上是采用生化法处理。我国自 20 世纪 60 年代开始对有机磷农药废水处理进行研究，并于 70 年代初陆续在杭州、天津、南通、宁波、苏州等地的农药厂建立了几十套生化处理装置。这些装置的建成和使用大大降低了农药废水中污染物的排放量，使农药工业的污染治理走在了精细化工领域的前列。通常用于农药废水的治理方法可归纳为物化法、化学法和生化法。

(4) 我国农药废水处理展望

我国水资源严重匮乏，按人口平均占有径流量计算，每人每年平均约为 2700m^3，只相当于世界人均占有量的 1/4，位于世界各国的第 88 位，而且随着污染的加重，可用水量逐年减少。因此，为了改善我国的水环境和我国经济的可持续发展，应该加强农药工业的“三废”治理。

① 加大推广清洁生产的力度　俗话讲“解铃还需系铃人”，为了减轻废水治理负担，真正从根本上彻底解决污染，必须从源头抓起，即在农药的研究开发及生产过程中改进工艺，降低污染物的排放量，推行清洁生产。

为了避免农药的污染和对人、牲畜的危害，农药的研究应向高效、高纯度、低毒、低残留、多样化作用机制和缓释化合物方向发展，开发研究一些环境友好农药，用生物技术和细菌发酵工艺开发生物农药并逐渐替代合成农药。

在农药及中间体的生产中，应尽量采用没有或有很少废水的工艺。苯胺类衍生物是农药中常用的中间体，一般的工艺是苯在混酸中进行硝化，然后利用铁粉或硫化碱还原，这样即产生大量的混酸废水，同时亦有大量的铁泥或含硫化碱废水产生。

针对这些问题，沈阳化工研究院开发了定向催化硝化，常压、高压催化加氢工艺，并应用于工业化生产中，彻底解决了污染问题。如开发的对异丙基苯胺（农药异丙隆的主要中间体）、

甲胺磷、草甘膦、2,4-D、久效磷等几种农药的清洁生产新工艺，甲胺磷通过对氯化、胺化工序的改进，使氯化收率提高到85%以上，胺化收率达95%，废水中COD和有机磷的排放量减少30%；久效磷通过对氯化工序的改进，收率可提高5%左右，同时采用废水套用的方法，使氯化废水量减少50%。因此开发应用清洁生产新工艺，是彻底解决污染问题的根本所在。

② 研究开发废水处理新方法　虽然目前国内大部分农药厂已建立了废水处理装置，但由于处理效果不好，常规预处理加生化的二级处理方法占地面积大、运行费用高。因此很难保证所有设施均能正常运转，开发处理方法简单、运行费用低、处理效果好的新型废水处理方法是当务之急。

ASBR（厌氧序批间歇式反应器）是20世纪90年代由美国艾奥瓦州立大学R. R. Dague教授在厌氧活性污泥法的基础上提出并发展起来的一种新型高效厌氧反应器，ASBR能够使污泥在反应器内的停留时间延长，污泥浓度增加，从而极大地提高了厌氧反应器的负荷和处理效率，并且使厌氧系统的稳定性和对不良因素（如有毒物质）的适应性增强，是水污染防治领域的一项有效的新技术，可广泛应用于各行业的废水治理中。近十年来，人们对ASBR的设计、操作、工艺特性、颗粒污泥的微观结构及各种影响因素进行了研究，取得了显著成果，并已建立了中试系统用于屠宰厂废水治理中。

ASBR反应器能够在5～65℃范围内有效操作，尤其是能够在低、常温（5～25℃）下处理废水，当进水COD小于1000mg/L时，溶解性COD去除率达92%～95%。相信在我国国情下，这种处理效果好、建设投资低、运行费用低的ASBR方法具有较广泛的开发应用前景。

A/O（水解-好氧处理）工艺也是20世纪90年代开发出来的有机污水处理技术。经A/O处理后的废水COD总去除率可达98%，该方法具有操作简单、运行稳定、耐冲击负荷能力大、受气温变化影响小、pH适应范围宽（5～10）等优点，与全好氧生化处理工艺相比，可处理高浓度有机废水，节省40%～50%能耗，占地面积可减少25%左右。上海金山联合环境工程公司开发此项技术，并已在国内制药、印染等十多家企业应用，取得了较好的处理效果，因此值得在农药废水的治理中推广应用。

物理法是目前国际上比较推崇的一种新型高效的污水处理技术，它是利用电磁波、超声波、电解槽等先进工艺，将污水进行处理，这样既减少了占地面积，节约了药剂和能耗，极大地降低了运转费用，同时彻底处理污水。据报道，韩国清州市HANA株式会社生产的AMT水处理设备（物理法原理）用于处理日产70t的屠宰厂废水，进水COD为1000mg/L，经几小时处理后，出水COD为7～9mg/L，水体澄清，几乎可作为饮用水使用。最近有几篇美国专利介绍了用电的方法处理有机废水。它采用盘状电极膜（dished electrode membrane，DEM）电池的形式，使有机物在电极表面或液体中发生一级或二级氧化，有机物氧化分解为二氧化碳，氨气和水，从而彻底解决污染问题。该方法可处理包括苯酚、氰、胺类、硝化物、卤代物、有机磷等多种污染物。它既可以单独使用，也可作为一种预处理方法或作为排放前的终端处理方法。在我国还没有类似的文献报道，因此值得投入力量对该方法进行深入研究。

1.5.2 印染废水

印染行业是纺织工业水污染减排的重点环节，印染废水约占纺织工业废水的80%。2011年，全国各行业工业废水总排放量为212.90亿吨，其中纺织工业废水排放量为24.08

亿吨，占全国各行业工业废水总排放量的 11.31%，位列全国各行业工业废水排放量的第三位，仅次于造纸及纸制品业、化学原料和化学制品制造业。纺织印染行业 90% 以上分布在沿海五省，重点流域内，太湖、淮河、海河、辽河、三峡库区及上游、东江是纺织印染行业的主要分布地区，如加上钱塘江流域（杭州、绍兴、宁波），所占比重占印染行业的 60% 以上。如图 1-5-1 所示，为绍兴某地印染企业废水处理站运行实景。

图 1-5-1 印染废水处理

（1）印染废水的特点

纺织印染废水排放的废水中含有纤维原料本身的夹带物，以及加工过程中所用的浆料、油剂、染料和化学助剂等，印染废水具有以下特点。

① COD 变化大、浓度高，各工艺废水混合后的平均浓度为 1500～2000mg/L，BOD_5 小于 500mg/L，B/C 比例一般小于 0.25，属于难处理废水。

② pH 高，如硫化染料和还原染料废水 pH 可达 10 以上，丝光、碱减量废水 pH 可达 14。

③ 废水的色度大、有机物含量高，且含有大量的染料、助剂及浆料，有些废水黏性大。

④ 水温水量变化大，由于加工品种、产量的变化，可导致水温一般在 40℃以上，从而影响了废水的生物处理效果。此外，由于浆料、染料及助剂的大量使用，如聚乙烯醇和聚丙烯类浆料不易生物降解、含氯漂白剂污染严重，致使印染加工过程产生的废水污染严重，难降解性强。

（2）印染废水的处理与资源化

这样的废水如果不经合理的处理或经处理后未达到规定排放标准就直接排放，不仅直接严重破坏水体、土壤及其生态系统，而且直接影响国家减排目标的实现。

现有的印染废水治理及资源化关键技术仍然缺乏突破，废水处理与资源化技术难以实现产业化。

① 印染企业/园区/基地缺乏应对新排放标准稳定达标的技术支持 2012 年 11 月 19 日，环保部发布了新的《纺织染整工业水污染物排放标准》（GB 4287—2012），于 2013 年 1 月 1 日开始执行，对现有企业设置了合理的过渡期，要求在 2015 年 1 月 1 日达到新建企业的污染控制水平。与 1992 年颁布的标准相比，新标准中包括 COD 在内的各污染物的排放限值均明显更加严格，并增加了总氮、总磷、可吸附有机卤化物（AOX）等指标。由于缺乏适

应新的国家需求的印染废水处理技术支撑，使得现有印染废水处理存在技术选择不科学、工艺流程长、工艺设计参数不合理、处理效率低、工艺运行不稳定、设备投资及处理成本高等诸多问题，致使该类废水得不到有效处理，导致许多企业采用高倍稀释处理，甚至超标排放，不仅严重污染环境，而且直接威胁到人们的安全和健康。

② 印染行业废水排放量大、水资源循环利用率低　以机织棉及其混纺织物厂为例，其用水量一般为2.5～4t/100m，是国外同行业的2～3倍，而国内中西部地区大部分印染企业，工艺设备更落后，企业单位产品取水量在4.5～5.5t/100m，个别企业甚至更高，达8.0t/100m；万米布耗标准煤约为国际先进水平的1.8倍，总耗能为国际先进水平的3倍。近年来，国家和地方对印染行业清洁生产和污水处理非常重视，但水耗仍居高不下，实际生产中，水的重复利用率仅为15%，处于各行业的最低水平，已经危及到可持续发展战略的实施。

③ 印染行业尚需示范工程及推广平台相关的技术支持　我国部分印染企业产业结构不尽合理，对物质、能量等方面的综合利用考虑不足，从而对生产过程带来的污染及废物再利用的需求较高，因此，节能减排的工艺及技术需求巨大。“十一五”期间，虽然在重点流域的一些企业开展了废水资源化的示范项目，但是这些示范项目存在规模较小、示范效果不明显等问题，难以形成规模效应，加之缺少工艺集成技术，相应的关键技术更是难以推广。

④ 印染废水处理设备及药剂缺乏系列化、标准化　目前我国印染行业要实现印染废水深度处理与资源化主要存在以下三方面的问题：一是虽然废水处理相关的水专项课题研究与应用取得了很多成果，但是针对印染废水深度处理及资源化利用的水专项产业化标志性成果不显著，急需规模化的行业示范效应；二是印染废水处理设备和药剂缺乏系列化及标准化；三是目前印染废水处理所采用的关键设备和重大装备国产化率低，仍依赖欧美、日本等生产的设备，在购买及使用维护过程中花费较大，使企业实现资源循环利用的成本偏高。

实现关键设备和重大设备的国产化不仅能扩展国内的环保市场，增加环保行业产值，同时也能使印染企业在实现资源循环利用过程中降低成本。

随着环境管理日益严格和污染治理技术不断进步，我国大部分工业企业污染治理已初见成效，单位产品的废水产排量逐步削减，但印染行业仍然是造成水体污染的重要来源，难降解污染物资源化与无害化处理的产业化、标准化的成套技术、药剂和关键的核心设备具有广阔的市场需求，急需科技支撑。

1.5.3　冶金废水

总体上看，我国仍然处于工业化初期，钢铁冶金比重依然偏高。以矿石开采、加工和制造为一体的钢铁冶金行业是资源消耗量大、水环境污染严重的行业。我国环境形势日益复杂和严峻，新的环境问题不断涌现，节能减排的压力不断加大，而现有的废水资源化关键技术仍然缺乏突破，未形成成套工艺、技术与综合性推广平台，废水资源化与“零排放”技术难以实现产业化。如图1-5-2所示，为某冶金企业运行场景。

因此，需要加快实施结构调整、产业升级，发展循环经济，提高资源能源利用率，推动兼并重组和节能减排工作，建设科技含量高、资源消耗低、经济效益好、与环境协调发展的现代化钢铁冶金工业。

(1) 冶金废水的处理和回用

现阶段我国冶金（钢铁）工业废水排放量大，同时焦化废水的低成本深度处理和回用一直是钢铁工业污水治理的重点和难点问题。

图 1-5-2 冶金企业内景

钢铁、煤化工等行业在缺水地区集中布局，焦化废水 COD 和氨氮排放浓度高、资源化利用水平低、总氰和苯并芘处理技术缺乏，难以满足技术集成及污染控制提标要求。我国钢铁冶金行业现有污染处理设施工艺技术发展不平衡，不能满足污染排放标准升级要求。由于缺乏相应的水污染防治技术支撑，使得现有难降解废水处理设施存在技术选择不科学、工艺流程长、工艺设计参数不合理、处理效率低、工艺运行不稳定、设备投资及处理成本非常高等问题，使得该类废水得不到有效处理，以致部分企业采用高倍稀释处理，个别企业甚至超标排放，不仅严重污染环境，而且直接威胁到人们的安全和健康。

（2）冶金行业的污染防治问题

近年来，随着我国环境保护力度的加大，我国重点流域（如辽河流域）水质恶化的趋势有了明显减缓，重点饮用水源地污染风险基本可防可控，干流河段 COD 已基本消除劣Ⅴ类，部分区域水生态环境有所恢复。但随着我国工业发展规模化和城市化进程的不断加快，流域水环境污染防治仍然面临着巨大压力。发达国家上百年工业化过程中分阶段出现的环境问题，已在我国短时期集中出现，钢铁冶金行业污染排放特征依然突出，新的污染防治问题又将出现，具体表现在以下方面。

① 钢铁冶金行业节水效果明显，但分布面广，污染物排放点分散，排放总量偏大，环境污染形势依然严峻。根据钢铁工业环境保护统计，中国粗钢产量从 2006 年的 4.2 亿吨增加到 2011 年的 6.9 亿吨，粗钢产量占全球总产量的 45.5%。钢铁工业已成为体现我国综合国力的一个重要标志。钢铁企业的水污染控制及废水资源化成为我国近年来经济、环境可持续发展领域的重点、热点问题。随着近年来积极贯彻节水减排方针，我国钢铁企业的吨钢取水量、废水处理率、排水指标等均有较大改观。图 1-5-3 为某冶金企业内部污水处理厂运行场景。

② 废水种类多，成分复杂，难生物降解，危害性大，存在潜在的环境风险。钢铁冶金行业仍有一部分难处理污、废水的处理、处置一直未能妥善、有效解决。这导致我国钢铁工业的常规水取用量以及 COD 等污染物排放量目前仍在全国工业废水排放总量中占据较高的比重。与国外发达国家相比，我国钢铁工业的节能减排工作还存在着较大差距。在废水资源回用方面，循环利用率较低，污水净化技术、水质稳定技术、节水技术等方面还无法满足日益严格的环保要求。焦化、煤化工等已成为我国主要流域及国内很多地区的支柱产业，但过

图 1-5-3 冶金废水处理

程水资源消耗高、污染排放强度大、污染无害化技术缺乏已造成当地水体有机污染尤其是难降解有毒有机污染严重超标。钢铁工业的焦化厂在炼焦和煤气生产过程中产生了大量的含难降解有机污染物的焦化污水，该污水中含许多高污染、难降解有机物，如多环芳烃类化合物、杂环化合物、酚类化合物、有机氯化合物等，具有浓度高、毒性大且难以生物降解的特征，是流域水环境污染的主要原因之一。

我国大部分煤化工企业仅能生产炼铁用焦炭、甲醇等初级产品，产能低、产业链短、资源利用率低、环境污染严重，已严重制约当地经济的可持续发展，威胁人畜健康和生态安全。据不完全统计，2010 年全国焦炭产量已达到 3.88 亿吨，产生废水超过 2 亿吨，绝大部分企业至今无法实现废水达标排放。

随着钢铁企业升级改造，我国一些新建或改造焦炉采用干熄焦工艺后，以前用于熄焦的焦化污水已无法进行有效消纳；并且湿熄焦以及高炉冲渣等回用方式造成了生产作业环境的恶化以及污染物形式的转移。同时，虽然焦化污水经过处理后已经达到排放标准，但仍会对周边的水体造成污染和增加容量压力。为引导行业可持续发展，促进产业技术升级，生态环境部正在制定焦化行业废水排放标准，其中不仅进一步提高 COD 等污染物的排标准，而且新增了单位焦炭产水量、苯并芘浓度、总氰浓度等指标，尤其是要求独立焦化企业不许外排废水。所以，当前对焦化污水进行深度处理回用实现零排放，已经刻不容缓。开展焦化酚氰污水深度处理回用的研究工作，真正实现处理工艺持续稳定、处理水循环利用是钢铁企业及化工企业责无旁贷的历史任务。将焦化污水能深度处理到工业循环水的补充水标准，目前可行的处理措施是利用膜法脱盐。但是由于膜对于进水水质的要求较高，膜前预处理技术可靠性成为制约此方法运行稳定的瓶颈问题。解决膜前预处理问题，则可以顺利采用膜法降低焦化污水生化出水中的较高的含盐量，使其能够达到回用于循环冷却水的水质指标要求。

1.5.4　石化废水

石化行业是国民经济重要的支柱产业和基础产业，资源、资金、技术密集，产业关联度高，经济总量大，产品应用范围广，在国民经济中占有十分重要的地位。石化废水种类繁多，组成复杂，大多含有石油类、酚类等难生物降解毒害污染物，且往往含有高浓度氨氮、有机氮、悬浮物、氯化物等，通常的生物处理过程很难适应。我国石化行业吨原油加工的新鲜水耗量和污水排放量分别为1.5～2.5t/t和0.7～2.0t/t，高于国外同类行业的40%～200%，这主要与我国技术创新能力有待进一步提高、节水减排技术水平有待提高、成果转化率较低等因素有关，因而影响了石化企业的清洁生产、污染控制和循环回用等技术水平。图1-5-4即为某炼化厂内部污水处理站运行实景。

图1-5-4　石化废水处理

目前，我国石化废水处理产业集中度偏低，市场内企业技术良莠不齐，导致传统石化废水处理仍存在着污染物难以稳定达标、废水回用率较低等问题。随着国家重点流域排放标准的提高由《污水综合排放标准》(GB 8978—1996）提高至《城镇污水处理厂污染物排放标准》(GB 18918—2002）以及行业清洁生产标准的推行，亟须强化去除COD、石油类、氨氮、悬浮物等污染物。

我国石化化工行业废水处理存在技术水平不高、设施稳定达标运行困难、资源回收利用不足等问题，开发集“除油除浊、脱氮脱盐”等功能于一体、符合国家环保要求的标准化、成套化技术和装备势在必行。目前，石化废水处理的新工艺主要是强化预处理和深度处理。针对原水中高浓度重污油和总固体物等问题，通过清洁生产加强源头控制；针对废水中悬浮物高等问题，通过强化预处理加强负荷削减；针对生化出水中较高的COD、石油类、氨氮、总氮、悬浮物和难生物降解污染物，需加强高效物化等提标处理；针对中水回用工艺所面临的回用率低、浓水处理处置难等问题，通过脱盐软化等深度处理技术提高回用率、改善出水水质。

未来通过废水资源化实现“节水减排”，通过近“零排放”推动产业升级，快速有效地

在重点流域内石化化工行业进行产业化推广，实现重点流域污染物减排、水环境改善的目标，并为重点流域水生态系统健康的发展目标奠定坚实的基础和技术支持。同时进一步优化“跨省区、跨流域”的“政产学研用”科技创新体系及平台运行机制，围绕“工业源节水减排、水资源再生利用”建成国家级“产业技术创新联盟”，并实施实体化、市场化运行，加快“协同研发、特色集成”的“新产品、新技术、新装备”规范化应用、产业化推广，实现新兴环保产业的高端化培育、规模化发展。

1.5.5 制药废水

制药行业是我国国民经济的重要组成部分，是我国发展最快的行业之一，目前我国已成为全球化学原料药生产与出口大国和全球最大的药物制剂生产国之一。《中国统计年鉴2011》：我国医药制造业 2010 年废水排放量达到 52606 万吨，占工业废水排放总量的 2.48%；国家统计局 2010 年公布的《第一次全国污染源普查公报》：医药制造业的化学需氧量排放量为 21.93 万吨，占工业废水化学需氧量排放总量的 3.07%。制药废水中含有药物残留、药物中间体、制药过程中使用的活菌体等特征污染物通过废水排放等途径进入环境，其生物安全性问题（生物毒性、致细菌耐药性）被长期忽略，对人体健康存在潜在危害，国内在这方面的研究尚处于空白。

制药废水大部分为高浓度有机废水，难处理、难以稳定达标，发酵类制药企业恶臭扰民，抗生素菌渣处理处置无经济合理、切实可行技术途径等环境问题，制约制药行业的可持续发展。国家“节能减排”战略的实施，对制药行业水污染防治提出了更高要求，急需建立行业环境技术管理体系。如图 1-5-5 所示，为某制药企业内部污水处理站运行场景。

图 1-5-5 制药废水处理

（1）制药废水的特点

化学合成类、发酵类制药废水的特点是有机物含量高、成分复杂多变且多含杂环类、难降解物质多、对微生物抑制性强、毒性大、色度深和含盐量高，特别是生化性很差，且间歇排放，属难处理的工业废水，污染严重。

（2）制药废水的处理工艺

化学合成类制药废水采用的处理工艺主要包括："厌氧-好氧"组合工艺、"水解酸化-好氧"组合工艺以及单独"好氧"工艺。

其中"厌氧-好氧"二级处理工艺应用率最高，所占比例为53.6%。厌氧生物处理技术主要包括上流式厌氧污泥床（UASB）、两相厌氧消化反应器、厌氧膨胀颗粒污泥床（EGSB），其应用率分别为78.6%、14.3%、7.1%。好氧生物处理技术主要包括生物接触氧化法、吸附生物降解法（AB法）、MSBR法、序批式间歇活性污泥法（SBR法）及其变形工艺循环活性污泥法（CASS法）、活性污泥法，其应用率分别为61.5%、3.8%、3.8%、11.6%、11.6%、7.7%。

部分化学合成类制药企业对难以生化处理或生物毒性较大的高浓度有机废水采用了预处理技术，主要方法为：电解法、混凝法、气浮法、芬顿氧化法。部分企业采用了深度处理技术，主要方法为：芬顿氧化池、活性炭吸附、混凝沉淀、气浮。

发酵类制药废水采用的处理工艺主要包括："厌氧-好氧"组合工艺、"水解酸化-好氧"组合工艺以及单独"好氧"工艺。其中"厌氧-好氧"二级处理工艺应用率最高，所占比例为62.2%。厌氧生物处理技术主要包括上流式厌氧污泥床（UASB）、两相厌氧消化反应器、厌氧膨胀颗粒污泥床（EGSB），其应用率分别为87.0%、8.7%、4.3%。好氧生物处理技术主要包括生物接触氧化法、循环活性污泥法（CASS法）、序批式间歇活性污泥法（SBR法）、活性污泥法、膜生物反应器（MBR法、MBBR法）、AB法、氧化沟法，其应用率分别为47.6%、16.7%、14.3%、11.9%、4.8%、2.4%、2.3%。

部分发酵类制药企业对难以生化处理或生物毒性较大的高浓度有机废水采用了预处理技术，主要方法为：混凝法、气浮法、微电解法、芬顿试剂、催化氧化。部分企业采用了深度处理技术，主要方法为：吸附法、混凝法、气浮法、芬顿试剂。

（3）制药废水的处理难度

目前，我国制药废水尤其是化学原料药制药废水的处理难度较大，能够达到制药行业水污染物排放新标准限值的制药企业数量相当少。主要原因在于以下几点。

① 制药行业快速发展呈现出的水污染问题日趋复杂，水污染现状呈现多元化和复杂化的发展态势，同时随着水资源的紧张、价格的不断提升，企业节水的内在动力和管理水平不断提高，排水量急剧下降，而清洁生产水平、降耗减污水平并未得到同步提高，导致废水量减少而污染物浓度增大。在制药工业水污染物排放标准更加严格的情况下，制药废水处理难度和成本压力不断增加，对可靠、高效、经济的处理技术的需求也日益强烈。应鼓励研发高效、低运行成本的制药废水处理技术。

② 目前在制药行业水污染防治项目的方案制定、工程设计、施工建设、竣工验收以及设施运营等阶段，存在着技术选择不合理、工艺设计参数选用不科学，工程建设不规范、设备质量不过关、运营管理水平低等问题，造成废水治理工程建成后不能稳定运行，甚至停运，不能有效治污、减污，并造成资源及能源的浪费等问题。

③ 制药废水通常具有污染物浓度高、成分复杂多变且多含杂环类、毒性大、难生物降解等特点，使得废水处理难度增大，废水处理工艺往往较复杂，不同工厂采用的处理工艺和

运行参数各不相同，污水处理设施的投资和运行费用较高。

④ 在制药过程中会产生一些生物毒性的中间物质，在提取或清洗过程中会进入制药废水中，造成应用传统生化法治理制药废水效果较差。

⑤ 在抗生素生产的提取和冷却工段，化学合成制药反应及提纯阶段大量使用无机酸碱和无机盐类物质，使排放的生产废水中盐类浓度较高，对废水处理的生物活性产生抑制作用，影响废水生化处理效果。

(4) 制药废水处理技术发展趋势

在工程化制药废水处理技术探索中，结合化工技术的废水高效预处理工艺，以芬顿试剂氧化为代表，将越来越广泛地应用于生产实践。废水处理技术与生产工艺技术的结合将越来越紧密，这其中包含着废物回收、套用等“清洁生产”概念。单纯依赖末端治理解决制药行业污染问题是“死胡同”，只有在“节能减排”“清洁生产”“绿色化工”的基础上，开发和推广应用既稳定可靠、又高效经济的制药废水处理技术，制药行业才能突破环保瓶颈，取得可持续发展。

制药废水处理还是要以生物处理技术为主。颗粒污泥膨胀床反应器（EGSB）作为第三代厌氧反应器的典型和标志，实际上是 UASB 与 AFB 的结合体，其设计思想是，通过部分出水回流、反应器更高的高径比，使颗粒污泥床在高上升流速（6～12m/h）下膨胀起来，使废水与颗粒污泥接触得更好，从而强化了混合、传质，消除死区，反应器的处理效率大大提高。

这一特点适宜处理含有大量生物抑制物的制药废水，通过高比例的回流将高浓度废水稀释，同时高水力负荷和上升流速将大大提高混合效果，强化传质过程，并有效避免抑制物的积累，因此，EGSB 在制药废水厌氧处理领域有广阔的应用前景。

内循环厌氧（IC）反应器由于其较低的 HRT、较高的容积负荷、较小的容积和较低的投资，成为第 3 代高效厌氧反应器的代表，在制药废水中已有成功应用，其优越性更加凸显。但是在厌氧工艺的运行过程中，有机负荷的冲击、温度下降幅度过大、微量元素缺乏、碱冲击、有毒物质抑制以及 N、P 营养缺乏等都能引起挥发酸（VFA）升高，使反应器酸化，严重时可能使其“瘫痪”，这是厌氧工艺最常出现的问题，IC 反应器也不能幸免。在工程应用中可及时采取大水量清水冲洗、出水回流、逐步提高负荷等措施进行恢复。IC 反应器是有发展前景的制药废水厌氧处理技术。

好氧工艺中，完全混合与生物膜相结合的形式逐步显示一定潜力和高效性能，如生物膜移动床反应器（MBBR）在一些制药废水处理工程初步显示出了良好效果。河北两家公司分别采用此技术处理 VC 和阿维菌素生产废水。而类似氧化沟形式的循环曝气池，以其巨大的稀释能力显示其承受高浓度制药废水的潜力。

生物强化技术也显示出巨大的吸引力，在未来几年中，会有相当多的企业应用此技术，但在此领域鱼龙混杂，需要认真筛选、甄别。

MBR 技术在制药废水处理工程中已有一些探索性应用，多用在原有处理设施改造项目中，一般处理规模较小。最近两年，MBR 在大规模制药废水处理领域开始应用，石药集团某公司采用日本三菱微滤中空纤维膜日处理 7000t 制药废水的装置已投入运行，工艺指标良好，关键是膜污染控制问题仍需进一步解决。

生物菌种技术与 MBR 结合，相互强化各自优势，协同提高工艺效果，将在提升制药废水处理效果方面发挥相当大的作用。

目前，具有稳定效果、经济指标适当、可操作性强的可工程化的深度处理技术仍比较匮乏。芬顿试剂氧化效果稳定，但尚需在经济和可操作性方面改善，进一步大规模推广尤其是深度处理方面的应用，尚有难度。同轴电解技术，通过生产性试验，如能达到设备稳定性和经济性指标，其应用前景令人期待。另外，活性炭吸附与化学氧化相结合的技术值得进一步探索，如能掌握适当的组合方式、运行条件，将会具有较好的应用前景。

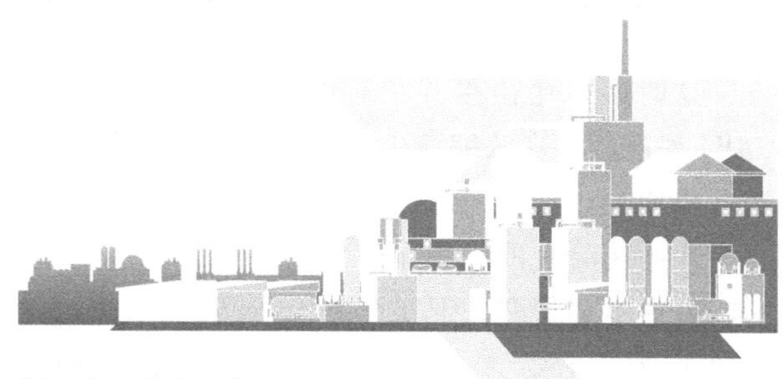

2 常用高难度废水处理技术

2.1 高难度废水处理技术选用原则

高难度废水一般同时具备高盐、高 COD、高色度等特点，其中尤以高盐废水的有效处理最为困难，高盐废水是指总含盐质量分数至少 1%的废水。其主要来自化工厂、石油和天然气的采集加工以及零排放的母液等，这种废水含有多种物质，包括盐、油、有机重金属和放射性物质，有效处理和达标排放十分困难。

高难度废水的产生途径广泛，水量也逐年增加，要想有效处理高难度废水，则不得不考虑其盐分，含盐污水中的有机污染物对环境造成的影响至关重要。

2.1.1 工艺组合的类型

通过对国内外高难度废水处理工艺的现阶段分析，一般处理高难度废水通常是“预处理-蒸发浓缩结晶除盐”工艺。根据具体水量、水质、出水要求、投资、运行成本及技术观念，不同情况下选择不同的预处理工艺、技术设备和蒸发浓缩结晶除盐工艺，常见的工艺组合有以下几种类型。

（1）加药-混凝-气浮/沉淀传统预处理工艺

当高难度废水原水 COD 浓度在 5000mg/L 以下，而且对结晶盐质量没有要求时，传统工艺是将高难度废水原水经过调节-加药混凝-气浮、沉淀预处理后，再进入蒸发浓缩结晶除盐系统。该方法投资少，运行成本低，但结晶盐质差，难销售。

（2）Fenton 或电-Fenton 催化氧化预处理工艺

Fenton 试剂含有 H_2O_2 和 Fe^{2+}，对废水中有机污染物具有很强的氧化能力，且反应速率快，投资低，出水经沉淀净化后可实现预处理目的。

但 Fenton 或电-Fenton 催化氧化工艺要求特定的反应条件：pH 2～4，而且产生较多含铁污泥，出水会有颜色。当高难度废水原水 pH 偏低时使用较经济，否则“加酸降 pH，加碱中和”的过程增加运行成本。

另外 COD 浓度在 10000mg/L 左右尚好，如过高，就要多级氧化净化处理，Fenton 工艺就无优势了。

（3）双膜法预处理工艺

先利用孔径在 2～50nm 的半透膜进行超滤，可截留蛋白质、各类酶、细菌等胶体物质和大分子物质在浓缩液中，而水、溶剂、小分子和形成盐的离子则可通过膜，进入透过水中。由于透过水水量减少，而盐量没变，所以透过水含盐浓度增加。

这时再用孔径在 0.1～0.7nm 的半透膜进行反渗透，无机盐、糖类、氨基酸、BOD、COD 等被截留在浓缩液中，只有水和极其微量的无机盐进入透过水中，盐在浓缩液中浓度进一步增加，接下来即可送去蒸发结晶除盐。

双膜法除盐的优势在于大幅度降低了蒸发结晶除盐的水量，从而明显降低蒸发结晶除盐的运行成本和投资。但要注意以下问题。

① 超滤前要调 pH 为中性、去硬度、去 SS 净化等。

② 高难度废水原水含盐量在 5000mg/L 以下，否则透过水量就太低了，脱盐率也降低。

③ 当高难度废水含盐原水水量大时投资会很高。

④ 由于膜要经常水洗、酸洗、碱洗保护，膜的使用寿命也有限，运行成本也是比较高的。

⑤ 最大的问题是截留下的更高污染的浓缩液怎么办？如能提取有价物质或有大量可生化废水稀释一起处理还好，否则，如回用会增加污染积累；如焚烧，则投资和运行成本极高。

⑥ 对高难度废水含盐量超过 5000mg/L 的废水可直接蒸发结晶除盐了，再用膜法没什么意义，但是要提醒的是：蒸发结晶除盐前还是要进行有效预处理的。

（4）臭氧催化＋混凝复合预处理工艺

以臭氧为强氧化剂并复合催化剂和混凝剂，在特定的环境中进行充分的交联协同反应，可使废水中的环链和长链断开，提高废水的可生化性；创造合适的反应条件，也可充分地氧化废水中溶解的有机污染物，破坏废水中的胶体、发色团、发臭团，去除废水中的 COD、BOD、SS、异味和一些颜色，但不能去除盐分和较多的氨氮。

由于以臭氧为强氧化剂并复合氧化性质的催化剂和混凝剂，所以在整个去除有机污染物的过程中产生的泥量很少，而且反应环境、形式与过程都比 Fenton 工艺简单得多，可多级串联运行，确保出水达到预期指标。

尤其是近些年臭氧发生技术设备进步很快，不但单机产量达到几十千克每小时，价格降低，能耗也从 20kW/kg 逐步降低到 7.520kW/kg，氧气源臭氧发生浓度从 160mg/L 增加到 160～210mg/L，浓度衰减也从每年 20%～40%降低到基本不衰减，这使得臭氧这一最强氧化性得以在高难度废水处理领域工业化运行使用。

（5）蒸发结晶除盐工艺

对于高难度废水，一般盐含量都较高，并且由于不同无机盐其溶解度的不同，其从溶液中结晶析出有两种方案，一是对于溶解度随温度变化不大的物系，一般采用蒸发溶剂的方法，二是溶解度随温度变化较大的物系，一般采用冷却溶液的方法。

高难度废水一般均为多种盐的混合物，由于同离子效应的存在，其溶解度曲线和溶液的沸点均不同于单一物系，一般其饱和溶解度要低于单一物系的饱和溶解度，沸点高于同浓度下单一物系的沸点。所以要准确掌握多组分盐的溶解度和沸点必须通过试验求得，这是蒸发除盐设计的关键所在。

对于蒸发除盐浓缩终点的设计，主要取决于后续分离设备的匹配，选用卧式螺旋卸料离心机，其出蒸发器溶液含固量应在 10%左右，选用双级活塞推料离心机，其出蒸发器溶液含固量在 50%左右。

蒸发结晶器的设计是蒸发除盐装置能否正常运行的关键，设计时要考虑以下因数：晶核的生成、过饱和度的控制、短路温差的消除、大颗粒盐的即时分离、强制循环的方式和流速、气液分离强度等。

2.1.2 处理技术的选用原则

综上所述，高难度废水由于其水质复杂的特性，在选择处理工艺时并没有固定的路线，一般在选定合适的工艺前都应该进行水质水量分析，然后再依据如下规则进行工艺路线的开发和选择。

（1）双膜法预处理

水量较大且含盐量低于5000mg/L的高难度废水可首选双膜法，浓缩以后再除盐。

（2）Fenton预处理

高难度废水原水pH为2～4时，可首选Fenton工艺预处理。

（3）臭氧催化＋混凝复合预处理

pH在5以上的高浓COD且含盐量大于5000mg/L的高难度废水可选臭氧催化＋混凝复合预处理工艺。

（4）脱色和脱氨预处理

高难度废水原水色度高或氨氮高，则必须单独进行脱色和脱氨处理。

（5）几种方法结合预处理

按照几种方法的结合进行预处理。

（6）蒸发脱盐处理

一般高难度废水经过一定的预处理之后，都会选择进行蒸发脱盐处理，尤其是对于高盐度废水，而蒸发工艺可选用多效蒸发、机械压缩蒸发（MVR）等工艺，工艺详细介绍见如下章节所述。

2.2 常规物理化学处理工艺

对于高难度工业废水来说，采用单一工艺实现其达标排放相当困难，一般都为多种工艺的组合应用才能使其处理达标，例如常规物理化学工艺＋高级化学氧化工艺＋生物化学工艺等的组合。

而常规物理化学方法一般作为高级化学氧化工艺和生化工艺的预处理工艺，通过常规的酸碱中和、絮凝沉淀、破乳除油等一系列操作实现有机物的初步分离分解。该方法操作比较简单、运行平稳、容易维护、效果比较明显。常规的物理化学处理方法有：酸碱中和、混凝沉淀、破乳除油、蒸发等。

2.2.1 酸碱中和

废水中和处理法是废水化学处理法之一，是一种利用中和作用处理废水，使之净化的方法。中和法的基本原理是使酸性废水中的H^+与外加的OH^-或使碱性废水中的OH^-与外加的H^+相互作用，生成弱解离的水分子，同时生成可溶解或难溶解的其他盐类，从而消除它们的有害作用。

反应服从当量定律。采用此法可以处理并回收利用酸性废水和碱性废水，可以调节酸性或碱性废水的pH。常用的pH试纸显色对比如图2-2-1所示。

酸性污水中常见的酸性物质主要有硫酸、盐酸、硝酸、氢氟酸、氢氰酸、磷酸等无机酸

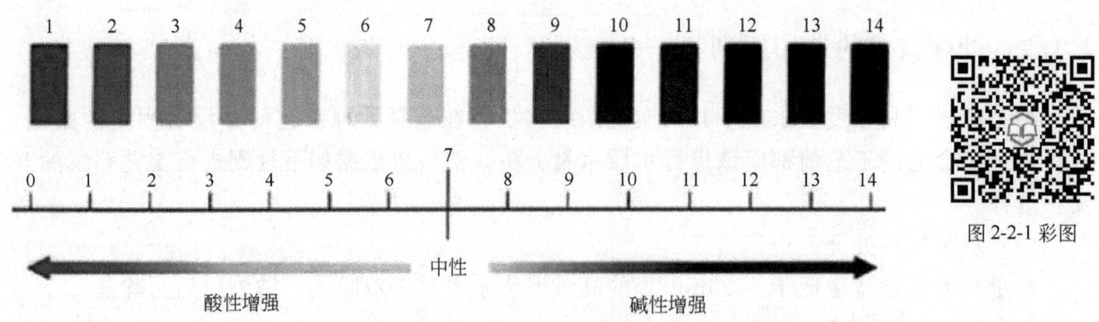

图 2-2-1 彩图

图 2-2-1 pH 试纸显色对比示意图

及醋酸、甲酸、柠檬酸等有机酸，并常溶解有金属盐。常见酸性废水的产生源头有化工厂、化纤厂、电镀厂、煤加工厂、金属酸洗车间等。

碱性污水中常见的碱性物质主要有苛性钠、碳酸钠、硫化钠及胺等。论危害程度，酸性废水对于环境的危害要远远大于碱性废水。常见的碱性废水的产生源头有印染厂、造纸厂、炼油厂、金属加工厂等。酸碱废水分类原则如表 2-2-1 所示。

表 2-2-1 酸碱废水的分类原则

强酸废水	弱酸废水	中性废水	强碱废水	弱碱废水
pH＜4.5	pH＝4.5～6.5	pH＝6.5～8.5	pH＝8.5～10.0	pH＞10.0

酸碱废水处理的主要原则是：能回用就回用，不能回用首先考虑以废治废，以上方案都行不通才考虑加药中和法。

（1）酸碱废水回收利用

当废水中有 5%～10%含量的废酸，需要考虑扩散渗析法回收高浓度酸；当废水中有 3%～5%含量的废碱，需要考虑蒸发浓缩法回收高浓度碱。

（2）综合处理

当废水中有低于 5%的酸，可以采用碱性废水或投药中和；当废水中有低于 3%的碱，可以采用酸性废水或投药中和。

酸碱废水的相互中和可根据下式定量计算：

$$N_a V_a = N_b V_b \tag{2-1}$$

式中 N_a，N_b——酸碱的化学计量浓度；

V_a，V_b——酸碱溶液的体积。

中和过程中，酸碱双方的当量数恰好相等时称为中和反应的等当点。强酸、强碱的中和达到等当点时，由于所生成的强酸强碱盐不发生水解，因此等当点即中性点，溶液的 pH 等于 7.0。但中和的一方若为弱酸或弱碱，由于中和过程中所生成的盐在水中进行水解，因此，尽管达到等当点，但溶液并非中性，而根据生成盐水的水解可能呈现酸性或碱性，pH 的大小由所生成盐的水解度决定。

这种中和方法是将酸性废水和碱性废水共同引入中和池中，并在池内进行混合搅拌。中和结果应该使废水呈中性或弱碱性。根据质量守恒原理计算酸、碱废水的混合比例或流量，并且使实际需要量略大于计算量。

当酸、碱废水的流量和浓度经常变化，而且波动很大时，应该设调节池加以调节，中和

反应则在中和池进行，其容积应按 1.5～2.0h 的废水量考虑。

关于酸碱废水中和的设备选用时，需要注意以下 3 点。

① 水质水量变化小、废水缓冲能力大、后续构筑物对 pH 要求范围宽时，可以不用单独设中和池，而在集水井（或管道、曲径混合槽）内进行连续流式混合反应。

② 水质水量变化不大时，废水也有一定缓冲能力，但为了使出水 pH 更有保证，应单设连续流式中和池，池型如图 2-2-2、图 2-2-3 所示。

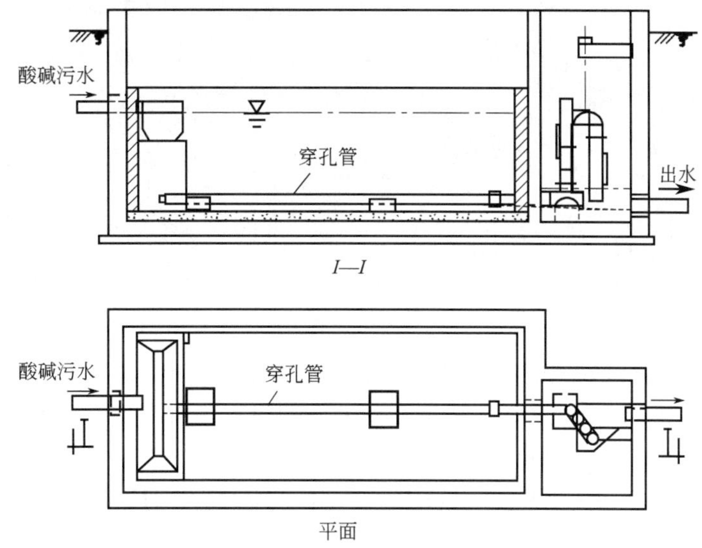

图 2-2-2　矩形连续流式中和池

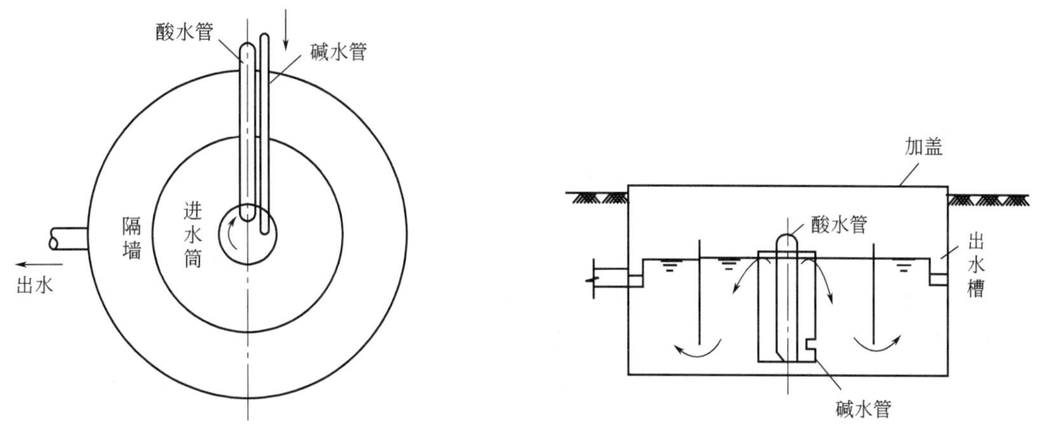

图 2-2-3　圆形连续流式中和池

③ 水质水量变化大、水量小、连续流式中和池无法保证出水 pH 要求、出水水质要求高、废水含有其他杂质或重金属离子时，较稳妥可靠的做法是采取间歇流式中和池。每池的有效容积可按废水排放周期（如一班或一昼夜）中的废水量计算。池一般至少设两座，以便交替使用。图 2-2-4 为某工厂酸碱中和池实景。

酸碱中和工艺常用碱性药剂有石灰（CaO）、石灰石（$CaCO_3$）、白云石［$CaMg(CO_3)_2$］、氢氧化钠、碳酸钠等。其中碳酸钠因价格较酸性废水中和曲线贵，一般较少采用。石灰来源广泛，价格便宜，所以使用较广。

图 2-2-4　某工厂酸碱中和池实景

用石灰作中和剂能够处理任何浓度的酸性废水，最常采用的是石灰乳法，氢氧化钙对废水杂质具有混聚作用，因此它适用于含杂质多的酸性废水。用石灰中和酸的反应如下：

$$H_2SO_4 + Ca(OH)_2 \longrightarrow CaSO_4 \downarrow + 2H_2O \tag{2-2}$$

$$2HNO_3 + Ca(OH)_2 \longrightarrow Ca(NO_3)_2 + 2H_2O \tag{2-3}$$

$$2HCl + Ca(OH)_2 \longrightarrow CaCl_2 + 2H_2O \tag{2-4}$$

当废水中含有其他金属盐类如铁、铅、锌、铜等时，也能生成沉淀：

$$ZnSO_4 + Ca(OH)_2 \longrightarrow Zn(OH)_2 \downarrow + CaSO_4 \downarrow \tag{2-5}$$

$$FeCl_2 + Ca(OH)_2 \longrightarrow CaCl_2 + Fe(OH)_2 \downarrow \tag{2-6}$$

$$PbCl_2 + Ca(OH)_2 \longrightarrow CaCl_2 + Pb(OH)_2 \downarrow \tag{2-7}$$

投药中和有干投、湿投两种方法。以石灰为例，干投法设备简单，但反应不易彻底且较慢，投量需为理论值的 1.4～1.5 倍。湿投法设备较多，但反应迅速，投量为理论值的 1.05～1.1 倍即可。

用石灰中和酸性废水时，混合反应时间一般采用 1～2min，但当废水中含重金属盐或其他毒物时，应考虑去除重金属及其他毒物的要求。

当废水水量和浓度较小，且不产生大量沉渣时，中和剂可投加在水泵集水井中，在管道中反应，即可不设混合反应池，但须满足混合反应时间。当废水量较大时，一般需设单独的混合池。

以石灰中和主要含硫酸的混合酸性废水为例，一般沉淀时间为 1～2h，污泥体积一般为处理废水体积的 3%～5%，但个别情况也有污泥量占到废水体积的 10%以上的。污泥含水率一般在 95%左右。

2.2.2　高效混凝沉淀

2.2.2.1　混凝沉淀机理

(1) 混凝沉淀的概念

混凝是指通过某种方法（如投加化学药剂）使水中胶体粒子和微小悬浮物聚集的过程，

是水和废水处理工艺中的一种单元操作。我们常说的“混凝沉淀”，其实是两个过程，即“混凝”＋“沉淀”，这是两个完全不同的机理。

首先，混凝是指往水中投入混凝剂，混凝剂发生水解作用，通过压缩双电层、吸附架桥、网捕卷扫等作用，把水中小颗粒悬浮物变成大颗粒的矾花，而不涉及下沉的过程，水中杂质分类粒径如表 2-2-2 所示。

表 2-2-2　水中杂质分类粒径

杂质	溶解物	胶体	悬浮物	
颗粒尺寸	0.1～1nm	10～100nm	1～10μm	0.1～1mm
分辨工具	电子显微镜可见	超显微镜可见	显微镜可见	肉眼可见
水的外观	透明	浑浊	浑浊	

其次，沉淀是指水中的悬浮物通过自身的重力作用下降到沉淀池的底部，进而被分离出来，发生沉淀的物质可以是经过混凝作用形成的大矾花，也可以是未经过混凝作用的小颗粒物质。

所以，真正的混凝作用是不包括沉淀过程的，混凝池的设计也是完全区别于沉淀池的。

（2）混凝的过程

混凝包括凝聚与絮凝两种过程。把能起凝聚与絮凝作用的药剂统称为混凝剂。凝聚主要指胶体脱稳并生成微小聚集体的过程，絮凝主要指脱稳的胶体或微小悬浮物聚结成大的絮凝体的过程。

（3）影响混凝效果的因素

影响混凝效果的主要因素如下。

① 水温对混凝效果有明显的影响。

② pH 对混凝的影响程度，视混凝剂的品种而异。

③ 水中杂质的成分、性质和浓度。

④ 水力条件。

（4）混凝作用的机理

混凝作用主要有以下 4 种机理。

① 双电层压缩机理　当向溶液中投入加电解质，使溶液中离子浓度增高，则扩散层的厚度将减小。当两个胶粒互相接近时，由于扩散层厚度减小，ζ 电位降低，因此它们互相排斥的力就减小了，胶粒得以迅速凝聚。胶核构造如图 2-2-5 所示。

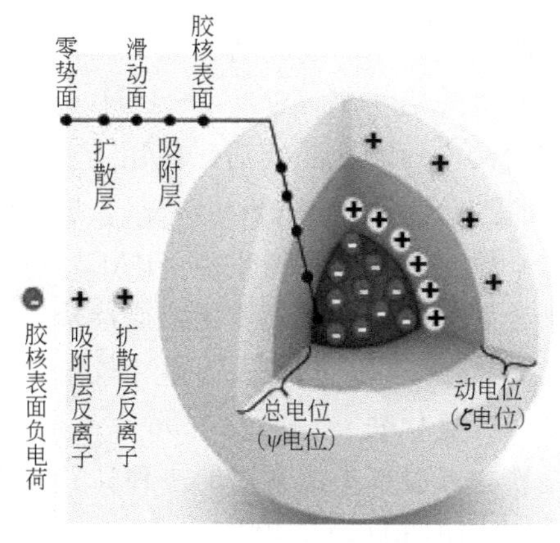

图 2-2-5　胶核构造示意图

② 吸附电中和作用机理　吸附电中和作用指胶粒表面对带异号电荷的部分有强烈的吸附作用，由于这种吸附作用中和了它的部分电荷，减少了静电斥力，因而容易与其他颗粒接近而互相吸附。

③ 吸附架桥作用原理　吸附架桥作用主要是指高分子物质与胶粒相互吸附，但胶粒与胶粒本身并不直接接触，而使胶粒凝聚为大的絮

凝体。吸附架桥作用如图 2-2-6 所示。

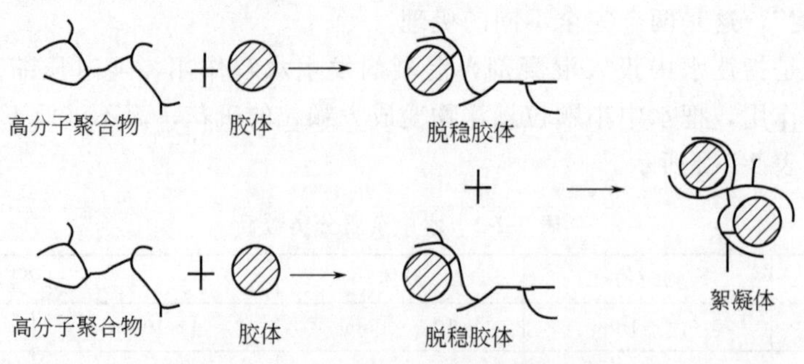

图 2-2-6　吸附架桥作用示意图

④ 沉淀物网捕机理　当金属盐或金属氧化物和氢氧化物作混凝剂，投加量大得足以迅速形成金属氧化物或金属碳酸盐沉淀物时，水中的胶粒可被这些沉淀物在形成时所网捕。当沉淀物带正电荷时，沉淀速度可因溶液中存在阳离子而加快，此外，水中胶粒本身可作为这些金属氢氧化物沉淀物形成的核心，所以混凝剂最佳投加量与被除去物质的浓度成反比，即胶粒越多，金属混凝剂投加量越少。网捕卷扫作用如图 2-2-7 所示。

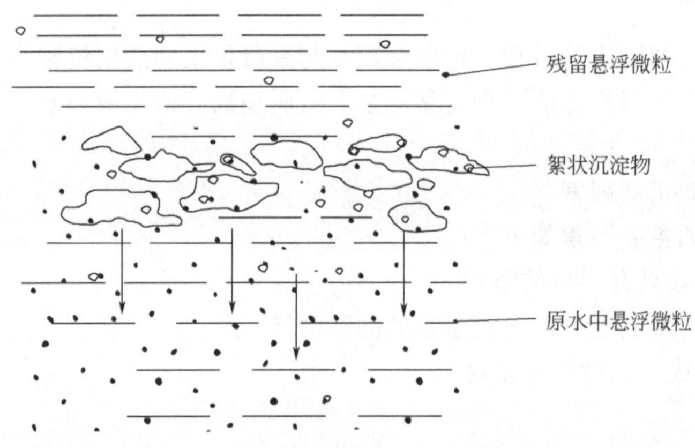

图 2-2-7　网捕卷扫作用示意图

2.2.2.2　混凝工艺混凝剂

混凝工艺常用的混凝剂有如下几种。

(1) 硫酸铝 [$Al_2(SO_4)_3 \cdot 18H_2O$]

应用最广的铝盐混凝剂，使用历史最久，目前仍广泛使用。我国常用的是固态硫酸铝(精制和粗制)。适用于 pH=6.5～7.5，水温低时水解困难，形成的矾花松散，不及铁盐。

(2) 聚合铝 [聚合氯化铝 (PAC) 和聚合硫酸铝 (PAS)]

聚合氯化铝又称碱式氯化铝或羟基氯化铝，性能优于硫酸铝，使用最多，对水质适应性强，絮凝体形成快，颗粒大而重，投量少。

(3) 三氯化铁

是铁盐混凝剂中最常用的一种。其特点如下。

① 适用的 pH 范围较宽。

② 形成的絮凝体比铝盐絮凝体密实。

③ 处理低温低浊水的效果优于硫酸铝。

④ 三氯化铁腐蚀性较强。

(4) 硫酸亚铁

硫酸亚铁一般与氧化剂如氯气同时使用，以便将二价铁氧化成三价铁。

(5) 聚合铁

聚合铁包括聚合硫酸铁与聚合氯化铁，目前常用的是聚合硫酸铁，它的混凝效果优于三氯化铁，它的腐蚀性远比三氯化铁小。

(6) 聚丙烯酰胺 (PAM)

目前被认为是最有效的高分子絮凝剂之一，在废水处理中常被用作助凝剂，与铝盐或铁盐配合使用，PAM与常用混凝剂配合使用时，应按一定的顺序先后投加，以发挥两种药剂的最大效果；聚丙烯酰胺固体产品不易溶解，宜在有机械搅拌的溶解槽内配制成0.1%～0.2%的溶液再进行投加，稀释后的溶液保存期不宜超过1～2周；聚丙烯酰胺有极微弱的毒性，用于生活饮用水净化时，应注意控制投加量。

2.2.2.3 混凝沉淀技术

为了提高混凝效率，缩短沉淀时间，人们相继发明了磁絮凝、高密度沉淀池等技术，提高了沉淀池水力负荷，缩短了沉淀时间和设备整体尺寸。

(1) 磁絮凝技术

水中颗粒状物质在磁场里要受磁力、重力、惯性力、黏滞力以及颗粒间相互作用力的作用。磁分离技术就是有效地利用磁力，克服与其抗衡的重力、惯性力、黏滞力（磁过滤、磁盘）或利用磁种的大密度重力使颗粒凝聚后沉降分离（磁凝聚），原理如图2-2-8所示。

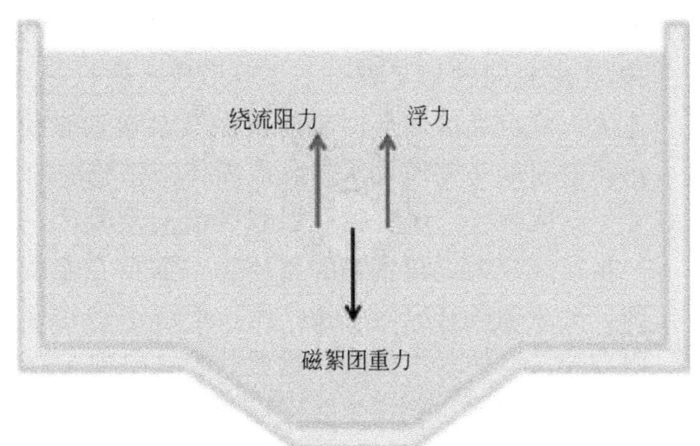

图2-2-8 磁絮团在水中的受力分析图

① 磁絮凝的工艺原理　磁絮凝详细工艺原理有以下3点。

a. 磁絮凝技术的工艺原理是在传统的絮凝混合沉淀工艺中加入磁种，以增强絮凝的效果，形成高密度的絮凝体和加大絮凝体的比重，达到高效除污和快速沉降的目的。

b. 根据磁种的离子极性和金属特性，作为絮凝体的核体，大大地强化了对水中悬浮污染物的絮凝结合能力，减少了絮凝剂用量，在去除悬浮物，特别是在去除磷、细菌、病毒、油、重金属等方面的效果比传统工艺要好。

c. 由于磁种的密度高达$5.0\times10^3kg/m^3$，混有磁种的絮凝体密度增大，可使絮凝体快速沉降，整个水处理从进水到清液出水可在15min左右完成。而污泥中的磁种则可以使用稀土永磁磁鼓进行分离后回收并在系统中循环使用，以达到高度净化出水并降低污水处理费用的目的。

② 磁絮凝的工艺流程　磁絮凝工艺是沉淀池污泥经回流泵送至磁粉/污泥分离系统回收，磁粉实现循环使用，分离出的污泥排入污泥池进行脱水处理，具体的工艺流程如图 2-2-9 所示，可以分为 6 个主要区段。

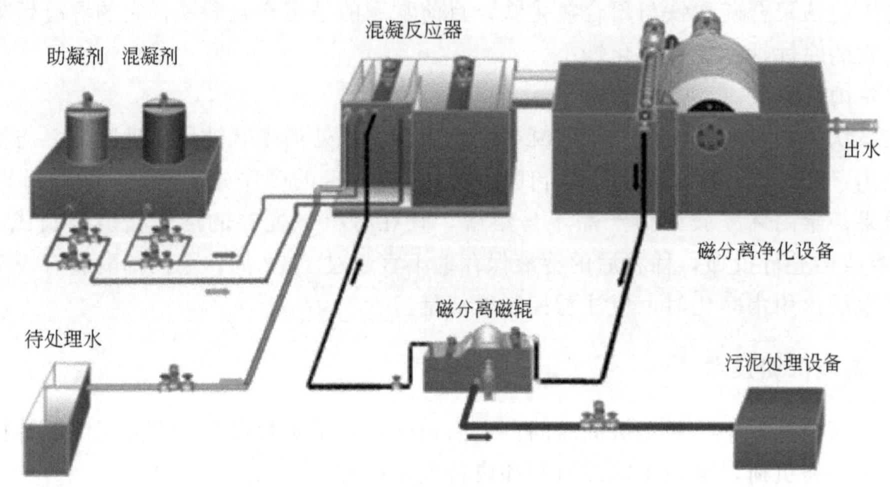

图 2-2-9　磁絮凝工艺流程图

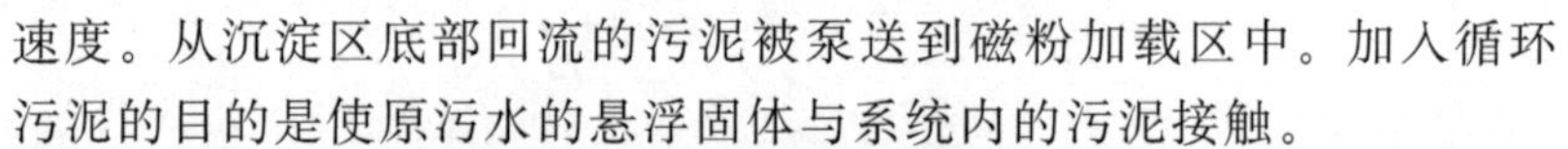

a. 快速混凝区　待处理水体经配水系统分配后到达快速搅拌的混凝区，在搅拌器的桨叶附近加入铁盐或铝铁作为混凝剂。使混凝剂迅速均匀分散到水中，利于混凝剂水解，充分发挥混凝剂高电荷对水中胶体电中和脱稳作用，使微小颗粒聚集在一起。

b. 磁粉加载区　磁粉加载区中投入适量磁粉，磁粉微小，作为晶核更容易形成矾花，大大提高矾花的密度，同时在磁粉间的相互吸引下快速形成大颗粒、高密度絮体，加快沉淀速度。从沉淀区底部回流的污泥被泵送到磁粉加载区中。加入循环污泥的目的是使原污水的悬浮固体与系统内的污泥接触。

图 2-2-10　磁絮团速剪器

c. 絮凝区　水从磁粉加载区流向絮凝区。为了使固体悬浮物进一步形成较大、较密实的絮体物，需要在浆凝区中投加高分子絮凝剂，絮凝剂具有吸附架桥作用，使细小颗粒逐渐结成较大体，便于固液分离，使水中的悬浮物质及胶体得到有效去除。

d. 沉淀区　经过絮凝区后的污水流入沉淀区。沉淀区利用浅层沉淀的原理，采用斜管，使得沉淀区的表面水力负荷明显提高。污水在沉淀区的流向是往上方流动，颗粒沉淀，沉积在池底，中间传动的刮泥板将池底的污泥刮向池的中间并跌落在泥斗中，污泥循环泵从泥斗抽出并送至磁粉加载区的污泥称为循环污泥。而剩余污泥则通过剩余污泥泵送至磁分离机后，磁粉回收再利用，剩余污泥送至污泥处理工序。

e. 速剪器　基于普通磁泥剪切机运行时磁粉、污泥分散不完全，密封件使用寿命短，磁泥分散效果不理想等缺点，而进一步优化设计的磁泥剪切机，筒体内部设置的双级式剪切刀产生高速碰撞而形成意义上的高速剪切效果，从而将磁粉或污泥分散，磁絮团速剪器如

图 2-2-10 所示。

速剪器的转速一般在 1400r/min 左右，内含剪切刀，强烈转动过程会打碎原有磁絮体，分离开磁种和其余污泥。剪切刀可以随搅拌旋转，也可以安装在筒体上静止。一般速剪器采用特殊合金加厚的动环和静环作为密封件的核心部件，使用寿命超过 9000h 方可。

f. 磁分离机　磁分离机如图 2-2-11 所示，其功能是从一定浓度污泥浆液中回收特定粒度、品位、品质的磁粉。由磁泥输送泵将含磁粉污泥输送至磁分离机，当含粉活泥通过磁分离机时，磁分离机的核心部件永磁单元将含磁粉污泥中的磁粉吸附捕捉，使磁粉与活泥分离，分离后的磁粉再次回到系统中循环利用，污泥进入污泥处理单元。

图 2-2-11　磁分离机实景

③ 磁絮凝设备的作用　在占地面积小，需要快速沉降分离处理污水的场景中，磁絮凝工艺是非常合适的，磁絮凝设备在类似废水处理领域中的作用主要体现在以下 6 个方面。

a. 去除有机物。可以使大量的微生物附着在载体表面，对有机物进行吸附、生物氧化，将有机物分解，或转化成为微生物组分，从而去除水体中的 BOD。

b. 去除 SS。悬浮物与生物载体的碰撞促使其充分沉降，表面的微生物絮凝作用使悬浮物被吸附，随生物膜脱落降至水底。

c. 去除氮、磷。溶解氧梯度构成的 A/O 环境及材料孔隙结构，为脱氮除磷创造了适宜条件。

d. 能够对污水去除悬浮性颗粒并且降低 TP 的效率很高，可以作为对进水负荷有要求的工艺预处理或者深度处理。

e. 可以用于河道治理。采用体外净化将河道水引入水处理设施中进行净化处理，可将水体中的大量污染物质进行削减，去除水体黑臭，恢复河道的感官透明度。

f. 移动式车载磁絮凝水处理设备，可以快速部署、移动方便，可进行移动式处理，有效地解决较为分散、管网建设不健全地区的污水处理问题。

(2) 高密度沉淀池

① 高密度沉淀池的工作原理　高密度沉淀池属于一种载体絮凝技术，同样是一种快速沉淀技术，其特点是在混凝阶段投加高密度的不溶介质颗粒（如细砂），利用介质的重力沉降及载体的吸附作用加快絮体的生长及沉淀，是一种通过使用不断循环的介质颗粒和各种化学药剂强化絮体吸附从而改善水中悬浮物沉降性能的物化处理工艺。高密度沉淀池工作原理

如图 2-2-12 所示。

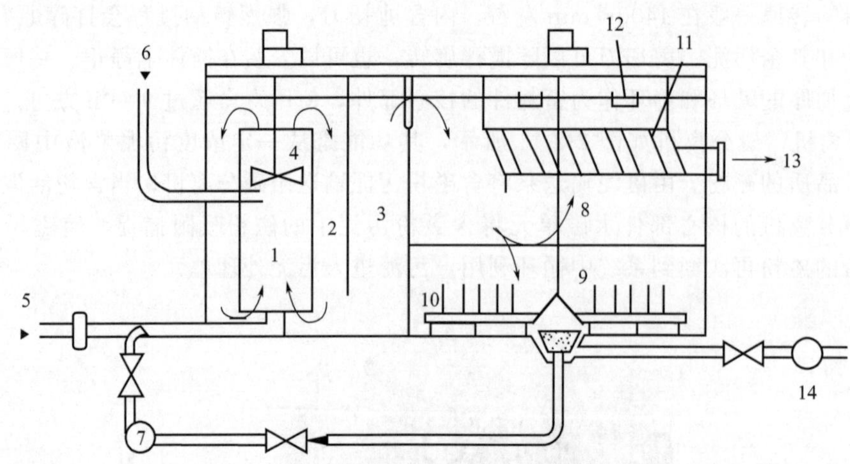

图 2-2-12　高密度沉淀池的工作原理

1，2，3—絮凝区；4—螺旋涡轮；5—原水进水口；6—助凝剂投加点；7—污泥循环泵；8—预澄清区；9，10—刮泥机；11—斜管；12—集水槽；13—出水口；14—污泥排放泵

其工作原理是首先向水中投加混凝剂（如硫酸铁），使水中的悬浮物及胶体颗粒脱稳，然后投加高分子助凝剂和密度较大的载体颗粒，使脱稳后的杂质颗粒以载体为絮核，通过高分子链的架桥吸附作用以及微砂颗粒的沉积网捕作用，快速生成密度较大的矾花，再配合斜板沉淀池使用，可以大大缩短沉降时间，提高澄清池的处理能力，并有效应对高冲击负荷。

② 高密度沉淀池的工艺流程　一般高密度沉淀池的完整工艺流程，可以分为以下 4 个阶段。

a. 混凝池混凝剂投加在原水中，在快速搅拌器的作用下与污水中悬浮物快速混合，通过中和颗粒表面的负电荷使颗粒“脱稳”，形成小的絮体然后进入絮凝池。同时原水中的磷和混凝剂反应形成磷酸盐，达到化学除磷的目的。

b. 投加池微砂和混凝形成的小絮体在快速搅拌器的作用快速混合，并以微砂为核心形成密度更重的絮体，有利于在沉淀池中的快速沉淀。

c. 絮凝剂促使进入的小絮体通过吸附、电性中和和相互间的架桥作用形成更大的絮体，此时应慢速搅拌，以达到既使药剂和絮体能够充分混合又不会破坏已形成的大絮体的目的。

d. 絮凝后出水进入沉淀池的斜板底部然后上向流至上部集水区，颗粒和絮体沉淀在斜板的表面上并在重力作用下下滑。较高的上升流速和斜板 60°倾斜可以形成一个连续自刮的过程，使絮体不会积累在斜板上。

如果系统中采用了微砂，则需要添加泥砂分离设备，微砂随污泥沿斜板表面下滑并沉淀在沉淀池底部，然后循环泵把微砂和污泥输送到水力分离器中，在离心力的作用下，微砂和污泥进行分离：微砂从下层流出直接回到投加池中，污泥从上层流溢出然后通过重力流流向污泥处理系统。沉淀后的水由分布在斜板沉淀池顶部的不锈钢集水槽收集、排放。图 2-2-13 即为带微砂絮凝的高密度沉淀池。

③ 高密度沉淀池的特点　高密度沉淀池与常规沉淀池相比，具有以下 3 个优点。

图 2-2-13 带微砂絮凝的高密度沉淀池

a. 由机械混凝、机械絮凝代替了水力混凝、水力絮凝，由于机械搅拌使药剂和污水的混合更快速充分，因此强化了混凝、絮凝的效果，同时也节约了药剂。

b. 在沉淀区增加了基于“浅池沉淀理论”的上向流斜板，大大降低了沉淀区占地面积，进水区及扩展沉淀区分离密度大的 SS（约占总 SS 含量的 80%）直接沉淀在污泥回收区，减少通过斜板的污泥量，减少了斜板堵塞的发生。

c. 加砂高速沉淀池采用粒径在 100～150μm 的不断循环更新的微砂作为絮体的凝结核，由于大量微砂的存在，增加了絮体凝聚的概率和密度，使得抗冲击负荷能力和沉降性能大大提高，即使在较大水力负荷条件下，也能保证理想、稳定的出水水质。

2.2.3 破乳

破乳是指乳状液完全破坏，成为不相混溶的两相，又称反乳化作用，是乳状液的分散相小液珠聚集成团，形成大液滴，最终使油水两相分层析出的过程。

破乳实质上就是消除乳状液稳定化条件，使分散的液滴聚集、分层的过程。在许多生产过程中，往往需要将稳定的乳状液破坏，即破乳，如原油脱水等。

（1）破乳方法

破乳方法可分为物理机械法和物理化学法。物理机械法有电沉降、过滤、超声等；物理化学法主要是改变乳液的界面性质而破乳，如加入破乳剂，如图 2-2-14 所示。

能有效地使乳状液破坏的试剂称为破乳剂，它们通常是在油水界面上有强烈吸附倾向，但又不能形成牢固的界面膜的一类表面活性剂。有阴离子型破乳剂，如脂肪酸盐、磺酸盐类、烷基苯磺酸盐、聚氧乙烯脂肪醇磷酸盐等；阳离子型破乳剂，如氯化十四烷基三甲基铵等；非离子型破乳剂，如聚氧乙烯聚氧丙烯烷基醇（或苯酚）醚、聚氧乙烯聚氧丙烯多乙烯多胺醚。

（2）破乳过程

乳状液的破坏过程通常分为如下两步。

图 2-2-14 加入破乳剂前和加入破乳剂后的乳状液变化

① 絮凝过程 在此过程中分散相粒子聚集成团，而各粒子仍然存在。絮凝过程是可逆的，即聚集成团的粒子在外界作用下又可分离开来，处于形成和解离动态平衡。若絮团与介质的密度差足够大时，则会加速分层，若乳状液的浓度足够大，其黏度则会显著增高。

② 聚结过程 在此过程中，这些絮凝成团的粒子形成一个大液滴，与此对应，乳状液中的液珠数目随时间增加而不断减少，最终乳状液完全破坏，此过程是不可逆的。

在以上两个过程中，絮凝过程的速率远小于聚结过程的速率，因此乳状液的稳定性由影响聚集的各因子所决定。这时，乳状液聚沉破乳由絮凝步骤所控制。在 O/W 型高浓度乳状液中，絮凝速率显著增大，聚结速率较絮凝速率小得多。

(3) 破乳方法的选取

常见的乳状液分为两个类型：水包油型和油包水型。其中外相为水、内相为油的称为水包油型，以 O/W 表示，反之称为油包水型，以 W/O 表示。针对不同类型的乳状液所选取的破乳方法也有所不同。

① 对 O/W 型乳化液破乳 对 O/W 型乳化液可以用化学、电解和物理等方法进行破乳。破乳就是把混合物的各部分分离到其原始状态。O/W 型乳化液一般用化学方法进行破乳。用机械方法进行破乳时，再辅助用一些化学方法能够增强其破乳能力。在破乳过程中，必须对一些促使系统稳定的因素加以克制，才能使油滴聚合。油滴周围必须增加其相反电性的电荷，使其保持中性，化学药剂（此时就是破乳剂）就能提供相反电性的电荷。

油和水的特征促使油滴在乳化液中带有负电荷，所以要想破乳，必须引进正电荷，理论上，O/W 型乳化液能够完全分为油和水两层，但是这很难做到：因为在油水交界处存在着一个界面，在那里聚集着一些固体颗粒和中性的乳化剂。

对 O/W 型乳化液进行破乳一般经过两个过程：聚结这个过程是破坏表面活性剂对乳化液的影响，或者是中和带电的油滴；絮凝这个过程是使中性的油滴凝聚成较大的油滴。

通常，在 O/W 型乳化液处理的工厂中，硫酸一直作为破乳剂进行第一步脱水。酸能够使表面活性剂中的羧基变成羧酸，从而影响表面活性剂的性能，促使油滴聚结。铁盐或者铝盐等絮凝剂可以代替酸进行破乳，因为它不仅能破坏活性剂，而且还能使油滴聚合。但是铁和铝很容易形成氢氧化物胶体，很难脱水。酸一般比盐破乳的效率更高，但是过油水分离

后，必须对酸化水进行处理。

有机破乳剂是高效破乳剂，它比无机破乳剂更加持久、有效。在许多处理厂，有机破乳剂已经代替了无机破乳剂。除了效果更好以外，它的用量更少，还可以降低50%～75%的污泥生成。

② 对W/O型乳化液破乳　对W/O型乳化液的破乳方法有化学方法和物理方法，例如有加热法、离心法和真空过滤法等。离心法是利用离心力把水相和油相进行分层；过滤法是用高速粗砂过滤器或硅藻土过滤器对乳化液进行过滤。这些设备必须认真操作才能得到较好质量的油。

化学方法就是让溶解在油里的水滴不再稳定，或者是破坏乳化剂。酸化也许是一个很好的破乳方法，因为它既能溶解固体物料，又能降低表面张力。

最新的破乳方法是用一种既含有亲水端又含有亲油端的破乳剂，它能把W/O型乳化液变成一种亲水的混合物。其机理是：在油水界面，用更具活性的表面活性剂去代替以前的表面活性剂。可以用加热的方法来给这个过程加速，因为加热能够降低黏度、增加溶解度并增加表面活性剂在油相中的扩散。

因为W/O型乳化液中的水滴带有正电荷，所以一般用带有负电荷的有机破乳剂进行破乳。有时候用酸和有机类破乳剂搭配使用会取得良好的效果。

总之，破乳剂必须充分混合到W/O型乳化液中去，这样才能充分接触到水滴，一般加热到49～82℃时脱水速度比较快，充足的时间才能保证最佳的破乳效果。

2.2.4 除油

2.2.4.1 含油废水

（1）含油废水的成分

工业生产过程中经常会排出含油废水，含油废水中所含的油类物质包括天然石油、石油产品、焦油及其分馏物，以及食用动植物油和脂肪类。从对水体的污染来说，主要是石油和焦油。

不同工业部门排出的废水所含油类物质的浓度差异很大，如炼油过程中产生的废水，含油量为150～1000mg/L，焦化厂废水中焦油含量为500～800mg/L，煤气发生站废水中的焦油含量可达2000～3000mg/L。

（2）含油废水的危害

含油废水的危害主要表现在以下对土壤、植物和水体的严重影响。

① 含油废水能浸入土壤孔隙间形成油膜，产生堵塞作用，致使空气、水分不能渗入土中，不利于农作物的生长，甚至使农作物枯死。

② 含油废水排入水体后将在水面上产生油膜，阻碍空气中的氧分向水体迁移，会使水生生物因处于严重缺氧状态而死亡。

③ 含油废水排入城市污水管道，对管道、附属设备及城市污水处理厂都会造成不良影响，采用生物处理法时一般规定石油和焦油的含量不超过50mg/L。

（3）废水中油类的存在形式

油类在废水中的存在形式可分为浮油、分散油、乳化油和溶解油4类，分类标准如表2-2-3所示。

表 2-2-3　废水中油类物质的分类标准

油的种类	浮油	分散油	乳化油	溶解油
粒径/μm	≥100	10～100	0.1～2	<1

含油废水中含量最多的是浮油和分散油，静置一段时间后会缓慢自动浮上水面形成油膜或油层，以炼油厂废水为例，浮油和分散油可占含油量的60%～80%。

乳化油是指含油废水中长期静置也难以从废水中分离出来、必须先经过破乳处理转化为浮油然后才能加以分离的油类物质。这种状态的油类物质由于油滴表面有一层由乳化剂形成的稳定薄膜，阻碍了油滴合并，因此一般不能用静沉法从废水中分离出来。

溶解油是指废水中以分子状态溶解于水中，只能通过化学或生化方法才能将其分解去除的油类物质。溶解油在水中的溶解度非常低，通常每升只有几毫克。溶解油的油珠粒径比乳化油还小，有的可小到几纳米，是溶于水的油微粒。

2.2.4.2　含油废水处理系统

常用含油废水处理系统有平流式隔油池、平行板式隔油池、倾斜板式隔油池、气浮除油等。

（1）平流式隔油池

废水中油珠的直径大于150μm时，宜采用平流式隔油池。典型的平流式隔油池与平流式沉淀池在构造上基本相同。废水从池子的一端流入池子，以较低的水平流速流经池子，流动过程中，密度小于水的油粒上升到水面，密度大于水的颗粒杂质沉于池底，水从池子的另一端流出。

在隔油池的出水端设置集油管，集油管一般用直径200～300mm的钢管制成，沿长度在管壁的一侧开弧宽为60°或90°的槽口。集油管可以绕轴线转动。排油时将集油管的开槽方向转向水平面以下以收集浮油，并将浮油导出池外。为了能及时排油及排除底泥，对于大型隔油池，还应设置刮油刮泥机。刮油刮泥机的刮板移动速度应与池中流速相近，以减少对水流的影响。

收集在排泥斗中的污泥由设在池底的排泥管借助静水压力排走，隔油池的池底构造与沉淀池相同。平流式隔油池的结构如图2-2-15所示。

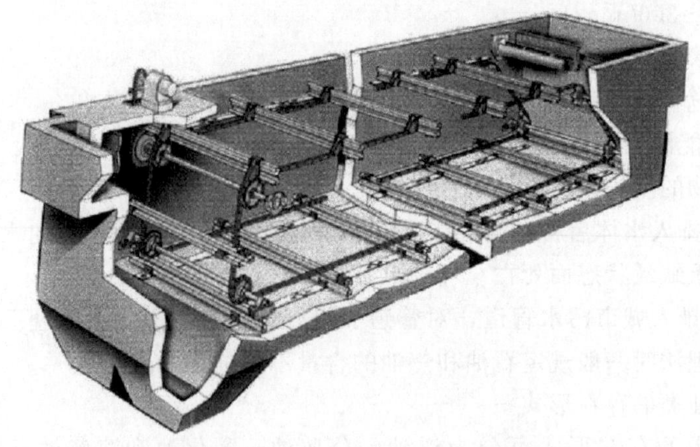

图 2-2-15　平流式隔油池结构示意图

平流式隔油池的特点是构造简单、便于运行管理、油水分离效果稳定。平流式隔油池可以去除的最小油滴直径为100～150μm，相应的上升速度不高于0.9mm/s。平流式隔油池的设计与平流式沉淀池基本相似，按停留时间设计时，一般采用2h。

平流式隔油池的主要工艺参数如下。

① 隔油池应不少于2格，每格应能单独工作。

② 表面负荷设计时，一般采用1.2m^3/(m^2·h)。

③ 废水在池内的停留时间宜为1.5～2h。

④ 废水在池内的水平流速宜为2～5mm/s。

⑤ 单格池宽不宜大于6m（以取4.5m为多）；当采用人工清除浮油时，每格宽度不宜超过3m；长宽比不宜小于4。

⑥ 为了保证较好的水力条件，有效水深不宜大于2.2m，一般采用1.5～2m，池超高宜为0.3～0.5m，有效水深与隔油池有效长度之比一般采取1/10左右。

⑦ 隔油池进水间及出口处应设置集油管，水型隔油池可安装集油杯。

⑧ 隔油池水面上的油层高度不宜大于0.25m。

⑨ 池内宜设刮油、刮泥机，刮板移动速度不宜大于2m/min。

⑩ 排泥管直径不宜小于200mm，管端可接压力水进行冲洗。隔油池盖板宜采用阻燃材料制成。为了排泥顺畅，排泥管的直径不宜小于ϕ200mm，坡度大于或等于1%，并且在排泥管的起始端应设置压力水冲洗设施。刮油刮泥机的刮板移动速度一般不大于50mm/s，以免搅动造成紊流，影响油水分离处理效果，进水含油量为300～1000mg/L，出水含油量约为100mg/L。

(2) 平行板式隔油池

平行式隔油池是平流式隔油池的改良型，在平流式隔油池内沿水流方向安装数量较多的倾斜平板，这不仅增加了有效分离面积，也提高了整流效果。图2-2-16即为平行板式隔油池结构示意图。

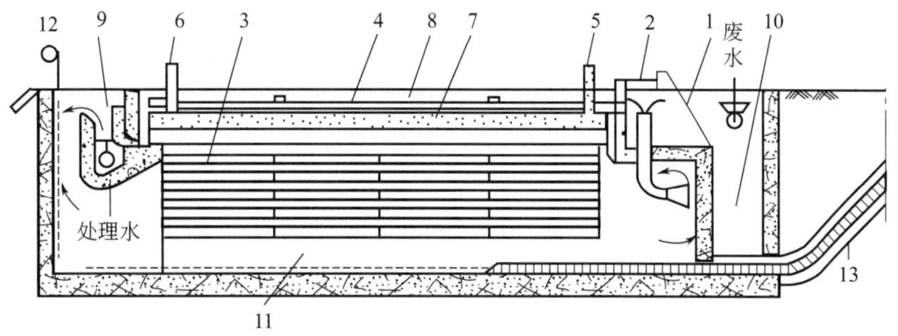

图2-2-16　平行板式隔油池结构示意图

1—格栅；2—浮渣箱；3—平行板；4—盖子；5—通气孔；6—通气孔及溢流管；7—油层；8—净水；9—净水溢流管；10—沉砂室；11—泥渣室；12—卷扬机；13—吸泥软管

(3) 倾斜板式隔油池

在平流式或竖流式沉淀池中，设置斜板（管）使单位体积中沉淀面积增加，提高了沉淀效率；由于颗粒沉降距离缩小，使沉淀时间大大缩短，沉淀池体积减小。斜板式隔油池可分离油滴的最小直径约为60μm，相应的上升速度约为0.2mm/s。含油废水在斜板式隔油池中的停留时间一般不大于30min，为平流式隔油池的1/4～1/2。斜板隔油池设置气水搅动设施，对板体进行清污是十分必要的。一般先用空气吹扫，风压不小于0.025MPa，再用水冲，水压不小于0.2MPa。处理效果：进水含油量小于400mg/L，出水含油量为50mg/L。

实践表明，斜板式隔油池的油水分离效率高，停留时间短，一般≤30min，占地面积小。目前我国一些新建的含油废水处理站多采用这种形式的隔油池，其中波纹斜板大多数由聚酯玻璃钢制成。

图2-2-17即为倾斜板式隔油池结构示意图。

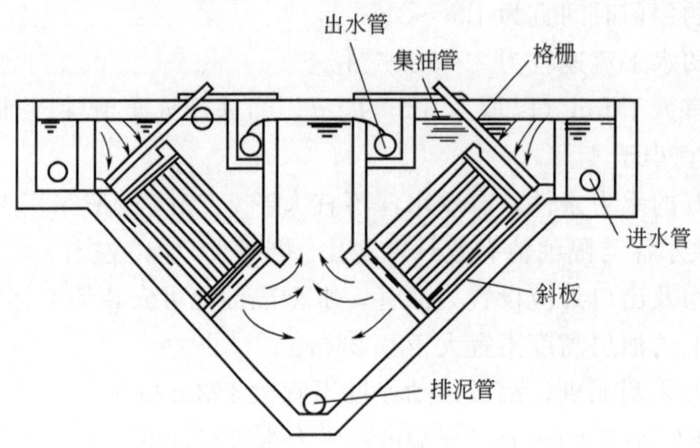

图2-2-17 倾斜板式隔油池结构示意图

斜板式隔油池的主要工艺设计参数如下。

① 表面水力负荷宜为0.6～0.8$m^3/(m^2 \cdot h)$，相当于平流隔油池的4～6倍。

② 斜板净距宜采用40mm；斜管内切圆直径宜为25～40mm，倾角不宜小于45°。

③ 斜板（斜管）斜长宜采用1～1.5m。

④ 污水在斜板间的流速一般为3～7mm/s。通过布水栅的流速一般为10～20mm/s。

⑤ 污水在斜板体内的停留时间一般为5～10min。

⑥ 池内应设收油、清洗斜板和排泥等设施。

⑦ 斜板材料应耐腐蚀、不沾油（通常采用不饱和聚酯玻璃钢）。

⑧ 板组间及板组与池壁间应严密封堵，防止短路。

⑨ 穿孔板的开孔率为5%～6%，孔径在ϕ12mm左右。

（4）涡凹气浮除油

利用高度分散的微小气泡作为载体黏附于废水中的悬浮污染物，使其浮力大于重力和阻力，从而使污染物上浮至水面，形成泡沫，然后用刮渣设备自水面刮除泡沫，实现固液或液液分离的过程称为气浮。

水中悬浮固体颗粒能否气泡黏附主要取决于颗粒表面的性质。颗粒表面易被水湿润，该颗粒属亲水性；如不易被水湿润，属疏水性，如图2-2-18所示。

亲水性与疏水性可用气、液、固三相接触时形成的接触角大小来解释。在气、液、固三相接触时，固、液界面张力线和气、液张力线之间的夹角称为湿润接触角，以θ表示。假设气、液、固体颗粒分别用1、2、3表示，$\sigma_{1,2}$表示气固两相接触点气泡切线，$\sigma_{1,3}$表示气固两相接触点亲水性固体颗粒切线，$\sigma_{1,3}$表示气固两相接触点疏水性固体颗粒切线，$\sigma_{2,3}$表示亲水性固体颗粒和疏水性固体颗粒间的连接切线，如图2-2-19所示，在气、液、固相接触时，三个界面张力总是平衡的，根据气固两相不同的湿润接触角大小，有如下结论。

① 颗粒为疏水性 如θ<90°为亲水性颗粒，不易于气泡黏附。

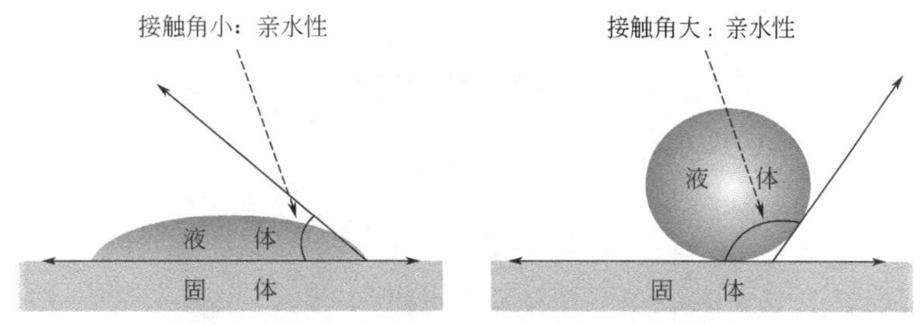

图 2-2-18 固体疏水性判断方法

② 颗粒为亲水性 如 $\theta > 90°$为疏水性颗粒，易于气泡黏附。

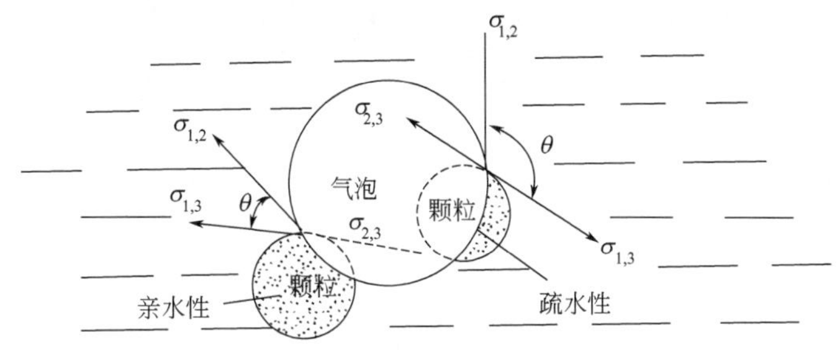

图 2-2-19 气固湿润接触角判断方法

气浮是一种去除油脂的常用方法。气浮除油的溶气压力在 0.34～4.8MPa，气固混合物上升到池表面，即被撇出。澄清的液体从气浮池的底部流出，部分回流加压式气浮除油设备需要回流部分上清液，全部加压式则无须回流。

为提高除油效果，气浮前可先投加混凝剂，混凝剂一般为硫酸铝或聚电解质。投加絮凝剂后形成的絮体的上升速度为 3.3～10.2mm/min，数值取决于絮体大小及组成。

散气气浮又称涡凹气浮，是一种常用的除油气浮法，因为其不需要曝气装置、气压罐等特点而广为应用，其本质属于叶轮气浮，叶轮高速旋转时在固定的盖板下形成负压，从进气管中吸入空气，进入水中的空气与循环水流被叶轮充分搅拌，成为细小的气泡甩出导向叶片，经过整流板消能后气泡垂直上升。悬浮杂质随气泡上升至表面形成浮渣，由旋转刮板慢慢地刮出槽外。散气气浮（涡凹气浮）原理如图 2-2-20 所示，散气气浮法的散气叶轮如图 2-2-21 所示。

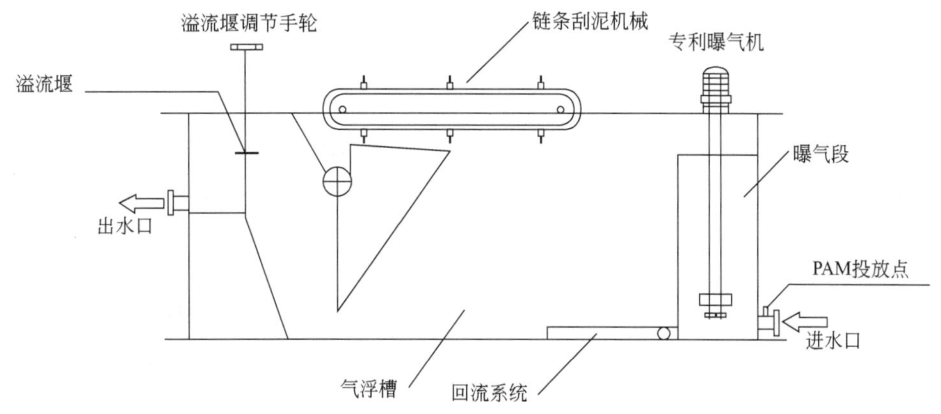

图 2-2-20 散气气浮（涡凹气浮）原理图

图 2-2-21　散气气浮法的散气叶轮

2.2.5　多效蒸发

多效蒸发是将前效的二次蒸汽作为下一效加热蒸汽的串联蒸发操作。在多效蒸发中，各效的操作压力、相应的加热蒸汽温度与溶液沸点依次降低。

在蒸发生产中，二次蒸汽的产量较大，且含大量的潜热，故应将其回收加以利用，若将二次蒸汽通入另一蒸发器的加热室，只要后者的操作压强和溶液沸点低于原蒸发器中的操作压强和沸点，则通入的二次蒸汽仍能起到加热作用，这种操作方式即为多效蒸发。

多效蒸发中的每一个蒸发器称为一效。凡通入加热蒸汽的蒸发器称为第一效，用第一效的二次蒸汽作为加热剂的蒸发器称为第二效，依此类推。采用多效蒸发器的目的是节省加热蒸汽的消耗量。理论上，1kg 加热蒸汽约可蒸发 1kg 水，但由于有热损失，而且分离室中水的汽化潜热要比加热室中的冷凝潜热大，实际上蒸发 1kg 水所需要的加热蒸汽超过 1kg。

根据经验，蒸汽的经济性单效为 0.91，双效为 1.76，三效为 2.5，四效为 3.33，五效为 3.71，可见随着效数的增加，蒸汽经济性单效增长率逐渐下降。例如，由单效改为双效时，加热蒸汽约可节省 50%；而四效改为五效时，加热蒸汽只节省 10%。但是，随着效数的增加，传热的温度差损失增大，使得蒸发器的生产强度大大下降，设备费用成倍增加。当效数增加到一定程度后，由于增加效数而节省的蒸汽费用与所增添的设备费相比较，可能会得不偿失。工业上必须对操作费和设备费作出权衡，以决定最合理的效数。最常用的为 2～3 效，最多为 6 效。

多效蒸发中第一效加入加热蒸汽，从第一效产生的二次蒸汽作为第二效的加热蒸汽，而第二效的加热室却相当于第一效的冷凝器，从第二效产生的二次蒸汽又作为第三效的加热蒸汽，如此串联多个蒸发器，就组成了多效蒸发。由于多效操作中蒸发室的操作压力是逐效降低的，故在生产中的多效蒸发器的末效带与真空装置连接。各效的加热蒸汽温度和溶液的沸点也是依次降低的，而完成液的浓度是逐效增加的。最后一效的二次蒸汽进入冷凝器，用水冷却冷凝成水而移除。

(1) 多效蒸发的操作流程

为了合理利用有效温差，并根据处理物料的性质，通常多效蒸发有下列 3 种操作流程：

并流流程、逆流流程和平流流程。

① 并流流程　并流加料三效蒸发的流程中溶液和二次蒸汽同向依次通过各效，这种流程的优点是料液可借助相邻二效的压力差自动流入后一效，而不需用泵输送，同时，由于前一效的沸点比后一效的高，因此当物料进入后一效时，会产生自蒸发，这可多蒸出一部分水汽，如图 2-2-22 所示。

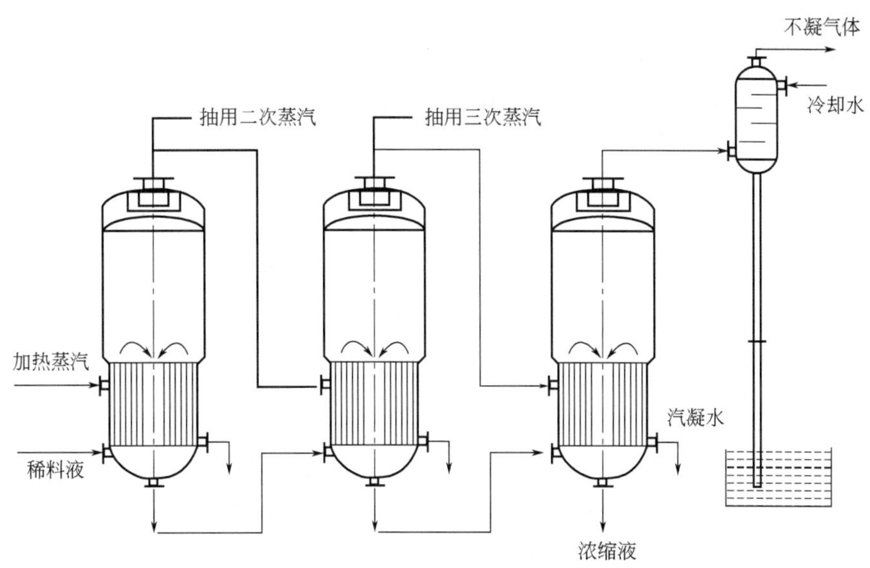

图 2-2-22　并流三效蒸发流程

这种流程的操作也较简便，易于稳定，但其主要缺点是传热系数会下降，这是因为后序各效的浓度会逐渐增高，但沸点反而逐渐降低，导致溶液黏度逐渐增大。

② 逆流流程　逆流加料三效蒸发流程中，溶液与二次蒸汽流动方向相反，需用泵将溶液送至压力较高的前一效。

逆流流程的优点是各效浓度和温度对溶液的黏度的影响大致相抵消，各效的传热条件大致相同，即传热系数大致相同。

逆流流程的缺点是料液输送必须用泵，另外进料也没有自蒸发。一般这种流程只有在溶液黏度随温度变化较大的场合才被采用。

③ 平流流程　平流加料三效蒸发流程，蒸汽的走向与并流相同，但原料液和完成液则分别从各效加入和排出。这种流程适用于处理易结晶物料，例如食盐水溶液等的蒸发。

（2）MVR 与多效蒸发的区别

在蒸发行业中，多效蒸发和 MVR 都是应用比较多的蒸发技术，那么这两个工艺之间有什么区别呢？从目前来看，使用多效蒸发技术的企业仍占多数，多效蒸发是把前效产生的二次蒸汽作为后效的加热蒸汽，在一定程度上节省了生蒸汽，但第一效仍然需要源源不断地提供大量生蒸汽，并且末效产生的二次蒸汽还需要冷凝水冷凝，整个蒸发系统也比较复杂，另外效数增加，设备费用也会增加，每一效的传热温差损失也会增加，使得有效传热温差减小，设备的生产强度下降。而 MVR 蒸发是将从蒸发器分离出来的二次蒸汽经压缩机压缩后，其温度、压力升高，热焓增大，然后进入蒸发器加热室冷凝并释放出潜热，受热侧的料液得到热量后沸腾汽化，产生二次蒸汽经分离后进入压缩机，周而复始重复上述过程，蒸发器蒸发的二次蒸汽源源不断地经过压缩机压缩，提高热焓，返回到蒸发器作为蒸发的热源，这样可以充分回收利用二次蒸汽的热能，省掉生蒸汽，达到节能目的，同时，还省去了二次蒸汽冷却水系统，节约了大量的冷却水。

总结起来，MVR 与多效蒸发有以下 3 点显著区别。

① MVR 与多效蒸发在蒸汽使用量方面有区别　根据 MVR 蒸发与多效蒸发的原理可以看出，多效蒸发浓缩操作的热源主要是采用源源不断的锅炉生蒸汽，对于浓度低处理量大的物料，蒸汽耗费的能源是相当可观的，对于需要外购蒸汽的企业，随着市场蒸汽价格的上涨，蒸汽成本也越来越高。而 MVR 蒸发则不需要使用生蒸汽，直接用电即可，且 MVR 蒸发将蒸发器蒸发产生的二次蒸汽在整套 MVR 系统中循环利用，充分回收利用二次蒸汽的热能。

② MVR 与多效蒸发冷却水使用方面有区别　MVR 蒸发系统将蒸发产生的二次蒸汽重复利用，不需要冷却水将其冷凝。多效蒸发则需要将产生的二次蒸汽利用冷凝水进行冷凝。

③ MVR 与多效蒸发占地面积方面有区别　MVR 蒸发系统比较紧凑，系统操作比较简便，不需要锅炉，占地面积相对较小。多效蒸发整套系统相对比 MVR 大一些，占地面积会略大于 MVR。

（3）三效蒸发工艺的单元功能和流程

下面针对废水蒸发处理工艺中常用的逆流式三效蒸发工艺为例，来说明该工艺的单元功能和流程。

① 加热室　各效加热室上部均装有不凝汽管路，不凝汽管口装置节流垫片可调节各效真空度与温度，这样可有效地保证各效真空度与温度达标，并且装设冷凝水出水管。

② 分离器　各效分离器上均装置真空表、温度计与灯孔视镜，时时观测各效真空、温度与物料蒸发状态；各效下部出料口均装置防旋装置。

③ 预热器　预热器热源利用各效加热室与物料换热产生的二次蒸汽，可有效地节省蒸汽耗量，提高热源的利用率；预热器因安装于三效分离器与冷凝器之间，在预热物料的同时对二次蒸汽进行冷凝，降低了冷凝器负担并降低了冷却用水量。

④ 冷凝器　冷凝器一般为间接表面接触式冷凝器，以温度相对较低的冷却水在冷却管内冷却在管外的流动可凝气体，冷凝后的冷凝水下降至冷凝器底部后，用冷凝水泵抽出，不存在与冷却水的混合，杜绝二次污染。

⑤ 稠厚结晶器　内部装置冷却盘管与搅拌系统，可使进入稠厚罐的含盐物料充分与盘管进行接触换热，含盐物料冷却速度快，很快降温结晶。

（4）三效蒸发工艺的说明

三效蒸发系统主要用于蒸发浓缩高盐废水时，其运行方式为连续性，工艺说明如下。

① 进料　待蒸发废液首先进入母液槽，通过进料泵输送，根据蒸发速率通过流量调节阀门至合适的流量，以连续的方式，经过预热器预热后，进入加热室。

② 废液的蒸发浓缩　经预热器预热后的废液首先进入三效加热室利用二效分离室产生的蒸汽进行加热，然后进入三效分离室进行汽水分离，三效分离室与三效加热室之间没有循环。

废液进入三效分离室后，通过泵输送至二效加热室，再进入二效分离室，废液通过强制循环泵在二效分离室与二效加热室之间进行快速循环。

废液经浓缩至一定程度后，依次进入一效加热室和一效分离室，此处，废液通过强制循环泵在一效分离室与一效加热室之间进行快速循环。

③ 结晶与分离　浓缩至一定程度后，废液于一效分离室底部出料，通过泵输送至稠厚器进行结晶，稠厚器中的结晶物与废液的混合物通过自流的方式流至固液分离设备进固液分离，分离后的废液进入母液槽继续蒸发浓缩，结晶物人工铲出，装至容器中待下一步处置。

④ 供汽　蒸发浓缩所需的生蒸汽由焚烧系统预热锅炉提供，只在一效加热室中对废液进行加热，生蒸汽冷凝水通过泵输送至焚烧车间软化水箱，回用于预热锅炉。

⑤ 废液蒸汽及冷凝水流向　一效分离室产生的蒸汽进入二效加热室对废液进行加热，二效分离室产生的蒸汽进入三效加热室对废液进行加热，三效分离室产生的蒸汽进入预热器对废液进行预热，还没有冷凝的蒸汽进入冷凝器进行冷凝。整个过程中，由于废液蒸发产生的冷凝水，通过泵输送至厂区污水管道，流至污水处理站进一步处置。

在蒸发工艺中，多效蒸发技术成熟、占地面积小、原料要求低，已广泛应用于高盐废水处理。伊犁新天煤制天然气项目、中电投伊南煤制天然气项目及内蒙古蒙大新能源化工基地年产 50 万吨工程塑料项目均成功运用多效蒸发工艺完成废水回用，多效蒸发本身能耗较高，但若与副产大量低压蒸汽的煤化工项目结合，则能达到全厂能量的综合高效利用。

2.2.6 机械压缩蒸发

机械压缩蒸发（mechnical vapor recompression，MVR）是利用压缩机提高二次蒸汽的品位，循环利用蒸汽提高热能利用率，大大减少了对外界热源的需求，是世界上最先进的蒸发技术之一。

MVR 废水处理系统是常见的化工、工业、高盐废水处理系统。MVR 废水处理系统是采用重新利用自身产生的二次蒸汽的能量，从而减少对外界能源需求的节能技术。它是在单效蒸发的基础上，将蒸发室内蒸出的低压、低温的二次蒸汽经过 MVR 废水处理系统的蒸汽压缩机，缩成较高压力、较高温度的蒸汽，并送回加热室与浓缩液进行换热，被压缩后的较高温度及较高压力的二次蒸汽被浓缩液冷凝变成冷凝水排出，同时浓缩液被压缩后的二次蒸汽加热继续蒸发。

MVR 废水蒸发系统是根据波义耳定律，质量气体的压强×体积/温度为常数，也就意味着当气体的体积减小，压强变大时，气体的温度也会随着升高。

根据此原理，当稀薄的二次蒸汽在经体积压缩后其温度会随之升高，从而实现将低温、低压的蒸汽变成高温、高压的蒸汽，进而可以作为热源再次加热需要被蒸发的原液，从而完成可以循环回收利用蒸汽的目的。在整套处理系统中，只需要使用少量的机械能就可以将二次蒸汽变成可回用的蒸汽源，从而使蒸发过程持续进行，而不需要外部蒸汽。

（1）MVR 的工艺流程

从 MVR 蒸发器出来的二次蒸汽，经压缩机压缩后，压力、温度升高，热焓增加，然后送到蒸发器的加热室当作加热蒸汽使用，使料液维持沸腾状态，而加热蒸汽本身则冷凝成水。这样原来要废弃的蒸汽就得到充分的利用，回收了潜热，又提高了热效率，生蒸汽的经济性相当于多效蒸发的 30 效，MVR 工艺流程如图 2-2-23 所示。

（2）MVR 蒸发器的特点

MVR 蒸发设备紧凑，占地面积小、所需空间也小，又可省去冷却系统，对于需要扩建蒸发设备而供汽、供水能力不足，场地不够的现有工厂，如果低温蒸发需要冷冻水冷凝的场合，则既能节省投资又有较好的节能效果。

由于 MVR 蒸发器利用二次蒸汽的汽化潜热，蒸发 1t 水能耗为 30kW。由于采用了低温

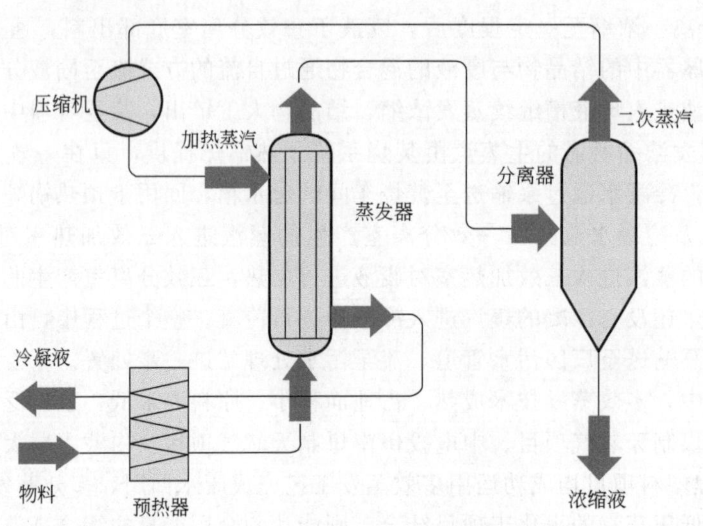

图 2-2-23 MVR 工艺流程图

蒸发，30℃就可以蒸发，低温蒸发条件下出水 COD 含量又可大大下降，当然含盐废水的综合处理不仅仅是 MVR 一项，不过从蒸发能耗上来讲，15～55kW·h 蒸发 1t 水也是目前蒸发工艺中最为节能的，MVR 蒸发器能耗低的原因主要有以下 6 项。

① MVR 用电能加热代替生蒸汽加热，且低电耗。

② 蒸发产生的二次蒸汽被压缩，而且被充分利用。

③ 蒸汽在 MVR 系统内几乎无损失。

④ 将冷凝水和浓缩液的输出热能与原液进行热交换。

⑤ 不凝气与原液进行换热。

⑥ 压缩机电机采用转速变频控制。

(3) MVR 蒸发器的系统参数及工艺参数

MVR 蒸发器的运行能耗低，蒸发 1t 水需要 15～55kW·h 的电耗。MVR 蒸发系统是机械蒸汽再压缩技艺，是将电能转换为压缩机的机械能，它是由蒸发器、预热器、真空系统组成的，系统参数及工艺参数是 MVR 蒸发器的设计根本，对原料特性参数还有物料性能的了解，才能免除系统参数设计风险，以使得系统能够正常运行。市面常见 MVR 设备组成如图 2-2-24 所示。

① 物料浓度、物料水质组成成分　物料的主要物性参数有密度、溶液组成成分、比热容、黏度、沸点升高、表面张力、热敏性、腐蚀性等，密度、溶液组成成分、定压比热容、黏度较大影响了物料侧的传热系数，而传热系数的不同会直接影响蒸发面积的设计计算。

② 物料进料浓度和出料浓度　这两项直接影响传热计算和蒸发温度选择，进而会影响到蒸汽压缩机的进、出口温度选择，也会影响蒸汽压缩机选型。沸点较高的物料只要在蒸汽压缩机温升范围内，可以选用 MVR 蒸发系统。

③ 蒸发强度　蒸发强度、出料浓度会影响蒸发器形式的选择和蒸发流程的设计。

④ 进、出料温度　蒸发装置在工艺设计中要做到能量重复利用，因此在考虑达到进、出口物料温度的情况下通过工艺变化将冷凝水出口温度降到较低的水平。

⑤ 物料的黏度　物料黏度除了影响传热系数还会对蒸发器型式选择有影响。

⑥ 系统技艺参数　一般蒸发 1t 水需要耗电为 15～55kW·h，可以实现蒸发温度为

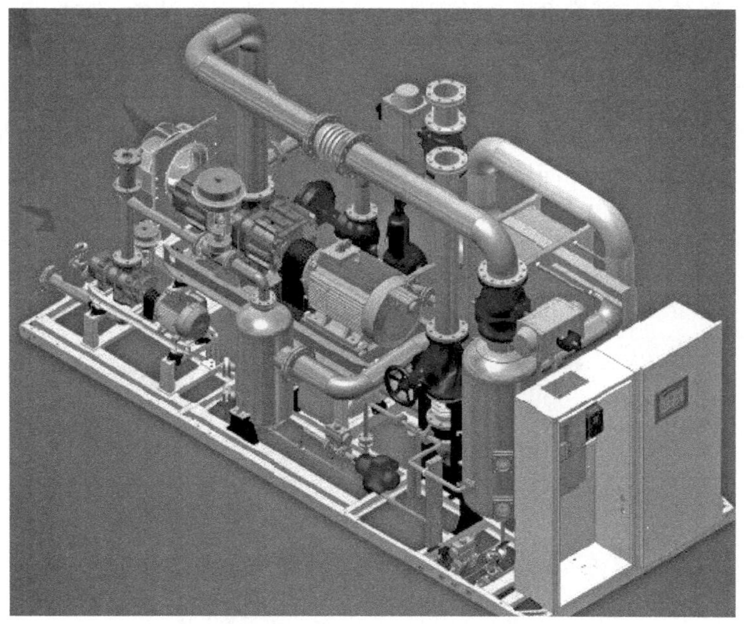

图 2-2-24 MVR 设备模型图

40～100℃，生蒸汽消耗量少，出料含固量则可以直接蒸发到结晶。

(4) MVR 蒸发器的设计选型

MVR 蒸发器的设计选型时要考虑如下 4 方面影响因素。

① 尽可能地增加蒸发器冷凝和沸腾给热系数，减缓蒸发器中加热面上污垢的生成速率，保障蒸发器设备具有较大的传热系数。图 2-2-25 即为运行一段时间后的 MVR 换热器内部图，明显可见已经结成了水垢。

图 2-2-25 运行一段时间后的 MVR 换热器内部

② MVR 蒸发器设计时要考虑是否能达到和适应物料溶液的某些特性，如黏性、起泡性、热敏性、腐蚀性等。

③ MVR 蒸发器设计时要考虑到是否能完善汽化、汽液的分离，分离器的大小。

④ 蒸发器是否能清理溶液在蒸发过程中所析出的晶体，减慢结垢现象产生。

虽然 MVR 投资费用较高，但其耗能低、占地面积小、运行费用低、操作简单、自动化程度高等特点使其在蒸发结晶领域广受青睐，具有很高的实用性能，用于处理高盐废水可以有效避免腐蚀、结垢、起沫等问题。

图 2-2-26　MVR 蒸汽离心式压缩机

与多效蒸发相比，机械压缩提高了蒸发过程中蒸汽的利用率，每吨废水处理成本可控制在 20 元以下，图 2-2-26 即为 MVR 常用的蒸汽离心式压缩机。例如神华神东电力郭家湾电厂项目和中煤图克化肥项目中均采用 MVR 工艺，后者与高效膜浓缩技术结合，其水回收率可达到 90%。经研究，将多台 MVR 装置串联组成两效或多效机械压缩蒸发工艺，可有效降低能耗，由于换热面积与压缩机功率受传热温差及出料浓度作用相反，因此选择合适的传热温差是有效控制系统高效、节能运行的关键。

针对含盐含有机物的废水，神农机械有限公司设计新型单、双效 MVR 联合工艺路线，提高了 MVR 的水源适用性，热能几乎全部再生利用。机械压缩技术对设备的技术和质量要求严格，而压缩机作为整个工艺中的核心设备，其设计和生产技术主要被德国的 GEA、Mess 公司和美国的 GE 公司垄断，中国 MVR 装置的核心部件仍需依靠进口。

2.3　高级化学氧化处理工艺

化学氧化技术是环境污染治理中经常使用的技术手段，主要依靠强化剂使有机污染物氧化分解，转变成无毒或毒性较小的物质甚至进一步矿化成二氧化碳和水。化学氧化法对于有机污染物有较好的作用效果，通常能提高难降解有机污染物的可生化性，在污水处理工艺中与生物法结合，能取得非常好的处理效果。目前，比较常用的氧化剂主要有臭氧（O_3）、过氧化氢（H_2O_2）、高锰酸钾（$KMnO_4$）、Fenton 试剂、次氯酸、二氧化氯等，它们除了能氧化难降解有机污染物质以外，还在污水脱色、杀菌等方面得到应用。化学氧化法对难降解有机污染物的处理效果较好，反应条件温和，反应较快，对一些新型的、人工合成的、具有

生物抗性的有机污染物质具有一定的氧化降解能力。

随着工业的发展和人们各种需求的增多，有机污染物质的数量和种类也逐渐增加，出现了多环芳烃类化合物、杂环类化合物、有机氰化物、有机合成高分子化合物等难降解有机污染物，常用的氧化剂已不能满足对这些有机污染物的处理要求。氧化剂的氧化性高低是根据其氧化还原电位来判定的，标准氧化还原电位越高，其氧化性越强。例如，F_2/F^- 氧化还原电对的标准氧化还原电位为 2.87V，而化学氧化处理中经常出现的羟基自由基/水（$\cdot OH/H_2O$）电对的标准氧化还原电位最高为 2.8V，而 O_3/O_2 和 H_2O_2/H_2O 的标准氧化还原电位分别为 2.07V 和 1.77V，O_3 和 H_2O_2 的氧化性均低于 $\cdot OH$，而 $\cdot OH$ 相比于 F_2 没有污染性，因此人们逐渐开发以产生 $\cdot OH$ 为活性中间体的高级氧化体系，这就是研究者广泛关注的高级氧化过程（advanced oxidation processes，AOPs）。高级氧化技术因氧化能力强、适用范围广、易于工业应用等特点逐渐成为难降解有机污染物去除的关键技术。

2.3.1 臭氧催化氧化

臭氧是氧气的一种同素异形体，化学式是 O_3，分子量为 47.998，为有鱼腥气味的淡蓝色气体。臭氧的分子模型如图 2-3-1 所示。

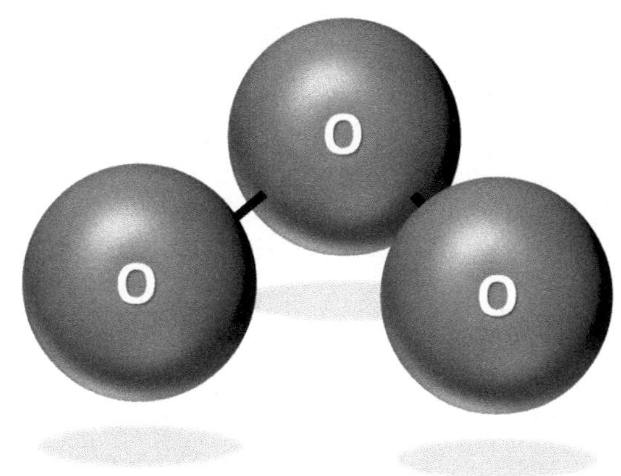

图 2-3-1　臭氧的分子模型

臭氧的相对密度为氧的 1.5 倍，在水中的溶解度比氧气大 10 倍；比空气大 25 倍。由于实际生产中采用的多是臭氧化空气（含有臭氧的空气），其臭氧的分压很小，故臭氧在水中的溶解度也很小，例如，用空气为原料的臭氧发生器生产的臭氧化空气，臭氧只占 0.6%～1.2%（体积分数），根据气态方程及道尔顿分压定律知，臭氧的分压也只有臭氧化空气压力的 0.6%～1.2%。因此当水温为 25℃时，将这种臭氧化空气加入水中，臭氧的溶解度只有 3～7mg/L。

臭氧在空气中会慢慢地连续自行分解成氧气，由于分解时放出大量热量，故当其浓度在 25%以上时，很容易爆炸。但一般臭氧化空气中臭氧的浓度不超过 10%，因此不会发生爆炸。

浓度为 1%以下的臭氧，在常温常压的空气中分解的半衰期在 16h 左右。随着温度升高，分解速度加快，温度超过 100℃时，分解非常剧烈；达到 270℃高温时，可立即转化为氧气。臭氧在水中的分解速度比在空气中快得多，水中臭氧浓度为 3mg/L 时，其半衰期仅为 5～30min。所以臭氧不易储存，需边产边用。

为了提高臭氧利用率，水处理过程中要求臭氧分解得慢一些，而为了减轻臭氧对环境的污染，则要求水处理后尾气中的臭氧分解得快一些，所以对于不同环境需要不同分析。

(1) 臭氧催化氧化工艺的特点

臭氧催化氧化工艺处理难降解工业废水目前已被广泛应用，其工艺具备以下特点。

① 臭氧对除臭、脱色、杀菌、去除COD有显著效果。

② 不产生二次污染，并且能增加水中的溶解氧。

③ 操作管理也较方便。

④ 臭氧发生器耗电量较大。

⑤ 臭氧属于有毒有害气体，因此臭氧催化氧化工艺的工作环境中，必须有良好的通风措施。

(2) 臭氧作为氧化剂的特征

臭氧有强氧化性，是比氧气更强的氧化剂，可在较低温度下发生氧化反应，一般常用臭氧作氧化剂对废水进行净化和消毒处理，在环境保护和化工等方面被广泛应用，臭氧具备以下特征。

① O_3 不稳定，在水中分解为 O_2，pH越高，分解越快。

② O_3 在水中溶解度比纯氧高10倍，比空气高25倍。

③ O_3 在酸性溶液中，$E_0=2.07V$，仅次于氟（2.87V）。

④ O_3 在碱性溶液中，$E_0=1.24V$，略低于氯（1.36V）。

(3) 普通臭氧氧化的机理

普通臭氧的氧化机理如下。

① 夺取氢原子，并使链烃羰基化，生成醛酮、醇或酸；芳香化合物先被氧化为酚，再氧化为酸。

② 打开双键，发生加成反应。

③ 氧原子进入芳香环发生取代反应。

(4) 臭氧催化氧化的原理

臭氧催化氧化和普通臭氧氧化是有区别的，臭氧催化氧化的效率更高，其原理如下。

① 臭氧化学吸附在催化剂表面，生成活性物质后与溶液中的有机物反应。这种活性物质可能是·OH，也有可能是其他形态的氧。

② 有机物分子通过化学键的作用吸附在催化剂表面，进一步与气相或液相中的臭氧反应。首先有机物会迅速被吸附在催化剂载体上，载体表面的氧化物与其形成一些螯合物，随后这些螯合物被臭氧和·OH氧化。

③ 臭氧和有机物分子同时被吸附在催化剂表面（络合物作用），随后二者发生反应。从还原态催化剂开始，臭氧会氧化金属，臭氧在还原态金属上的反应会生成·OH，有机物会被吸附在被氧化过的催化剂上，然后通过电子转移反应被氧化，再次产生还原态的催化剂。有机物随之会很容易从催化剂上解吸（脱附），随后进入本体溶液，或被·OH和臭氧氧化。

(5) 臭氧催化氧化的催化剂

臭氧催化氧化的关键因素在于催化剂，臭氧催化剂分为两类：均相催化剂和非均相催化剂。其中非均相催化剂由于其不易流失的特性而被广为应用，非均相臭氧催化剂以具有活性的过渡金属/氧化物为主，与载体物料性质相近，附着强度高；同时通过高温烧结成型，保证了活性组分的高利用率，并且解决均相催化系统的催化剂须定时添加、催化剂流失率的问

题，防止二次污染。

采用催化剂进行臭氧催化氧化反应，可显著提高臭氧与污染物的反应速率，有效降低处理成本。配合臭氧氧化塔设备，可以减少臭氧投加量30%以上，臭氧利用率可达98%以上。以化工废水预处理、印染废水深度处理为例，可比采用常规方法需投加臭氧量减少30%，吨水运行费用亦可降低30%。臭氧催化剂如图2-3-2所示。

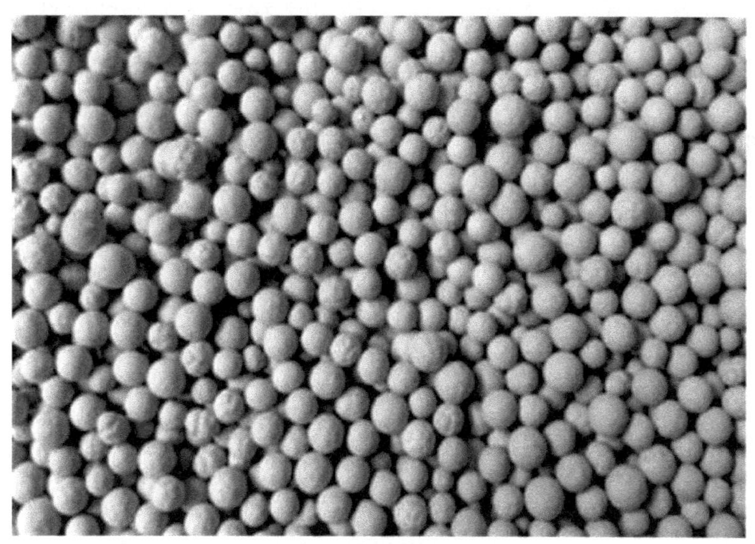

图2-3-2 臭氧催化剂

臭氧氧化去除水中COD时，基本投加量的规则如下。

① 普通臭氧氧化 O_3∶COD=3∶1。

② 臭氧催化氧化 O_3∶COD=2∶1～1∶1。

(6) 臭氧催化氧化的工艺流程

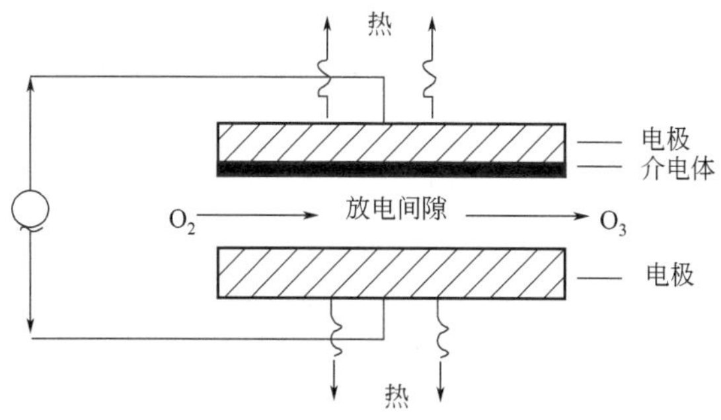

图2-3-3 板式臭氧发生器的工作原理

臭氧的制备有4种方式：化学法、电解法、紫外光法、电晕放电法，其中工业上最常用的是电晕放电法，电晕放电法的原理是把干燥的含氧气体流过电晕放电区产生臭氧，用空气制成臭氧的浓度一般为10～20mg/L，用氧气制成臭氧的浓度为20～40mg/L，这种含有1%～4%（质量分数）臭氧的空气或氧气就是水处理时所使用的臭氧化气。电晕放电法单台设备目前可以做到产量500kg/h以上。图2-3-3即为板式臭氧发生器的工作原理。

臭氧发生器所产生的臭氧，通过气水接触设备扩散于待处理水中，通常是采用微孔扩散器、鼓泡塔或喷射器、涡轮混合器等。臭氧的利用率要力求达到90%以上，剩余臭氧随尾

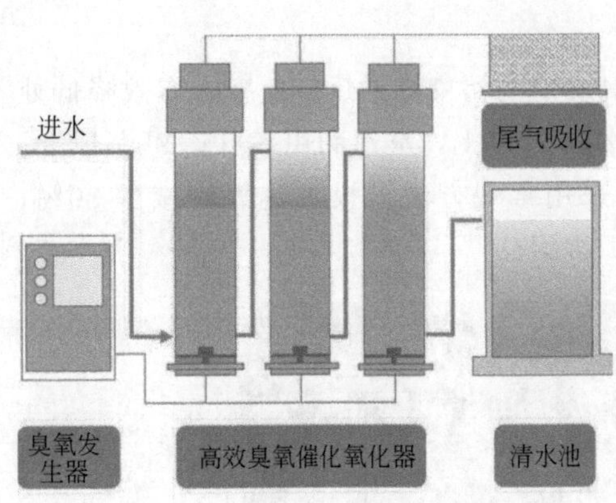

图 2-3-4　臭氧催化氧化工艺流程图

气外排，为避免污染空气，尾气可用活性炭或霍加拉特剂催化分解，也可用催化燃烧法使臭氧分解。臭氧催化氧化工艺流程如图 2-3-4 所示。

（7）臭氧与其他技术联合

臭氧作为一种常见的氧化剂，在与其他技术联合应用时往往会有不错的效果，例如臭氧-活性炭技术、光催化-臭氧氧化耦合技术、臭氧-BAF 工艺等，下面对这三种工艺组合进行简要叙述。

① 臭氧-活性炭技术　活性炭在反应中，可能如同碱性溶液中·OH 的作用一样，能引发臭氧基型链反应，加速臭氧分解生成·OH 等自由基。作为催化剂，活性炭与臭氧共同作用降解微量有机污染物的反应与其他涉及臭氧生成·OH 的反应（如提高 pH、投加 H_2O_2、UV 辐射）一样，属于高级氧化技术。此外，活性炭具有巨大表面积及方便使用的特点，是一种很有实际应用潜力的催化剂。

② 光催化-臭氧氧化耦合技术　光催化臭氧氧化（O_3/UV）是光催化的一种，即在投加臭氧的同时，伴以光（一般为紫外光）照射。这一方法不是利用臭氧直接与有机物反应，而是利用臭氧在紫外光的照射下分解产生活泼的次生氧化剂来氧化有机物。臭氧能氧化水中许多有机物，但臭氧与有机物的反应是选择性的，而且不能将有机物彻底分解为 CO_2 和 H_2O，臭氧化产物常常为羧酸类有机物。要提高臭氧的氧化速率和效率，必须采用其他措施促进臭氧的分解而产生活泼的·OH。

③ 臭氧-BAF 工艺　臭氧-BAF 工艺主要适用于高浓度、难降解工业废水的深度处理，将化学氧化和生物氧化技术有机结合起来，充分利用了 BAF 与臭氧氧化各自的优势，从而达到相互补充的效果。

臭氧氧化是以·OH 为主要氧化剂与有机物反应，生成的有机自由基可以继续参加·OH 的链式反应，或通过生成有机过氧化物自由基后进一步发生氧化分解反应，将大分子有机物氧化成小分子的中间产物，能够进一步提高水中有机污染物的可生化性，进而提高污染物的去除效率。臭氧成本相对低廉，被认为是目前最有前景的工业水处理工艺之一。

生物滤池是一种成熟的生物膜法处理工艺，它是由滴滤池发展而来并借鉴了快滤池形式，在一个单元反应器内同时完成了生物降解和固液分离的功能。当污水流经时，利用滤料上所附生物膜中高浓度的活性微生物的作用以及滤料粒径较小的特点，充分发挥微生物的生物代谢、生物絮凝、生物膜和填料的物理吸附和截留以及反应器内沿水流方向食物链的分级捕食作用，实现污染物的高效清除。

臭氧-BAF 组合工艺由于其对高浓度、难降解工业废水较好的处理效果，因此近些年在全国工业污水处理领域迅速发展，极大地缓解了各企业面临的压力，在国内具有十分广阔的应用前景。臭氧-BAF 工艺流程如图 2-3-5 所示。

2.3.2　光催化氧化

光催化反应，是指在光的作用下进行的化学反应。光催化反应需要分子吸收特定波长的电磁辐射，受激产生分子激发态，然后会发生化学反应生成新的物质，或者变成引发热反应的中间化学产物。光催化反应的活化能来源于光子的能量，在太阳能的利用中光电转化以及

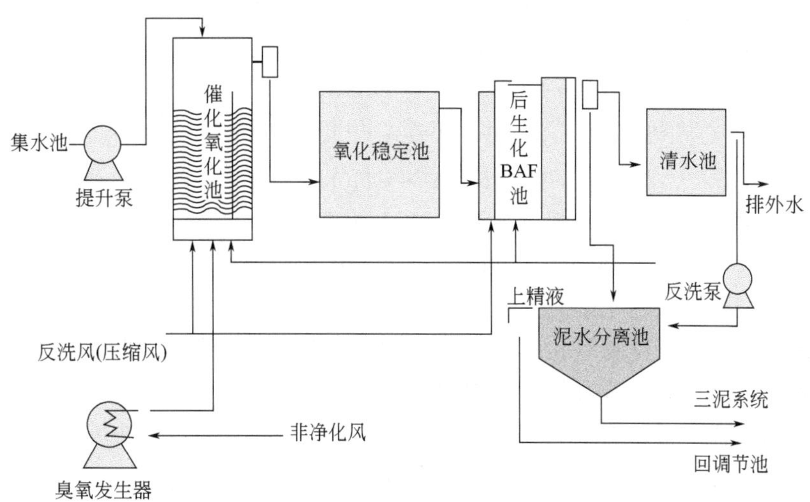

图 2-3-5 臭氧-BAF 工艺流程图

光化学转化一直是十分活跃的研究领域。

光催化氧化技术利用光激发氧化催化剂，将 O_2、H_2O_2 等氧化剂与光辐射相结合。所用光主要为紫外光，联用工艺包括 UV-H_2O_2、UV-O_2 等，可以用于处理污水中 CCl_4、多氯联苯等难降解物质。另外，在有紫外光的芬顿体系中，紫外光与铁离子之间存在着协同效应，使 H_2O_2 分解产生羟基自由基的速率大大加快，促进有机物的氧化去除。

光催化氧化的原理如图 2-3-6 所示。当能量高于半导体禁带宽度的光子照射半导体时，半导体的价带电子发生带间跃迁，从价带跃迁到导带，从而产生带正电荷的光致空穴和带负电荷的光生电子。光致空穴的强氧化能力和光生电子的还原能力就会导致半导体光催化剂引发一系列光催化反应的发生。

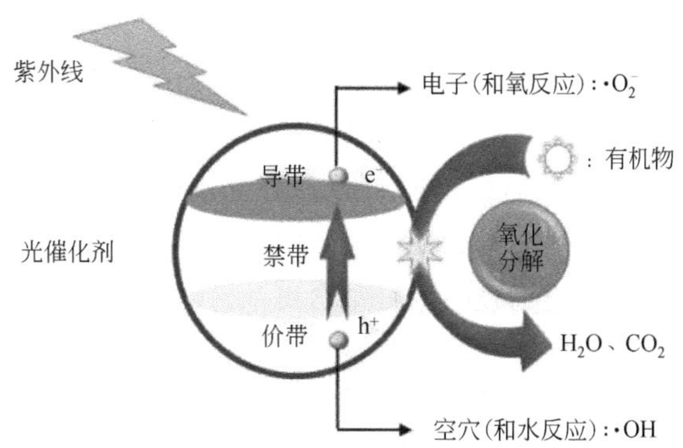

图 2-3-6 光催化氧化原理

目前常用的光催化剂为纳米 TiO_2 材料，半导体光催化氧化的羟基自由基反应机理，得到大多数学者的认同。即当 TiO_2 等半导体粒子与水接触时，半导体表面产生高密度的羟基，由于羟基的氧化电位在半导体的价带位置以上，而且又是表面高密度的物种，因此光照射半导体表面产生的空穴首先被表面羟基捕获，产生强氧化性的羟基自由基：

$$TiO_2 + h\nu \longrightarrow e^- + TiO_2(h^+) \tag{2-8}$$

$$TiO_2(h^+) + H_2O \longrightarrow TiO_2 + H^+ + \cdot OH \tag{2-9}$$

$$TiO_2(h^+)+OH^- \longrightarrow TiO_2+\cdot OH \tag{2-10}$$

当有氧分子存在时，吸附在催化剂表面的氧捕获光生电子，也可以产生羟基自由基：

$$O_2+nTiO_2(e^-) \longrightarrow nTiO_2+2\cdot O^{2-} \tag{2-11}$$

$$O_2+TiO_2(e^-)+2H_2O \longrightarrow TiO_2+H_2O_2+2OH^- \tag{2-12}$$

$$H_2O_2+TiO_2(e^-) \longrightarrow TiO_2+OH^-+\cdot OH \tag{2-13}$$

光生电子具有很强的还原能力，还可以还原金属离子：

$$M^{n+}+nTiO_2(e^-) \longrightarrow M+nTiO_2 \tag{2-14}$$

光催化氧化技术是在光化学氧化技术的基础上发展起来的。光化学氧化技术是在可见光或紫外光作用下使有机污染物氧化降解的反应过程。但由于反应条件所限，光化学氧化降解往往不够彻底，易产生多种芳香族有机中间体，成为光化学氧化需要克服的问题，而通过与光催化氧化剂的结合，可以大大提高光化学氧的效率。废水经过滤器去除悬浮物后进入光氧化池。废水在反应池内的停留时间随水质而异，一般为 0.5～2.0h，光催化工艺流程如图 2-3-7 所示。

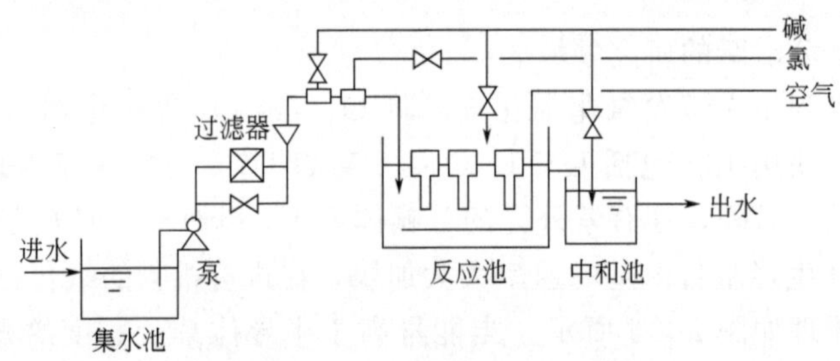

图 2-3-7 光催化工艺流程图

根据光催化氧化剂使用的不同，可以分为均相光催化氧化和非均相光催化氧化。均相光催化降解是以 Fe^{2+} 及 H_2O_2 为介质，通过光-芬顿反应产生羟基自由基使污染物得到降解。紫外光线可以提高氧化反应的效果，是一种有效的催化剂。紫外/臭氧（UV/O_3）组合是通过加速臭氧分解速率，提高羟基自由基的生成速度，并促使有机物形成大量活化分子，来提高难降解有机污染物的处理效率。

非均相光催化降解是利用光照射某些具有能带结构的半导体光催化剂如 TiO_2、ZnO、CdS、WO_3、$SrTiO_3$、Fe_2O_3 等，可诱发产生羟基自由基。在水溶液中，水分子在半导体光催化剂的作用下，产生氧化能力极强的羟基自由基，可以氧化分解各种有机物。把这项技术应用于 POPs 的处理，可以取得良好的效果，但是并不是所有的半导体材料都可以用作这项技术的催化剂，比如 CdS 是一种高活性的半导体光催化剂，但是它容易发生光阳极腐蚀，在实际处理技术中不太实用。而 TiO_2 可使用的波长最高可达 387.5nm，价格便宜，多数条件下不溶解，耐光，无毒性，因此 TiO_2 得到了广泛的应用。

单纯利用光化学氧化来处理水，存在处理效率低、设备投资大、运行管理费用高的缺点，为了加速光解速率和提高量子产率，常加入氧化剂，现在工业废水处理中，一般都是把光催化氧化和其他高级催化氧化技术联合应用，下面将针对 UV-O_3 工艺、UV-H_2O_2 工艺以及 UV-O_3-H_2O_2 工艺进行分析。

(1) 光-臭氧耦合工艺

光-臭氧工艺是将臭氧和紫外光辐射相结合的一种高级氧化过程，它的降解效果比单独

使用光催化或臭氧催化氧化都要高，不仅能对有毒难降解的有机物、细菌、病毒进行有效的氧化和降解，而且还可以用于造纸工业漂白废水的脱色。

光-臭氧工艺的强大效果得益于紫外光的照射会加速臭氧的分解，从而提高羟基自由基的产率，而羟基自由基是比臭氧更强的氧化剂，因此使水处理效率明显提高，并且能氧化一些臭氧不能直接氧化的有机物。

同时，已有的研究表明，光-臭氧工艺对饮用水中的三氯甲烷、四氯化碳、芳香族化合物、氯苯类化合物、五氯苯酚等有机污染物也有良好的去除效果。当紫外光与臭氧协同作用时，存在额外的高能量输入，当紫外光波长为 180～400nm 时，能提供 300～648kJ/mol 的能量，这些能量足够使臭氧产生更多的羟基自由基，同时能从反应物和一系列中间产物中产生活化态物质和自由基。

光-臭氧催化氧化过程涉及臭氧的直接氧化和羟基自由基的氧化作用，臭氧在紫外光照射条件下分解产生羟基自由基的机理如下：

$$O_3 + UV(或\ h\nu, \lambda < 310nm) \longrightarrow O_2 + O(^1D) \tag{2-15}$$

$$O(^1D) + H_2O \longrightarrow \cdot OH + \cdot OH(湿空气中) \tag{2-16}$$

$$O(^1D) + H_2O \longrightarrow \cdot OH + \cdot OH \longrightarrow H_2O_2(水中) \tag{2-17}$$

尽管现在还不能完全确定光-臭氧催化氧化过程的反应机理，但大多数学者认为 H_2O_2 实际是光-臭氧催化氧化的首要产物，过程产生的羟基自由基与水中的有机物发生反应，逐渐将有机物降解。按照这一理论计算，1mol 的臭氧在紫外光照射下可产生 2mol 的羟基自由基。

臭氧在水中的低溶解度及其相应的传质限制是光-臭氧催化氧化技术发展的主要问题，现有研究大多采用搅拌式的光-臭氧催化氧化反应器来提高传质速率，效果往往不太理想，另外影响光-臭氧催化氧化反应效果的因素还有以下 4 点。

① 光照　臭氧对波长为 253.7nm 的光的吸收系数最大，随着光强的提高，能极大提高反应速率并减少反应时间。

② pH　在 pH>6.0 时，臭氧主要以间接反应为主，即以产生的羟基自由基作为主要氧化剂，能有更快的反应速率。

③ 无机物　碳酸盐是羟基自由基的捕获剂，大量存在会严重阻碍氧化反应的进行。

④ 臭氧投加量　对于不同水质的废水，选择适当的 O_3 投加量，既可避免 O_3 受紫外光辐射分解而降低 O_3 利用率，还可以取得较好的处理效果，降低成本。

(2) 光-芬顿耦合工艺

光-芬顿催化氧化法是一种均相光化学催化氧化法，组成芬顿试剂的是亚铁离子与过氧化氢，其中过氧化氢是强氧化剂。芬顿试剂法是一种高级化学氧化法，常用于废水深度处理，其主要原理是利用亚铁离子作为 H_2O_2 的催化剂，以产生 ·OH，而后者可以氧化大部分有机物。

为使 ·OH 生成速率最大，芬顿催化氧化过程一般在 pH 3.5 以下进行。而光-芬顿催化氧化法就是利用芬顿试剂的强氧化性，并辅以紫外光或可见光照射，能极大提高传统芬顿氧化过程的效率，也被称为光助芬顿法（photochemically enhanced Fenton，PEF）。

水处理化学品影响光-芬顿催化氧化反应的因素主要有亚铁离子浓度、H_2O_2 浓度、pH、温度、反应时间和有机物浓度等。

(3) 光-臭氧-芬顿耦合工艺

在光-臭氧催化氧化系统中引入 H_2O_2，对羟基自由基的产生有协同作用，能够高速产生羟基自由基，从而表现出对有机污染物更高的反应效率，该系统对有机物的降解利用了氧化和光解作用，包括 O_3 的直接氧化、O_3 和 H_2O_2 分解产生的羟基自由基的氧化以及 O_3 和 H_2O_2 光解和离解作用。与单纯的光-臭氧催化氧化相比较，加入 H_2O_2 对羟基自由基的产生有协同作用，从而表现出对有机物的高效去除。

在光-臭氧-芬顿反应过程中，羟基自由基的产生机理可以归纳为以下几个反应方程式：

$$H_2O_2+H_2O \longrightarrow H_3O^+ + HO_2^- \tag{2-18}$$

$$e^- + O_2 + H_2O_2 \longrightarrow \cdot O + \cdot OH + HO_2^- \tag{2-19}$$

$$O_3 + HO_2^- \longrightarrow \cdot O_2 + \cdot OH + \cdot O_2 + e^- \tag{2-20}$$

$$O_3 + \cdot O_2 \longrightarrow \cdot O_3 + O_2 \tag{2-21}$$

$$e^- + \cdot O_3 + H_2O \longrightarrow \cdot OH + OH^- + O_2 \tag{2-22}$$

光-臭氧-芬顿催化氧化工艺在处理多种工业废水或者受污染的地下水方面已经有诸多的报道，可用于多种农药（如 PCP、DDT 等）和其他化合物的处理，在成分复杂的难降解废水中，光-臭氧催化氧化或光-芬顿催化氧化可能会受到抑制，在这种情况下，光-臭氧-芬顿催化氧化工艺就成了不错的选择，显示出其优越性，因为它能够通过多种反应机理产生羟基自由基，从而受水中色度和浊度的影响较低，适用于更广泛的 pH 范围。

2.3.3　微波催化氧化

微波是一种电磁波，频率在 300MHz～300GHz，即波长在 100cm～1mm 的电磁波，电磁波包括电场和磁场，电场使带电粒子开始运动而具有动力，由于带电粒子的运动从而使极化粒子进一步极化，带电粒子的运动方向快速变化，从而发生相互碰撞摩擦使其自身温度升高，而微波的主要加热作用是偶极转向极化。极性电介质的分子在无外电场作用时，偶极矩在各个方向的概率相等，宏观偶极矩为零。在微波场中，物质的偶极子与电场作用产生转矩，宏观偶极矩不再为零，这就产生了偶极转向极化。由于微波产生的交变电场以每秒高达数亿次的高速变向，偶极转向极化不具备迅速跟上交变电场的能力而滞后于电场，从而导致材料内部功率耗散，一部分微波能转化为热能，由此使得物质本身加热升温，这就是微波加热的基本原理，如图 2-3-8 所示。

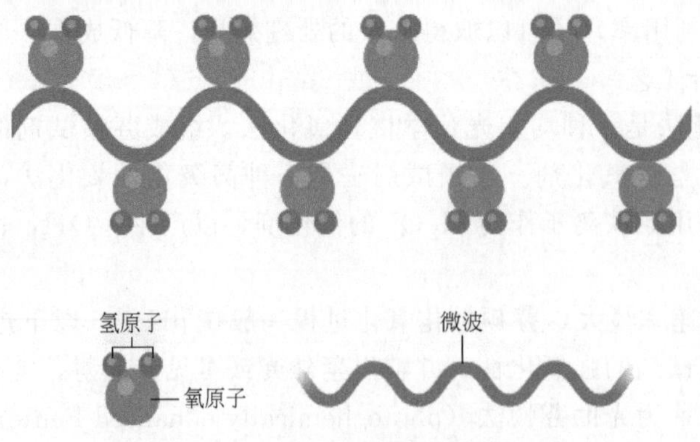

图 2-3-8　微波加热原理

目前，915MHz 和 2450MHz 这两个频率是国际上广泛应用的微波加热频率。915MHz 多用于工业化大生产，2450MHz 一般用于民用，所以微波技术大多选用的微波频率

为 915MHz。

微波具有直线性、反射性、吸收性和穿透性等特征。微波加热是一种内源性加热，是对物质的深层加热，具有许多优点，如选择性加热物料、升温速率快、加热效率高、易于自动控制。对于绝大多数的有机污染物来说，其并不能直接明显地吸收微波，但将高强度短脉冲微波辐射聚焦到含有某种“物质”（如铁磁性金属）的固体催化剂床表面上，由于与微波能的强烈作用，微波能将被转变成热能，从而使固体催化剂床表面上的某些表面点位选择性地被很快加热至很高温度。尽管反应器中的物料不会被微波直接加热，但当它们与受激发的表面点位接触时可发生反应。这就是微波诱导催化反应的基本原理，把有机废水和空气通进有固体催化剂床的微波反应设备中，就能快速氧化分解有机物，从而使污水得到净化。

表 2-3-1 为微波工艺和生化工艺、膜工艺处理效果的对比。

表 2-3-1 微波、生化、膜工艺的对比

项目	微波催化氧化	生物处理法	膜工艺
有机物去除效果	好	一般	好
残留物	污泥	少量污泥	10%～20%浓缩度
消毒灭菌	99.99%灭除	无	无
脱色效果	好	一般	好
除臭	好	无	无
运行控制	自控实现	难	无
运行费用	低	低	高
投资强度	低	中	高

微波除了有加热作用外，还对废水有催化作用，即改变反应历程，降低反应活化能，加快合成速度，提高平衡转化率，减少副产物，改变立体选择性等效应。据分析，微波频率与分子转动频率相近，微波电磁作用会影响分子中未成对电子的旋转方式和氢键缔合度，并通过在分子中储存微波能量以改变分子间微观排列及相互作用等方式来影响化学反应的宏观焓或熵效应，从而降低活化反应能，改变反应动力学。

（1）微波催化氧化技术的原理

废水微波催化氧化技术是将废水和氧化剂混合后送入微波场中，微波的作用机理如下。

① 水中的极性分子吸收微波，吸波后运动速度加剧，特别是水分子，吸收微波后水分子运动速度迅速加快，使得水中的污染物质分子运动速度随之加快，碰撞接触概率增加，从而使氧化过程迅速完成。

② 微波对废水中的物质进行选择性分子加热，对吸波污染物质的氧化反应具有强烈的催化作用，对有些不能直接吸收微波的污染物，可通过催化介质把微波能传给这些物质，使污染物分子结构产生变形和振动，改变污染物的焓或熵，降低化学反应的活化自由能，使氧化反应更加彻底，对污染物的降解去除率得到明显提高。

③ 氧化矿物中的金属离子被氧化后生成聚合类絮凝剂，与部分未氧化降解的有机物结合产生絮凝沉淀去除，从而进一步去除有机物。

微波催化氧化技术（MCAO）就是根据上述原理开发的，如前所述，在微波场中，剧烈的极性分子振荡，能使化学键断裂故可用于污染物的降解。通过一系列的物理化学作用将废水中难处理的有机物降解转化沉淀，从而达到净化废水的目的，在传统微波辐射技术上发展起来的微波诱导催化氧化技术是该类废水处理方法的新的研究热点。

微波催化氧化的目的在于应用氧化法处理工业废水中的有机污染物，利用微波能加速氧化反应过程，使氧化反应在短时间内完成，以实现氧化法的工业化应用。其工艺技术影响因素主要包括：氧化反应流程和条件的控制；微波的频率、场强和氧化反应的关系等。

（2）微波催化氧化工艺的步骤

一般情况下，微波催化氧化工艺步骤如下。

① 调整废水的 pH 为3～5。

② 向待处理废水中加入氧化剂（多用 H_2O_2 或者 $Na_2S_2O_8$）并搅拌均匀，氧化剂的用量可以根据废水 COD 值来确定，一般情况下加药量为每 100 mg 的 COD 值投加 500mg 氧化剂。

③ 使废水流过微波场，微波频率为 915MHz，微波场强根据废水的 COD 浓度确定，微波功率为 10～40kW。目前市面上单台微波催化氧化装置处理废水的能力为 5000～50000m^3/d，假如其处理水量超过这个范围，可以使用多台并联运行。

④ 流过微波场的废水先通过气水分离器使气液分离，再通过沉淀池或气浮装置使固液分离，从而实现固、液、气三相分离，最终得到净化的出水。

⑤ 调节出水 pH 使其在 6.5～8.5。

（3）微波诱导催化技术的催化剂及载体

微波诱导催化反应中催化剂及载体的作用是非常重要的，分为金属与非金属。最适宜作催化剂的是微波高损耗物质，而载体则宜选用微波低损耗物质。对于金属催化剂，铁磁性金属催化剂和载体分为以下三类。

① 微波高损耗物质，如 Ni_2O_3、MnO_2、Co_3O_4。

② 升温曲线有一拐点的物质，照射一段时间后才剧烈升温，如 Fe_3O_2、CdO、V_2O_5。

③ 微波低损耗物质，如 Al_2O_3、TiO_2、ZnO、PbO、La_2O_3、Y_2O_3、ZrO_2、Nb_2O_5。

目前在市面上，单独使用微波催化氧化来处理工业废水还比较少见，主要作用是辅助，所以对于微波工艺来说，大多数可见组合工艺中，例如微波-芬顿、微波-臭氧、微波-化学氧化、微波-湿氧、微波-电催化等，人们都是利用其能够快速、有选择性加热的特性来提升处理效果。

虽然微波催化氧化具有很多有益效果，但是由于微波设备较为昂贵，运行费用较高，所

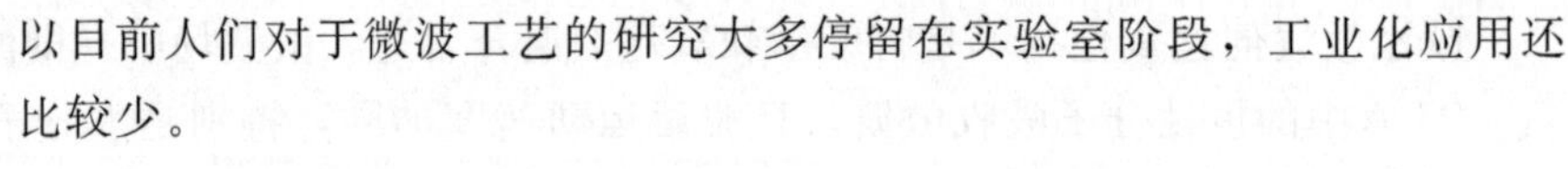
以目前人们对于微波工艺的研究大多停留在实验室阶段，工业化应用还比较少。

2.3.4　电催化氧化

2.3.4.1　电催化氧化法

（1）电解的原理

电催化氧化法是利用直流电进行氧化还原反应的方法，原理是电流通过物质而引起化学变化，该化学变化是物质失去或获得电子（氧化或还原）的过程，如图 2-3-9 所示。电催化氧化过程中，把电能转变为化学能的装置为电解槽，电催化氧化过程是在电解槽中进行的。

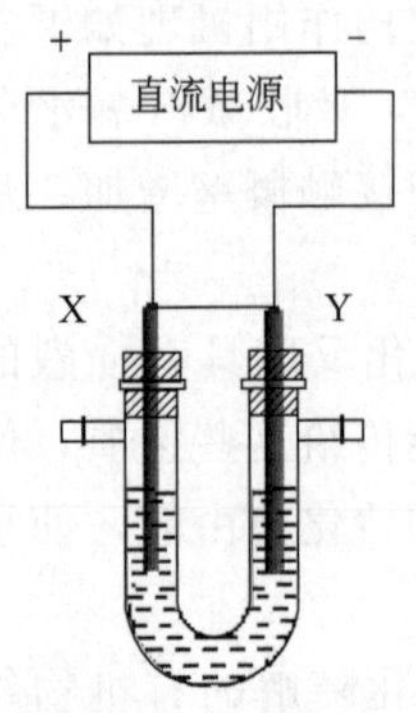

图 2-3-9　电解原理（其中 X 为阳极，发生氧化反应；Y 为阴极，发生还原反应）

以 $CuCl_2$ 电解为例来说明电解的得失电子过程。如图 2-3-10 所示，$CuCl_2$ 是强电解质且易溶于水，在水溶液中首先会电离生成 Cu^{2+} 和

Cl^-。当水溶液中通电后，Cu^{2+}和Cl^-会在电场作用下，改作定向移动，其中溶液中带正电的Cu^{2+}向阴极移动，带负电的Cl^-向阳极移动。在阴极，Cu^{2+}获得电子而被还原成铜原子覆盖在阴极上；在阳极，Cl^-失去电子而被氧化成氯原子，并两两结合成氯分子，从阳极放出，进而溶于水中形成Cl^-和ClO^-。

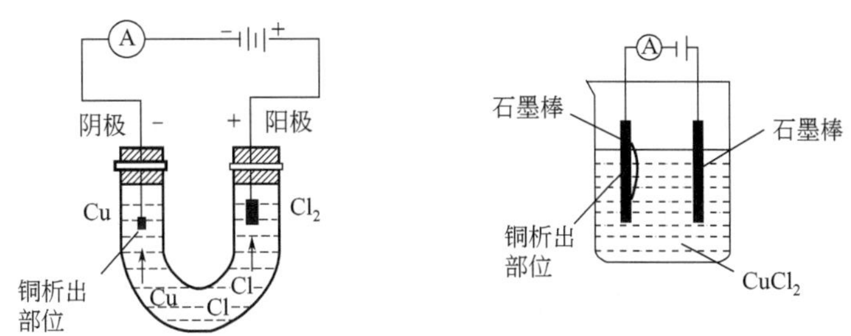

图 2-3-10 电解 $CuCl_2$ 原理

（阳极产生 Cl_2，阴极产生 Cu）

在上面叙述氯化铜电解的过程中，没有提到溶液里的H^+和OH^-，其实H^+和OH^-虽少，但的确是存在的，只是它们没有参加电极反应。也就是说在氯化铜溶液中，除Cu^{2+}和Cl^-外，还有H^+和OH^-，电解时，移向阴极的离子有Cu^{2+}和H^+，因为在这样的试验条件下Cu^{2+}比H^+容易得到电子，所以Cu^{2+}在阴极上得到电子析出金属铜。移向阳极的离子有OH^-和Cl^-，因为在这样的试验条件下，Cl^-比OH^-更容易失去电子，所以Cl^-在阳极上失去电子，生成氯气。

关于电解反应中阴阳两极的电子得失和反应，有人总结了十六字要诀，可以用来辅助理解物质变化。

① 阴得阳失 电解时，阴极得电子，发生还原反应，阳极失电子，发生氧化反应。

② 阴粗阳细 在处理重金属废水过程中，假如阴阳两极均采用活泼金属棒作为电极，那么阴极会析出金属变粗，阳极逐渐溶解变细，且产生阳极泥。

③ 阴碱阳酸 在电解反应之后，不活泼金属的含氧酸盐会在阳极处生成酸，而活泼金属的无氧酸盐会在阴极处生成碱。

④ 阴固阳气 电解反应之后，阴极产生固体及还原性气体，而阳极则生成氧化性强的气体。

（2）电解法的优点

电解法处理废水技术就是采用了电解的原理，该工艺具有氧化还原、凝聚、气浮、杀菌消毒和吸附等多种功能，并具有设备体积小、占地面积少、操作简单灵活，可以去除多种污染物，同时还可以回收废水中的贵重金属等优点。近年已广泛应用于处理电镀废水、化工废水、印染废水、制药废水、制革废水、造纸黑液等场合。

与其他类型化学氧化法相比，电解法具备以下优点。

① 具有多种功能，便于综合治理。除可用电化学氧化法和还原使毒物转化外，尚可用于悬浮或胶体体系的相分离。电化学方法还可与生物方法结合形成生物电化学方法，与纳米技术结合形成纳米-光电化学方法。

② 电化学反应以电子作为反应剂，一般不添加化学试剂，可避免产生二次污染。

③ 设备相对较为简单，易于自动控制。

④ 后处理简单，占地面积少，管理方便，污泥量很少。

(3) 电化学法的原理

电化学法可以依靠强氧化性和强还原性来去除有机污染物，两种作用的原理如下。

① 电化学还原法　电化学还原即通过电化学反应体系的阴极发生还原反应而去除污染物，可分为两类，一类是直接还原，即污染物直接在阴极上得到电子而发生还原，基本反应式为：

$$M^{2+}+2e^{-}\longrightarrow M \tag{2-23}$$

电化学还原法最常应用的领域是金属回收，尤其是贵重金属回收，同时该法也可使多种"三致"含氯有机物（如氯代烃物质）转变成低毒性物质，因此可以提高产物的生物可降解性，如以下反应：

$$R—Cl+H^{+}+2e^{-}\longrightarrow R—H+Cl^{-} \tag{2-24}$$

还有一类是间接还原，间接还原指利用电化学过程中生成的一些氧化原媒质如 Ti^{3+}、V^{2+} 或者 Cr^{2+} 将污染物还原去除，如二氧化硫间接电化学还原可转化成单质硫的反应：

$$SO_2+4Cr^{2+}+4H^{+}\longrightarrow S+4Cr^{3+}+2H_2O \tag{2-25}$$

② 电化学氧化法　电化学氧化法是在电化学反应体系中的阳极区域发生氧化的过程，也可分为两种：一种是直接氧化即污染物直接在阳极失去电子而发生氧化，另一种是间接氧化即通过阳极反应生成具有强氧化作用的中间产物或发生阳极反应之外的中间反应，有机物最终被氧化处理降解，达到净化污废水的目的。

对于直接电化学氧化作用有两种形式：电化学转换和电化学燃烧。其中电化学转换是把有毒物质转变为无毒物质，或把非生物兼容的有机物转化为生物兼容的物质（如芳香物开环氧化为脂肪酸），以便进一步实施生物处理；而电化学燃烧是直接将有机物深度氧化为 CO_2 和 H_2O。

2.3.4.2　电解工艺的分类

电催化氧化反应属于电解工艺的一个分支，按照应用场景和目的的不同，电解工艺可以有5大分支，如图2-3-11所示。

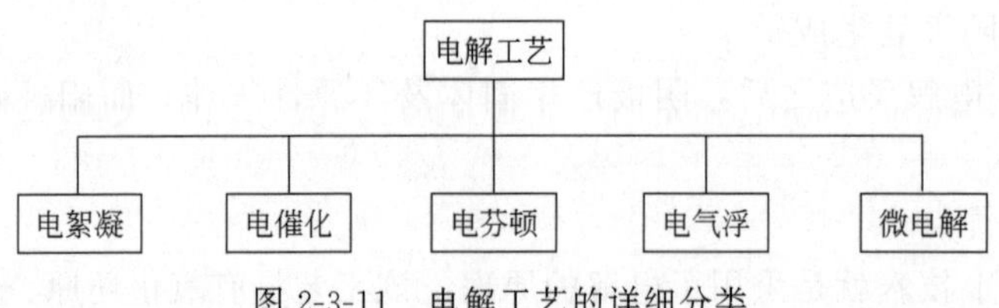

图2-3-11　电解工艺的详细分类

其中用于工业难降解废水的高级催化氧化处理工艺中，最常见的工艺是电催化、电芬顿和微电解，下面对于这3类工艺进行简要叙述。

(1) 电催化氧化工艺

电催化氧化是指在电场作用下，存在于电极表面或溶液相中的修饰物能促进或抑制在电极上发生的电子转移反应，而电极表面或溶液相中的修饰物本身并不发生变化的一类化学作用。电催化氧化工艺的核心是贵金属涂层电极，电催化氧化处理有机污染物的原理就是在贵金属涂层电极表面发生直接或间接氧化反应，最终生成 H_2O 和 CO_2 而从体系中除去。

一般认为电催化氧化去除废水中难降解有机污染物有以下两种方式：一种是电化学燃烧，有机物在贵金属催化阳极上直接被氧化降解；另一种是氧化剂氧化，电催化过程中在贵

金属催化极板上同时生成氧化剂，包括 Cl_2、·OH、过硫酸根等，这部分氧化剂氧化废水中的有机物，同时利用强还原性阴极将水溶液中的卤代烃等处理掉，至少降低了该类物质的毒性。

电催化氧化工艺中有机物的降解途径如下：首先有机物会吸附在催化阳极的表面，然后在直流电场的作用下有机污染物发生催化氧化反应，使之降解为无害的物质，或降解成容易进行生物降解的物质，再进行进一步的生物降解处理。

电催化氧化过程中，会在阴阳两极区域伴随有放出 H_2 和 O_2 的副反应，这会使电流效率降低，一般的解决方法就是通过筛选合适的电极材料，使产氢和产氧的过电位提高，可防止氢氧气体的产生，把更多的电流用于产生羟基自由基，提升处理效率。

影响电催化氧化工艺处理效果的主要因素可分四个方面，即电极材料、电解质溶液、废水的理化性质和工艺因素（电化学反应器的结构、电流密度、通电量等）。其中，电极材料是近年研究的重点。

电催化工艺常用的活性电极材料如图 2-3-12 所示，主要是以钛材质为载体，涂覆以钌铱钽锡为主的贵金属氧化物涂层，电极对催化剂的要求必须满足以下几点要求。

① 反应表面积要大。

② 有较好的导电能力。

③ 吸附选择性强。

④ 在使用环境下的长期稳定性。

⑤ 尽量避免气泡的产生。

⑥ 机械性能好。

⑦ 资源丰富且成本低。

⑧ 环境友好。

图 2-3-12　电催化活性阳极实物图

电催化电极的表面微观结构和状态也是影响电催化性能的重要因素之一，图 2-3-13 即为某种型号电催化活性阳极不同放大倍数的电镜扫描图，而电极的制备方法直接影响到电极的表面结构。在电催化过程中，催化反应是发生在催化电极和污水的接触界面，即反应物分子必须与电催化电极发生相互作用，而相互作用的强弱则主要决定于催化电极表面的结构和组成。

目前，电催化活性电极的主要制备方法有热解喷涂法、浸渍法（或涂刷法）、物理气相

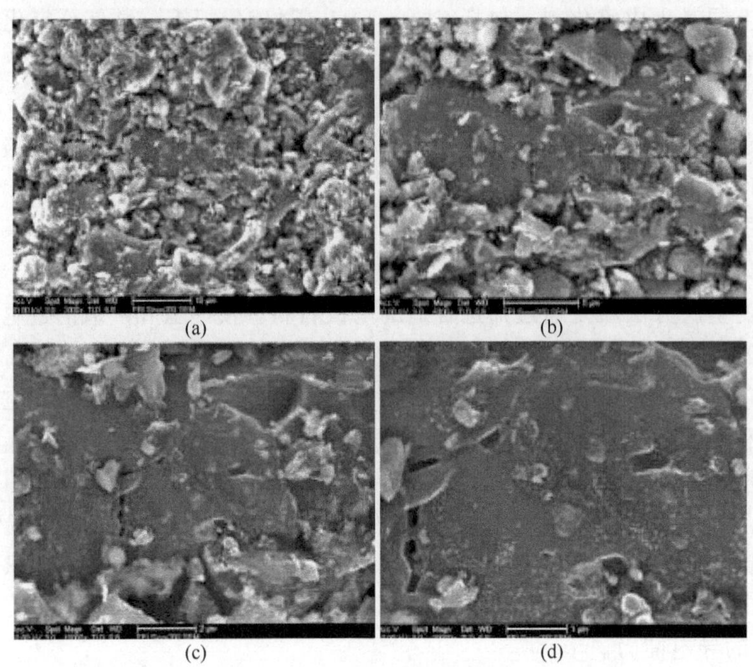

图 2-3-13　电催化活性阳极扫描电镜照片

(a) 5000 倍；(b) 10000 倍；(c) 20000 倍；(d) 50000 倍

沉积法、化学气相沉积法、电沉积法、电化学阳极氧化法以及溶胶-凝胶法等。

对于电催化氧化工艺的影响因素，电解质溶液即污水性质也有很大的作用，电解质性质对有机物的电化学催化氧化的影响主要体现在两个方面：其一是电解质溶液的浓度低，电流就小，降解速率就不高；其二是电解质的种类，对于像 Na_2SO_4 这类的惰性电解质，电解过程中不参与反应，只起导电作用，而像 NaCl 在电解过程中参与电极反应，Cl^- 在阳极氧化，进而转变成 HClO 参与反应。

另外对于同一电极对不同有机物也可能表现出不同的电催化氧化效率。甚至就连废水体系的 pH 也会经常影响电极的电催化氧化效率，而这种影响不仅与电极的组成有关，也与被氧化物质的种类有关。一般添加支持电解质（如 NaCl）增加废水的电导率，可减少电能消耗，提高处理效率。

有机废水属于复杂污水体系，该类废水的大部分毒物含量小，电导率低，为强化处理能力，需要设计时空效率高、能耗低的电化学反应器，反应器一般根据电极材料性质和处理对象的特点来设计。早期的反应器多采用平板二维结构，面体比比较小，单位槽处理量小，电流效率比较低，针对此缺陷，采用三维电极来代替二维电极，如图 2-3-14 所示，大大增加了单元槽体积的电极面积，而且由于每个微电解池的阴极和阳极距离很近，液相传质非常容易，因此，大大提高了电解效率和处理量。

(2) 微电解工艺

微电解是指无须外加直流电源的电解，其依靠的是以铁碳为主的复合填料的电势差形成的原电池体系，可以有效除去水中的钙、镁离子从而降低水的硬度，同时微电解过程中也可以产生灭菌消毒的活性氢氧自由基和活性氯，且电极表面的吸附作用也能杀死细菌。特别适用于高盐、高 COD、难降解废水的预处理。图 2-3-15 即为工业上的铁碳微电解反应装置。

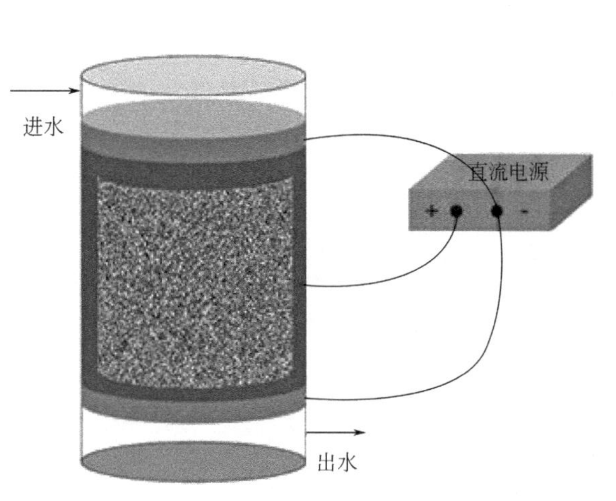

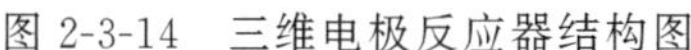
图 2-3-14　三维电极反应器结构图

图 2-3-15　铁碳微电解反应装置

铁-碳复合微电解填料中存在着的电位差形成了无数个细微原电池。这些细微电池以电位低的铁为阳极，电位高的碳为阴极，在含有酸性电解质（待处理污水）中发生电化学反应。

铁碳微电解的反应结果是铁受到腐蚀变成二价的亚铁离子进入溶液，在曝气条件下被氧化成三价铁离子，对出水调节 pH 到 9 左右时，由于铁离子与氢氧根作用形成了具有混凝作用的氢氧化铁，它与污染物中带微弱负电荷的微粒异性相吸，形成比较稳定的絮凝物（也叫铁泥）而去除。为了增加电位差，促进铁离子的释放，在铁碳复合填料中也会选择加入一定比例铜粉或铅粉。图 2-3-16 即为某型号铁碳微电解填料。

图 2-3-16　铁碳复合填料

经微电解处理后的难降解废水，BOD/COD 可以有一个较大幅度的提高，原因是一些难降解的大分子被碳粒所吸附或经铁离子的絮凝而减少。不少人以为微电解可有分解大分子的能力，可使难生化降解的物质转化为易生化的物质，但用甲基澄和酚做试验并没有证实微电解有分解破坏大分子的结构能力。

如果要让铁碳微电解工艺有分解有机大分子的能力，一般需要加入过氧化氢，并且在酸性条件下进行，首先铁碳微电解填料中的铁会以二价的形式析出，生成亚铁离子，亚铁离子与过氧化氢形成 Fenton 试剂，生成羟基自由基具有极强的氧化性能，将大部分的难降解的大分子有机物降解形成小分子有机物等。原理与芬顿试剂相同。图 2-3-17、图 2-3-18 分别为单独铁碳微电解工艺和铁碳＋芬顿工艺组合。

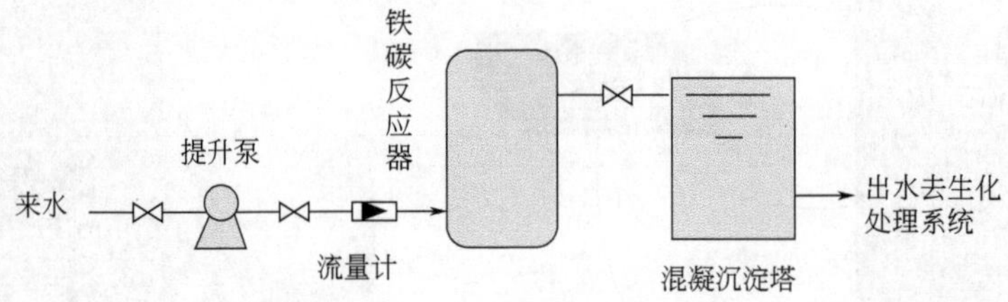

图 2-3-17　单独铁碳微电解工艺

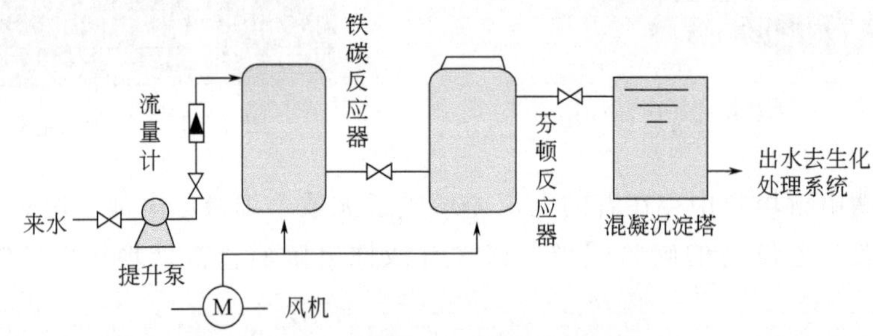

图 2-3-18　铁碳微电解＋芬顿工艺

新型铁碳微电解填料一般都采用高温微孔活化技术冶炼生产而成，具有铁碳一体化、熔合催化剂、微孔架构式合金结构、比表面积大、密度轻、活性强、电流密度大、作用水效率高等特点。作用于废水，可避免运行过程中的填料钝化、板结等现象。

相关技术参数如下：其密度一般为 $1.0t/m^3$，比表面积一般为 $1.2m^2/g$，空隙率为 65％，物理强度≥1000kg/cm，填料的化学成分中，铁占 75％～85％，碳占 10％～20％，催化剂占 5％，填料规格常见的为 1cm×3cm。

铁碳微电解工艺在运行时，一般会采用装填进入催化氧化塔中的方式，对于催化氧化塔来说，由布水布气部分、承托层部分、填料层部分和排水部分组成，如图 2-3-19 所示，对于催化氧化塔的设计来说，一般废水的上流速度多采用 1～2m/h，气水比为 10∶1，曝气管主管风速为 10～20m/s，填料装填比例为 50％。

铁碳微电解工艺在运行过程中，需要注意以下 5 个方面。

① 微电解填料在使用前注意防水防腐蚀，运行一旦通水后应始终有水进行保护，不可长时间曝露在空气中，以免在空气中被氧化，影响使用。

② 微电解系统运行过程中应注意合适的曝气量，不可长时间反复曝气。

③ 微电解系统不可长时间在碱性条件下运行。

④ 为使该工艺顺畅运行，应对进水主要条件做适当的电气化控制，以规避人控制的不足。

⑤ 微电解填料应属直接投加式填料，无须全部取出更换，直接投入设备即可。

（3）三维电解工艺

三维电解是在传统微电解工艺基础上，在极板之间添加微电解填料，克服微电解现有技

术的缺点。三维电解设备结构简单，电解效率高，功耗小，电极不易钝化，对电导率低的废水有良好的适应性。

三维电解设备由电源控制柜、预催化反应器、催化氧化反应器、加药装置四大部分组成，并配有水泵进行提升，如图 2-3-20 所示。电解催化氧化设备借助于外加工频电流，进行整流后变成直流电，然后再通过脉冲电路变为连续可调频的高压矩形脉冲电流输入。对废水进行电催化氧化，在反应器内发生电化学反应。

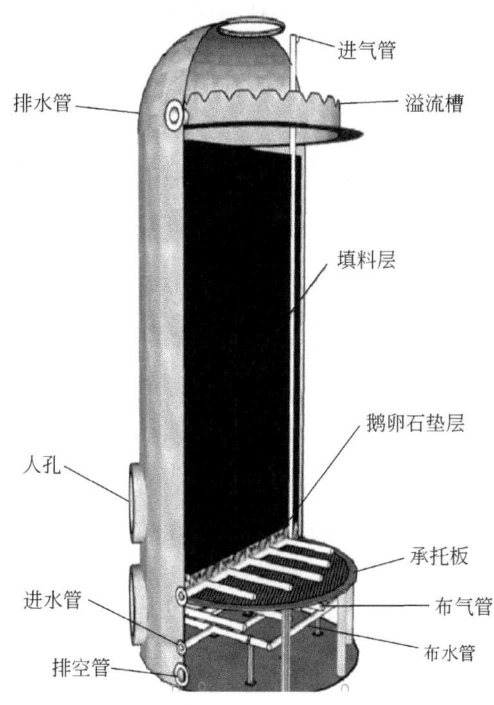

图 2-3-19 铁碳微电解反应塔结构示意图

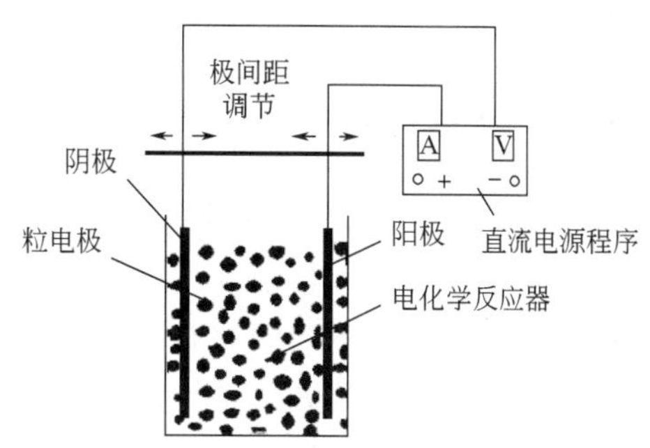

图 2-3-20 三维电解反应器结构示意图

三维电解设备反应室内设有隔水板、布水板，隔水板上设有溢流堰、引流管，布水板与反应室底部形成布水区，布水区内设有曝气管，布水板上设有相间排列且平行相对的阴极板和阳极板，阴极板和阳极板之间填充有粒子电极，形成三维电极反应区，反应室侧面设有出水口，出水口侧面设有远程监控装置，进水系统包括进水管、出水管，进水管与布水区连通，出水管与废水区连通，电极反应区的上方依次为缓冲区、浮渣收集区。

三维电解具备较高效率的原因在于其阴、阳极间充填了附载有多种催化材料的导电粒子和不导电粒子，形成复极性粒子电极，提高了液相传质效率和电流效率。与传统二维电极相比，电极的面积比大大增加，且粒子间距小，因而液相传质效率高，大大提高了电流效率、单位时空效率、污水处理效率和有机物降解效果，同时对电导率低的废水也有良好的适应性。三维电解工艺降解高浓度有机废水、难降解有毒有机污染物有相当的效果，在外加电场的作用下，有机物在粒子复合电极表面发生氧化反应，将有机物氧化分解为 CO_2、H_2O 以及小分子有机物。

除此之外，三维电解工艺还可以去除氨氮，当废水进入电解系统以后，在不同条件下，在阳极上可能以不同途径发生氨的氧化反应，氨既可以直接被电氧化成氮气，还可以被间接电氧化，即通过极板反应生成氧化性物质，该物质再与氨反应使氨降解、脱除。

三维电解在工程设计时需要确定的参数一般有电流、电压、反应时间等。影响处理效果的因素则包括废水 pH、废水电导率、废水种类等。三维电解工艺具备以下特点。

① 可有效去除废水中高浓度有机物，降低废水 COD，提高污水可生化性，去除色度，破环断链。

② 三维填料材质有铁、碳、活化剂、金属催化元素，基于电化学技术原理，高效催化物质，传质效果好，有机污染物去除率高（COD 去除率 30%～90%），可无选择地将废水中难降解的有毒有机物降解为二氧化碳、水和矿物质，将不可生化处理的高分子有机物转化为可生化处理的小分子化合物，提高 B/C 值。

③ 处理过程中电子转移只在电极与废水组分间进行，氧化反应依靠体系自己产生的羟基自由基进行，不需要添加药液，无二次污染。

④ 进水污染物浓度无限制，COD 浓度可高达数十万毫克每升，脱色、去毒效果显著，脱色率 50%～80%以上，有机污染物降解处理的反应过程迅速，废水停留时间仅需要 30～60min，因此所需的设备体积小。

⑤ 可同时高效去除废水中的氨氮、总磷及色度。

⑥ 反应条件温和，常温常压下进行，操作简单、灵活，可通过改变电压、电流随时调节反应条件，可控性好。

2.3.5　芬顿催化氧化

1894 年，法国科学家 H. J. H. Fenton 发现采用 Fe^{2+}/H_2O_2 体系能氧化多种有机物，后人为纪念他，将亚铁盐和过氧化氢的组合称为 Fenton 试剂，它能有效氧化去除传统废水处理技术无法去除的难降解有机物。

芬顿试剂的实质是二价铁离子（Fe^{2+}）和过氧化氢之间的链式反应催化生成羟基自由基，具有较强的氧化能力，其氧化电位仅次于氟，高达 2.80V。

羟基自由基（·OH），通常具有 1～2 个未配对电子的不稳定分子结构，可以独立存在并充当化学反应的媒介，它们通过损坏一个单体或者从离子中发生电子转移形成，形成自由基所要求的能量一般由热分解作用、光化学作用等提供。羟基自由基具有很高的氧化电位（2.80V），仅次于氟（3.06V），如表 2-3-2 所示。

表 2-3-2　几种常用氧化剂的标准氧化还原电位

氧化剂	反应式	标准氧化还原电位/V
氟	$F_2+2e^-=2F^-$	3.06
羟基自由基	$\cdot OH+H^++e^-=H_2O$	2.80
臭氧	$O_3+2H^++2e^-=H_2O+O_2$	2.07
过氧化氢	$H_2O_2+2H^++2e^-=2H_2O$	1.77
高锰酸钾	$MnO_4^-+8H^++5e^-=Mn^{2+}+4H_2O$	1.52
二氧化氯	$ClO_2+e^-=ClO_2^-$	1.50
氯	$Cl_2+2e^-=2Cl^-$	1.36

在水处理过程中，一旦产生羟基自由基，它可以快速攻击各种污染物，作为反应的中间

产物，还可诱发后面的链式反应，并无选择地直接与水中的污染物反应，将其降解为二氧化碳、水和无害物，不会产生二次污染，是高级氧化工艺降解水中污染物的关键氧化剂。

羟基自由基同时具有时效短、亲电性、高反应性、无选择性和易于产生等特点，其反应是一种物理化学过程，很容易加以控制，以满足处理需要。与普通的化学氧化法相比，高级氧化法的反应速率很快，一般反应速率常数大于 $10^9 L/(mol \cdot s)$，能在很短时间内达到处理要求。但是对于处理高浓度难降解有机废水的应用中，往往需要有足够的羟基自由基浓度才能见效，所以如何提高其产量，是目前研究的重点内容。目前来说产生羟基自由基的途径较多，主要有臭氧法、催化臭氧氧化法、光催化氧化法、芬顿法等，但同等条件下产生的羟基自由基浓度都较低，还有待提高反应效率。

羟基自由基在水中主要的反应包括：加成反应、脱氢反应、电子转移、自由基传递、化合反应、歧化反应、裂解反应和取代反应，然而通常只有前几种反应机理包含在高级氧化工艺过程中，一般由自由基传递和加成反应控制反应进程，而这通常包括一系列过程，如初始反应、链传播、链终止等。

由于羟基自由基的强氧化作用，所以芬顿试剂可无选择氧化水中的大多数有机物，特别适用于生物难降解或一般化学氧化难以奏效的有机废水的氧化处理，作用原理如下：

$$Fe^{2+} + H_2O_2 \longrightarrow Fe^{3+} + OH^- + \cdot OH \tag{2-26}$$

$$Fe^{2+} + OH^- \longrightarrow Fe^{3+} + \cdot OH + 2e^- \tag{2-27}$$

$$Fe^{3+} + H_2O_2 \longrightarrow Fe^{2+} + HO_2 + H^+ \tag{2-28}$$

$$HO_2 + H_2O_2 \longrightarrow O_2 + H_2O + \cdot OH \tag{2-29}$$

$$RH + \cdot OH \longrightarrow \cdots \longrightarrow CO_2 + H_2O \tag{2-30}$$

$$4Fe^{2+} + O_2 + 4H^+ \longrightarrow 4Fe^{3+} + 2H_2O \tag{2-31}$$

$$Fe^{3+} + 3OH^- \longrightarrow Fe(OH)_3(\text{胶体}) \tag{2-32}$$

Fe^{2+} 与 H_2O_2 反应很快，生成羟基自由基（$\cdot OH$），同时有三价铁共存时，由 Fe^{3+} 与 H_2O_2 缓慢生成 Fe^{2+}，Fe^{2+} 再与 H_2O_2 迅速反应生成 $\cdot OH$，$\cdot OH$ 与有机物 RH 反应，使其发生碳链裂变，最终氧化为 CO_2 和 H_2O，从而使废水的 COD_{Cr} 大大降低，同时 Fe^{2+} 作为催化剂，最终可被 O_2 氧化为 Fe^{3+}，在一定 pH 下，可有 $Fe(OH)_3$ 胶体出现，它有絮凝作用，可大量降低水中的悬浮物。

传统芬顿法在黑暗中就能破坏有机物，具有设备投资省的优点，但其存在两个致命的缺点：一是不能充分矿化有机物，初始物质部分转化为某些中间产物，这些中间产物或与 Fe^{3+} 形成络合物，或与羟基自由基的生成路线发生竞争，并可能对环境造成更大危害；二是 H_2O_2 的利用率不高，致使处理成本很高。

在此背景下，人们发现利用可溶性铁、铁的氧化矿物（如赤铁矿、针铁矿等）、石墨、铁锰的氧化矿物同样可使 H_2O_2 催化分解产生羟基自由基，达到降解有机物的目的，以这类催化剂组成的芬顿体系被称为类顿体系，如用 Fe^{3+} 代替 Fe^{2+}，由于 Fe^{2+} 是即时产生的，减少了羟基自由基被 Fe^{2+} 还原的机会，可提高羟基自由基的利用效率。若在芬顿体系中加入某些络合剂（如 $C_2O_4^{2-}$、EDTA 等），也可增加对有机物的去除率。随着研究的深入，又把紫外光、超声波、微波、电催化等技术引入芬顿试剂中，使其氧化能力大大增强。

（1）影响芬顿工艺的因素

影响芬顿工艺氧化能力的因素有如下 4 项。

① 亚铁离子浓度　亚铁离子浓度应维持在亚铁离子与其反应物的浓度比值为 1∶10～1∶50（质量比）。

② 过氧化氢浓度　过氧化氢浓度越高的情况下，其氧化反应产物更接近于最终产物，但是需要注意的是过氧化氢浓度过高，反而反应速率可能不如预期一样增加，因此以连续的方式加入低浓度的过氧化氢，可得到较好的氧化效果。

③ 反应温度　当过氧化氢浓度超过 10～20g/L 时，一般将其反应的温度设定在 20～40℃。

④ 溶液的 pH　在 pH 2～4 的范围内，通常可得到较快的有机物分解速率。

（2）芬顿试剂的投加步骤

芬顿试剂的主要药剂是硫酸亚铁、双氧水和碱。硫酸亚铁与双氧水的投加顺序会影响到废水的处理效果，一般的投加步骤如下。

① 先通过正交试验得出硫酸亚铁与双氧水的投加比例（一旦控制不好便容易返色），一般去除 COD：双氧水为 1∶1～1∶3，双氧水：硫酸亚铁为 1∶3～1∶5。

② 调节 pH，投加硫酸亚铁，再投加双氧水。

③ 最后投加碱，调节 pH 使铁泥沉降即可。

硫酸亚铁投加后反应 15min 左右，再进行双氧水的投加，反应 20～40min 后再加入碱回调 pH，处理效果更佳。

（3）两级芬顿的工艺流程

图 2-3-21 为常用芬顿试剂氧化难降解工业废水的工艺流程图。从图中可以看出，该工艺分为两级芬顿工艺。其中第一级反应区主要功能是作为主反应区，完成大部分有机物的降解任务，第一级反应区采用的是涡流混合器投加硫酸亚铁和双氧水，反应塔内采取曝气混合搅拌条件，可以实现高传质效果，使芬顿反应持续进行，并且在混合条件下停留 40～60min，期间可以去除大部分有机物。

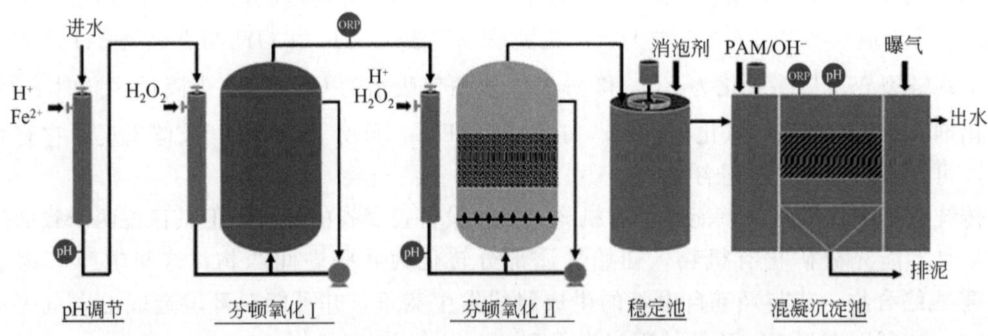

图 2-3-21　难降解工业废水处理中常见的两级芬顿工艺流程图

第二级反应区主要作为芬顿稳定器来使用，其主要功能是延长和稳定第一级的芬顿反应效果，并继续完成第一级反应没有完成的部分有机物降解，同时稳定 Fe^{2+} 的浓度。

设置第二级反应区的目的是因为羟基自由基的存在时间非常短，仅有 10μs，可以说转瞬即逝，因此要想进一步提高芬顿反应的反应概率，就得适当增加停留时间，以达到提升反应效率的目的，与第一级反应类似，第二级反应器内也要设置曝气搅拌装置，使未完全反应的双氧水持续反应，保证芬顿反应的持续进行，进一步去除有机物。其次就是通过循环反应，把已产生的 Fe^{3+} 还原为 Fe^{2+}，维持 Fe^{2+} 在塔中的浓度，达到降低硫酸亚铁投加量和

减少硫酸根进入原水中的目的。

2.3.6 湿式催化氧化

湿式氧化技术（wet air oxidation，WAO）是从20世纪中期发展起来的一种重要的处理有毒有害化学物质的高效技术，它包括两种类型：次临界（亚临界）水氧化和超临界水氧化，由于历史上次临界水氧化发展较早，应用也远比超临界水氧化广泛，通常所说的WAO都是指次临界水氧化。其实次临界湿式氧化和超临界湿式氧化这两种技术的原理基本一致，区别只是反应条件不同。

次临界（亚临界）湿式氧化中状态上限是水的临界状态（374.2℃和22.1MPa），实际运行中经常采用温度120～320℃和压力0.5～20MPa的条件，利用空气中的氧气作氧化剂，将水中有机物氧化成小分子有机物或无机物。

由于湿式氧化技术采用较高的温度和压力，水的密度减少，水分子间的氢键作用力削弱，介电常数较低，扩散系数变大，传质速度剧增。对于有机物与氧气的溶解度也远远大于常温常压之下，因此有机物氧化近似于在均相溶液中进行，相间传质不再是限制因素，因此化学反应得到极大的加速。此外，温度的升高本身也有利于化学反应的进行，通常来说每提高10℃，反应速率提高1倍。因此，在湿式氧化技术中，有机物的氧化速率很快，可以在几秒钟到几分钟之内完成。

从原理上说，在高温、高压条件下进行的湿式氧化反应可分为受氧的传质控制和受反应动力学控制两个阶段，而温度是全WAO过程的关键影响因素。温度越高，化学反应速率越快。另外，温度的升高还可以增加氧气的传质速度，减小液体黏度。压力的主要作用是保证液相反应，使氧的分压保持在一定的范围内，以保证液相中较高的溶解氧浓度。

对于湿式氧化工艺，1958年首次用其处理造纸黑液，处理后废水的COD去除率达90%以上。到目前为止，世界上已有200多套WAO装置应用于石化废碱液、烯烃生产洗涤液、丙烯腈生产废水及农药生产等工业废水的处理。

但WAO在实际应用中仍存在一定的局限性，例如WAO反应需要在高温、高压下进行，需要反应器材料具有耐高温、高压及耐腐蚀的能力，所以设备投资较大；另外，对于低浓度、大流量的废水则不经济。为了提高处理效率和降低处理费用，20世纪70年代衍生了以WAO为基础的，使用高效、稳定的催化剂的湿式氧化技术，即湿式催化氧化技术，简称CWAO。图2-3-22即为湿式催化氧化反应器结构示意图。

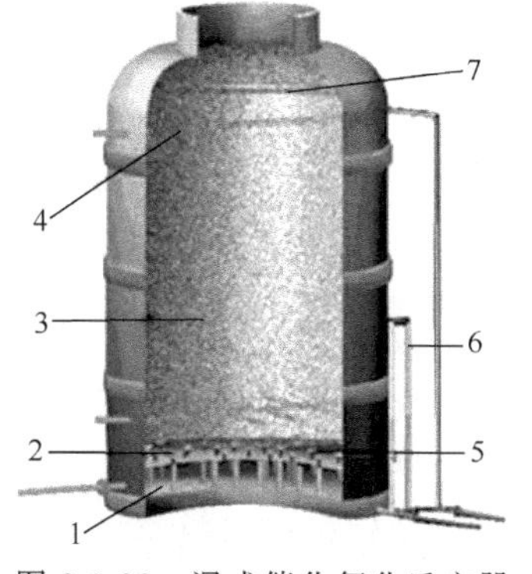

图2-3-22　湿式催化氧化反应器结构示意图

1—水室；2—气室；3—催化剂载体；4—布水系统；5—收水系统；6—排水系统；7—反洗系统

(1) 湿式催化氧化反应

针对CWAO工艺，目前的研究结果普遍认为湿式催化氧化反应是自由基反应，反应分为链的引发、链的发展或传递、链的终止三个阶段。

① 链的引发过程　由反应物分子生成自由基的过程，是整个流程链的引发过程。在这个过程中，氧通过热反应产生H_2O_2，过程化学方程式如下：

$$RH+O_2 \longrightarrow R\cdot + HOO\cdot \text{（RH为有机物）} \quad (2\text{-}33)$$

$$2RH+O_2 \longrightarrow 2R\cdot+H_2O_2 \tag{2-34}$$

$$H_2O_2+M \longrightarrow 2\cdot OH(M\text{为催化剂}) \tag{2-35}$$

② 链的发展或传递过程　羟基自由基与分子相互作用，交替进行，使羟基自由基数量迅速增加的过程。过程化学方程式如下：

$$RH+OH \longrightarrow R\cdot+H_2O \tag{2-36}$$

$$R\cdot+O_2 \longrightarrow ROO\cdot \tag{2-37}$$

$$ROO\cdot+RH \longrightarrow ROOH+R\cdot \tag{2-38}$$

③ 链的终止过程　若自由基之间相互膨胀生成稳定的分子，则链的增长过程将中断，过程化学方程式如下：

$$R\cdot+R\cdot \longrightarrow R—R \tag{2-39}$$

$$ROO\cdot+R\cdot \longrightarrow ROOR \tag{2-40}$$

$$ROO\cdot+ROO\cdot+H_2O \longrightarrow ROOH+ROH+O_2 \tag{2-41}$$

(2) 湿式催化氧化的工艺流程

湿式催化氧化工艺的运行原理如图 2-3-23 所示。首先原废水经高压泵增压在热交换器内被加热到反应所需的温度，然后进入反应器，同时湿式催化氧化反应所需的氧或者空气由压缩机打入反应器。

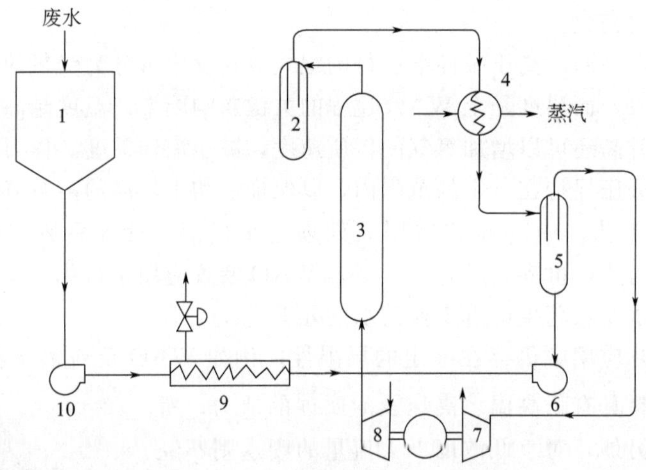

图 2-3-23　湿式催化氧化法工艺流程图

1—储存罐；2—分离器；3—催化反应器；4—再沸器；5—分离器；6—循环泵；7—透平机；8—空压机；9—热交换器；10—高压泵

在反应器内，废水中的有机物与氧发生放热反应。在较高温度下将废水中的有机物氧化成二氧化碳和水，或低级有机酸等中间产物。反应后气液混合物经分离器分离，液相经热交换器预热进料回收热能。高温高压的尾气首先通过再沸器（如废热锅炉）产生蒸汽或经热交换器预热锅炉进行热交换，冷凝水由第二分离器分离后通过循环泵再打入反应器，分离后的高压尾气送入透平机产生机械能或电能。因此，这一典型的工业化湿式催化氧化系统不但处理了废水，而且对能量逐级利用，减少了有效能量的损失，维持并补充湿式催化氧化系统本身所需的能量。

(3) 湿式氧化工艺的特点

湿式氧化工艺的显著特点是处理的有机物范围广、效果好，反应时间短、反应器容积

小，几乎没有二次污染，可回收有用物质和能量。湿式氧化发展的主要制约因素是设备要求高、一次性投资大等问题，目前为止主要有以下 3 个。

① 设备腐蚀问题　在超临界/亚临界状态及高浓度的溶解氧条件下，反应产生的活性自由基以及强酸或某些盐类物质，都加快了反应器的腐蚀，这对湿式催化氧化和超临界催化氧化相关反应设备的材质提出了相当高的要求，对世界上已有的主要耐蚀合金的试验表明，不锈钢、镍基合金、钛等高级耐蚀材料在湿式氧化系统中均遭到不同程度的腐蚀。腐蚀问题不仅严重影响了反应器系统的正常工作，导致寿命的下降，而且溶出的金属离子也影响了处理的质量。在亚临界温度下，腐蚀更加严重，这是由于酸和碱被溶解后导致了极端的 pH。而在超临界温度下，因为溶液的密度低，酸碱不易溶解，所以较亚临界状态腐蚀情况要轻。

② 盐堵塞问题　室温水对于绝大多数盐是一个极好的溶剂，典型溶解度是 100g/L。而在低密度的超临界水中，绝大多数的盐溶解度都很低，典型的溶解度是 1～100mg/L。当一种亚临界状态下的含盐溶液迅速加热到超临界温度时，将会导致细小晶粒的盐析出与沉积。即使在高流速下，盐的沉积仍能导致反应器的堵塞。

③ 热量传递问题　因为水的性质在临界点附近变化很大，在湿式氧化过程中也必须考虑临界点附近的热量传递问题。从亚临界向临界点附近靠近时，水的运动黏度很低，温度升高时自然对流增加，热导率增加很快。但当温度超过临界点不多时，传热系数急剧下降，这可能是由于流体密度下降以及主体流体和管壁处流体的物理性质的差异所导致的。

由于湿式催化氧化的种种优势，使得其能处理一些常规方法难以处理的污染物，具有广阔的应用前景。然而，湿式氧化过程工业化面临的技术难题同样很多，例如如何解决盐堵塞问题，如何抑制结垢，如何最大效率回收热能，只有解决上述问题，湿式氧化技术才能凭借其在废水处理方面的独特优势，而得到更大规模的推广。

2.3.7 超临界催化氧化

超临界水氧化实际上也是湿式氧化技术的一种，水的临界温度和临界压力分别是 374.2℃和 22.1MPa，在此温度及压力之上水处于超临界状态，低于该温度和压力则是亚临界状态。超临界水氧化和亚临界水氧化技术的原理基本一致，区别只是反应条件不同，在超临界水氧化中，水温超过 374.2℃且压力超过 22.1MPa，达到超临界状态，次临界（亚临界）状态的上限是水的临界状态。

超临界水氧化（supercritical water oxidation，SCWO）技术同样是一种可实现对多种有机废物进行深度氧化处理的技术。超临界水氧化是通过氧化作用将有机物完全氧化为清洁的 H_2O、CO_2 和 N_2 等物质，S、P 等转化为最高价盐类稳定化，重金属氧化稳定固相存在于灰分中。

其技术的原理和湿式催化氧化类似，不同之处就是以超临界水为反应介质，经过均相的氧化反应，将有机物快速转化为 CO_2、H_2O、N_2 和其他无害小分子。

超临界是流体物质的一种特殊状态，当把处于汽液平衡的流体升温升压时，热膨胀引起液体密度减小，而压力的升高又使汽液两相的相界面消失，成为均相体系，超临界流体具有类似气体的良好流动性，但密度又远大于气体，因此具有许多独特的理化性质。

水的临界点是温度 374.2℃、压力 22.1MPa，如果将水的温度、压力升高到临界点以上，即为超临界水，其密度、黏度、电导率、介电常数等基本性能均与普通水有很大差异，表现出类似于非极性有机化合物的性质。因此，超临界水能与非极性物质（如烃类）和其他有机物完全互溶，而无机物特别是盐类，在超临界水中的电离常数和溶解度却很低。同时超临界水可以与空气、氧气、氮气和二氧化碳等气体完全互溶。

由于超临界水对有机物和氧气均是极好的溶剂，因此有机物的氧化可以在富氧的均一相中进行，反应不存在因需要相位转移而产生的限制。同时 400～600℃ 的高反应温度也使反应速率加快，可以在几秒的反应时间内达到 99%以上的破坏率。

与湿式催化氧化技术一样，尽管超临界水氧化法具备了很多优点，但其高温高压的操作条件无疑对设备材质提出了严格的要求。另一方面，虽然已经在超临界水的性质、物质在其中的溶解度及超临界水化学反应的动力学和机理方面进行了一些研究，但是这些与开发、设计和控制超临界水氧化过程必需的知识和数据相比，还远不能满足要求，在实际进行工程设计时，除了考虑体系的反应动力学特性以外，还必须注意一些工程方面的因素，例如腐蚀、盐的沉淀、催化剂的使用、热量传递等。

超临界水氧化处理难降解工业废水的工艺流程见图 2-3-24。

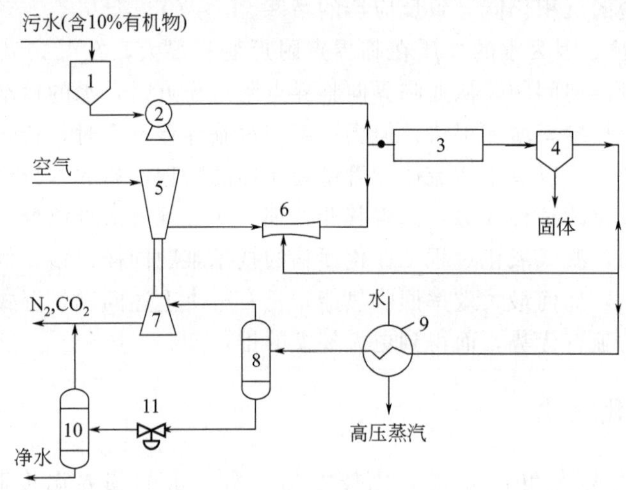

图 2-3-24　超临界氧化处理高难度工业废水工艺流程图

1—污水槽；2—污水泵；3—氧化反应器；4—固体分离器；5—空气压缩机；6—循环用喷射泵；7—膨胀机透平；8—高压气液分离器；9—蒸汽发生器；10—低压气液分离器；11—减压器

超临界水氧化处理高难度工业废水工艺流程简述如下：首先用污水泵将污水压入反应器，在此与一般循环反应物直接混合而加热，提高温度。然后用压缩机将空气增压，通过循环用喷射器把上述的循环反应物一并带入反应器。有害有机物与氧在超临界水相中迅速反应，使有机物完全氧化，氧化释放出的热量足以将反应器内的所有物料加热至超临界状态，在均相条件下，使有机物进行反应。离开反应器的物料进入旋风分离器，在此将反应中生成的无机盐等固体物料从流体相中沉淀析出。离开旋风分离器的物料一分为二，一部分循环进入反应器，另一部分作为高温高压流体先通过蒸汽发生器，产生高压蒸汽，再通过高压气液分离器，在此 N_2 及大部分 CO_2 以气体物料离开分离器，进入透平机，为空气压缩机提供动力。液体物料（主要是水和溶在水中的 CO_2）经排出阀减压，进入低压气液分离器，分离出的气体（主要是 CO_2）进行排放，液体则为洁净水，而作补充水进入水槽。

超临界水氧化反应转化率 R 的定义如下：R=已转化的有机物/进料中的有机物。R 的大小取决于反应温度和反应时间。研究结果表明，若反应温度为550～600℃，反应时间为5s，R 可达99.99%。延长转化时间可降低反应温度，但将增加反应器体积，增加设备投资，为获得550～600℃的高反应温度，污水的热值应有4000kJ/kg，相当于含10%（质量分数）苯的水溶液。对于有机物浓度更高的污水，则要在进料中添加补充水。图2-3-25即为超临界水处理工艺模块组成示意图。

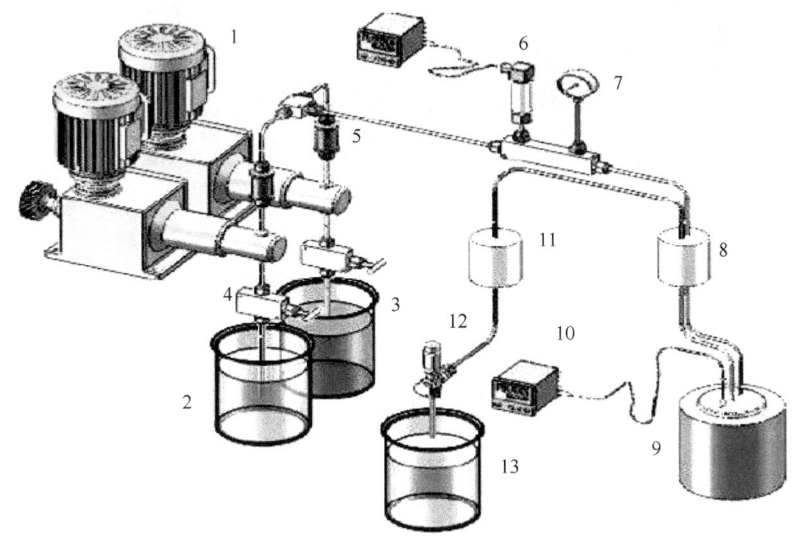

图2-3-25 超临界水处理工艺模块组成示意图

1—高压柱塞泵；2—双氧水罐；3—废水罐；4—排空阀；5—止回阀；6—温度计；7—压力表；8—热交换器；9—反应釜；10—温度控制仪；11—冷凝器；12—背压阀；13—废液罐

尽管超临界水热反应具有诸多优势，但其实际应用却存在很多困难，当前还没有成为一种普遍的废物处理技术。究其原因主要有以下几个方面：一是高温高压反应条件对材料来说极端恶劣，特别是处理含有氯、硫、磷等有机废物时，形成酸更容易起反应器的严重腐蚀；二是由于多数高浓度废水含有盐类，在超临界水反应器中，水的高温、低密度导致盐类溶解度降低，盐类的沉淀易于造成反应器堵塞；三是费用问题，超临界水氧化技术现在还是一个运行成本比较高的技术；四是缺少大型化、集成化工业型超临界设备。

（1）材料腐蚀

在超临界水氧化技术未被开发应用之前，几乎没有化学氧化试验是在像超临界反应那么严峻的条件下进行的。特别是在有酸存在的时候，在高氧化、高温度的情况下，更会导致非常严重的腐蚀问题，很难找到一种反应材料能够承受各类酸溶液的腐蚀。经过前人一系列努力试验发现有部分材料对部分酸溶液能够取得令人满意的抗腐蚀效果，但是令人非常沮丧的是当置于另一类酸反应条件下时，材料腐蚀程度又很严重。例如含钛材料在任何高温高压下几乎不会受HCl腐蚀，但是若溶液中含有 H_2SO_4 或者 H_3PO_4，400℃以上，其腐蚀抵抗力又会变得很差。图2-3-26即为废水处理设备长时间运行后的腐蚀情况。

超临界状态下给金属类材料腐蚀破坏的形态有以下几种。

① 小孔腐蚀　也称点蚀，指在金属表面局部地区出现向深处发展的腐蚀小孔，而其余地区不被腐蚀或者只有很轻微的腐蚀，此时金属表面氧化膜有保护特性，然而当攻击性的

图 2-3-26　废水处理设备长时间运行后的腐蚀情况

氯、溴离子存在时，能够穿透氧化膜。点蚀形成于金属表面边界凹点，随着金属组分氧化离解导致溶液酸化，体相溶液向孔内扩散，会加剧腐蚀。

② 全面腐蚀　指腐蚀分布在整个金属表面，结果使金属构件截面尺寸减小，直至完全破坏。纯金属及成分组织均匀的合金在均匀的介质环境中表现出该类腐蚀形态。全面腐蚀的原因是氧化膜很不稳定，造成整个金属表面受攻击。全面腐蚀的开始点与点蚀相似。不同的合金和不锈钢在温度高于某一点时，开始由点蚀向全面腐蚀过渡，这一温度称为转化温度，典型的温度范围为 200～250℃。

③ 晶间腐蚀　指腐蚀沿着金属或合金的晶粒边界区域发展，而晶粒本体的腐蚀很轻微，称为晶间腐蚀。是一种由材料微观组织电化学性质不均匀引发的局部腐蚀。

④ 应力腐蚀开裂　材料在静应力和腐蚀介质共同作用下发生的脆性开裂破坏现象称为应力腐蚀开裂，简称应力腐蚀。应力腐蚀是危害最大的腐蚀形态之一。由于应力腐蚀开裂的发生是随机的，因此十分危险，人们对它的研究也最多。

（2）堵塞问题

室温下，水对于大多数盐来说是非常好的溶剂，许多盐的溶解度甚至可达 100g/L。但是在低密度的超临界水中，盐的溶解度下降到非常低，其溶解度范围骤降到 1～100mg/L。而这直接导致盐类物质会在反应器中形成结晶类物质，沉积迅速形成。当流体中盐类固体颗粒范德华力和静电力超过水力流动剪应力时，固体颗粒就会倾向于附在反应器壁表面，以及反应器内构件如热电偶探头上。此外 SCWO 应用过程可能包含一些常温常压下溶解度就很低的固体颗粒，如 SiO_2、Al_2O_3 以及其他金属氧化物和硅酸盐。它们一般以砂石、黏土、铁锈的形式出现。这些固体颗粒相对于初生态的盐不会附着在反应器表面，不会形成结块、堵塞管线现象。盐沉积问题甚至被认为是 SCWO 应用中最主要的问题，因为盐堵塞反应器问题很难通过调节运行反应过程中各类参数来避免。另一方面，为解决此问题开发的许多新的反应器在长期应用中都以失败告终，所以现在最有可能解决此问题只有通过尽量减少进水的含盐浓度。图 2-3-27 即为水处理设备中常见的管道堵塞现象。

（3）高昂的费用问题

从经济上来考虑，有资料显示，与坑填法和焚烧法相比，超临界水氧化法处理固体废物操作维修费较低，也有部分人通过估算证明 SCWO 是可盈利的。但是由于现在真正长期工业化规模的 SCWO 工厂几乎不存在，所以那些粗略的估计并不准确而且彼此之间

图 2-3-27 水处理设备管道内水垢和污泥的阻塞

差距也很大。早期国外估计处理 1t 含量为 10%的有机废弃物都在 300 美元以下。主要包含设备建设费、人工费以及氧气动力费。运行规模化的超临界设备，其能耗相当大，而且若以氧气为氧化剂其开销也是十分巨大。特别是，为了避免前面提到的缺点，需要设计越来越复杂的反应设备，也会增加大量成本，并且现行超临界设备寿命很难有保证，其投资风险性较高。

（4）缺少大型化、集成化工业型超临界设备

近年来，美国、欧洲、日本已经研发出一些超临界技术应用于废水废物处理的设备，国内也存在一大批能够生产序批式小型超临界反应釜的生产厂家，但目前市场上超临界水氧化技术相关设备产业化和标准化几乎处于空白，能够稳定运行的大型化、集成化的工业型超临界水氧化设备几乎不存在。这主要是因为当设备热容量激增，热疲劳强度将增大，部件高温高压应力增大，设备制造难度更加高。

2.4 生物化学处理工艺

除了最常用的物化工艺外，对于高盐废水人们也在尝试利用生化工艺进行处理。生物法是通过细菌等微生物的吸附和氧化分解作用将废水中的有机物去除的一种方法。该方法成本低、有机物去除效果好，在常规废水处理中得到了广泛的应用。

但是该方法对于含盐有机废水的处理有一定的局限性，尤其是高盐度废水。这主要是因为盐度较高时会降低微生物的脱氢酶活性和内源呼吸速率，导致微生物的代谢功能紊乱或缺失，而且盐度过高（>1%）会使细菌发生质壁分离，细胞破裂而亡，对微生物群体危害较大。另外盐度升高还会对整个生物系统产生影响，会导致污泥上浮、出水固体悬浮物升高等问题。例如，Hong 等研究发现盐度逐渐增大会使膜生物反应器（MBR）的处理性能变差；Chen 等研究了盐度对序批式反应器中活性污泥去除性能和特性的影响，发现盐度的增加可以抑制活性污泥中脱氢酶的存在，降低微生物群落的丰富度和多样性，导致对氮、COD 和磷的去除效果恶化。

常规微生物处理高盐有机废水有限制，于是国内外科研人员致力于开展耐盐微生物的培

养驯化，而培养驯化出具有良好有机物降解能力的耐盐微生物是该技术的关键。通常，在低于0.2mol/L盐浓度（以NaCl计）范围内生长的微生物称为非嗜盐菌；在0.2～0.5mol/L内适合生长的称为弱嗜盐菌；在0.5～2.5mol/L范围内适合生长的称为中等嗜盐菌，中等嗜盐菌以真细菌类为主；在2.5～5.2moI/L范围内生长的称为极端嗜盐菌，极端嗜盐菌以古细菌为主，有杆菌、球菌、小盒菌等菌属；而把适合在0.2～2.5mol/L盐度范围内生长的非嗜盐菌统称为耐盐菌。嗜盐菌属于革兰氏阴性菌，多数为好氧异养菌，只有在含盐的情况下生存。

耐盐的细菌主要分布在盐湖、盐碱湖和海水中，盐腌制食品、含盐废水中也存在这类微生物，研究者从这些体系中分离培养耐盐微生物用于含盐有机废水的处理。例如，Kargi等在盐浓度为2%以上的含盐废水中加入嗜盐杆菌与活性污泥一块培养后，经过9h，对COD去除率达85%以上。Sohair等从含盐量为7.2%的酸菜中分离出一种耐盐微生物（木糖葡萄球菌），它在该盐度下对COD去除率高达88%。Mehdi等从含有3%矿化盐的石化废水中分离出耐盐细菌，在实验室培养驯化后对实际含盐废水中COD去除率能达到61.5%～78.7%，但随着COD负荷增加，去除效果逐渐下降。尽管耐盐微生物处理技术的研究不断发展，但还有诸多问题没有真正解决，如筛选、驯化、培养的周期普遍偏长，生物系统容易受到盐度变化的冲击，生物处理周期长，设备占地面积大，对有生物毒性的有机污染物处理效果差等。目前多数研究工作集中于试验研究阶段，而在实际运行中存在维护成本较高、运行不稳定等情况。

在处理工业园区高难度废水实际工程中常用的高含盐废水生物处理流程与普通生物处理流程基本一样，主要包括调节池、曝气池、二沉池、污泥回流、剩余污泥脱水、投加营养盐等。具体如下。

2.4.1　好氧工艺

（1）活性污泥法

活性污泥法工艺流程如图2-4-1所示，该方法具有投资相对较低、处理效果较好等优点。该技术将废水与活性污泥（微生物）混合搅拌并曝气，使印染废水中的有机污染物分解，生物固体随后从已处理废水中分离，并可根据需要将部分回流到曝气池中。活性污泥既能分解大量的有机物质，又能去除部分色度，还可以微调pH，运转效率高且费用低，出水水质较好，适合处理有机物含量较高的印染废水。

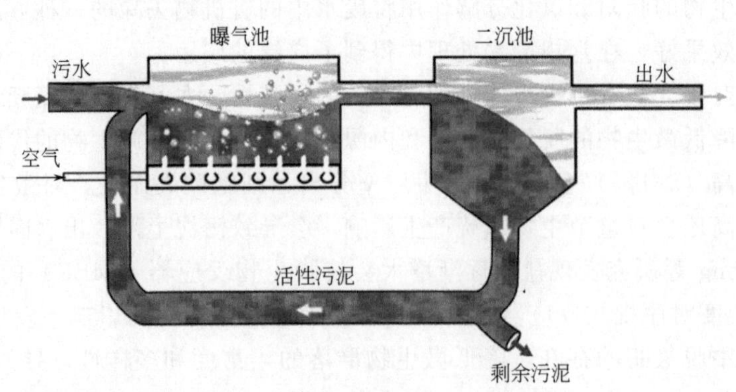

图2-4-1　活性污泥法工艺流程图

（2）SBR 法

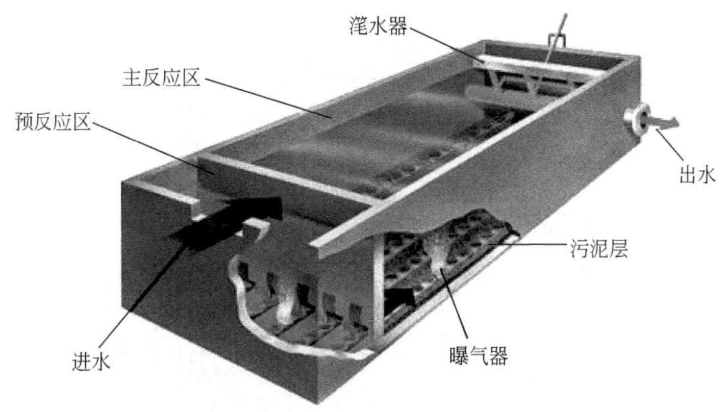

图 2-4-2 SBR 法工艺流程图

序批式活性污泥法（SBR）工艺流程如图 2-4-2 所示，该法是一种按间歇曝气方式来运行的活性污泥废水处理技术。该技术具有时间上的推流作用和空间上的完全混合两个优点，使其成为处理难降解有机物极具潜力的工艺。彭若梦等采用 SBR 工艺处理印染废水，在进水 COD 为 800mg/L、pH 为 8.0 左右的情况下，COD 的去除率在 50%～90%。

（3）生物膜法

生物膜法工艺流程如图 2-4-3 所示，生物膜法是通过生长在填料如滤料、盘面等表面的生物膜来处理废水的方法，该法对印染废水的脱色作用较活性污泥法高。生物膜法在印染废水处理中有较多的形式，主要包括接触氧化法和生物滤池。由于印染废水的高浓度、难降解特性，决定了单纯的生物膜法在处理印染废水中很难达到满意的处理效果。目前生物膜法的发展主要有以下三个方面。

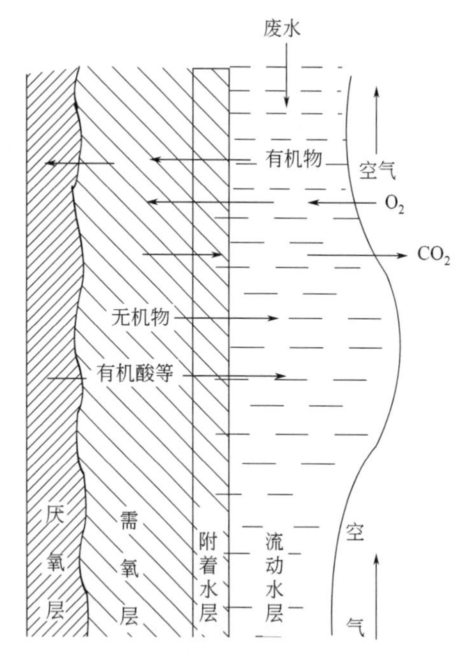

图 2-4-3 生物膜法工艺流程图

① 在填料的改进方面，主要是利用填料强大的比表面积，将有机污染物吸附在填料表面，从而延长了有机物在反应池中的停留时间，最终达到降解的目的。

② 复合式生物膜处理工艺的处理效果明显优于单个的生物膜处理工艺，因为单个的生物膜处理工艺一方面受到反应容器体积大小和填料吸附能力的限制，不可能无节制地延长有机物的 HRT，另一方面，印染废水中有机物成分复杂且难降解，往往需要多种生存环境的微生物共同作用才能去除，而且单个的生物膜处理工艺的生态系统比较单一，很难同时存在能够降解废水中所有有机物的微生物，甚至有可能生成更难降解、有毒的二次污染物，因此，应发展复合式生物膜处理工艺。

③ 与物化处理工艺相结合，利用物化法提高有机物的可生化性，如利用电化学方法将

含有苯环类的有机污染物中的苯环开环等。

（4）生物接触氧化法

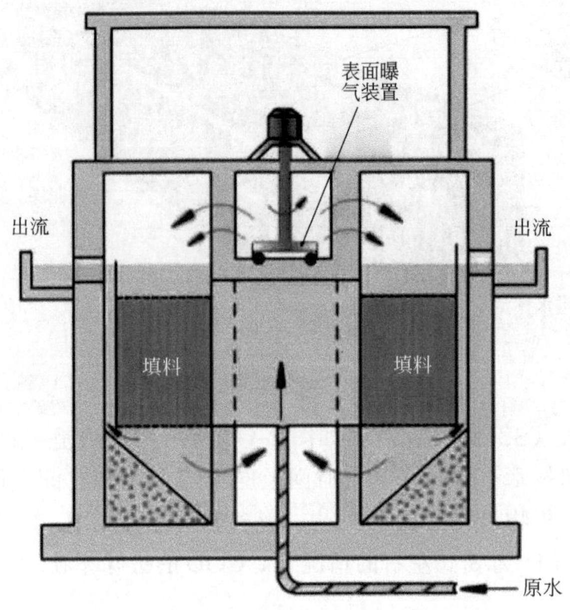

图 2-4-4　生物接触氧化法工艺流程图

生物接触氧化工艺流程如图 2-4-4 所示，该法是从生物膜法派生出来的，兼具活性污泥和生物膜两者的优点。废水与生物膜相接触，生物膜由菌胶团、丝状菌、真菌、原生动物和后生动物组成，在有氧的条件下，生物膜吸附废水中的有机物，有机物被微生物氧化分解，可使废水得到净化，因其具有容积负荷小、占地少、污泥少、不产生丝状菌膨胀、无须污泥回流、管理方便、可降解特殊有机物的专性微生物等特点，近年来在印染工业废水中广泛采用。

（5）MBR 工艺

MBR 工艺全称膜生物反应器，工艺流程如图 2-4-5 所示，MBR 是一种由活性污泥法与膜分离技术相结合的新型水处理技术。膜的种类繁多，按分离机理进行分类，有反应膜、离子交换膜、渗透膜等；按膜的性质分类，有天然膜（生物膜）和合成膜（有机膜和无机膜）；

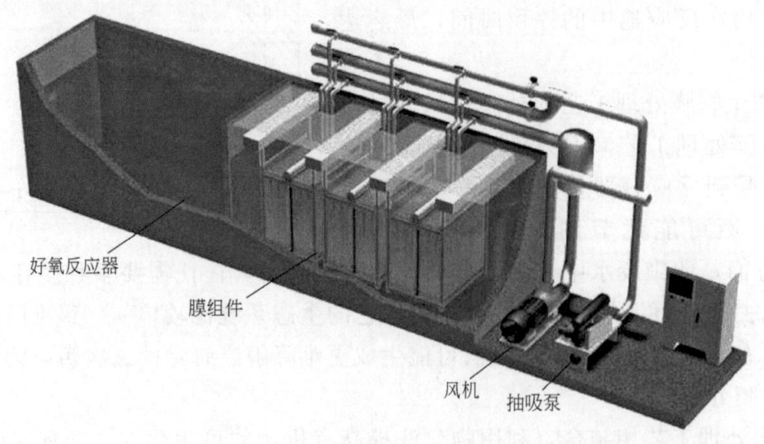

图 2-4-5　MBR 法工艺流程图

按膜的结构型式分类，有平板型、管型、螺旋型及中空纤维型等。

在 MBR 工艺中，膜分离组件可以提高某些专性菌的浓度活性，还可以截留大分子难降解物质；还可以在处理废水的同时回收化工原料；处理后排除的部分水能达到回用水的标准。同帜等设计的厌氧-好氧（A/O）MBR 处理印染废水时发现，停留时间长短，对去除率有较大影响。停留时间长，去除率相对较高，但也不能过长，否则会引起污泥浓度（MLSS）的降低。

2.4.2 厌氧工艺

（1）厌氧生物滤池

厌氧生物滤池工艺流程如图 2-4-6 所示，厌氧生物滤池的构造与浸没式好氧生物滤池相似，但池顶密封。滤池中厌氧微生物浓度较高，生物固体平均停留时间可长达 150d 左右。厌氧生物滤池的运行效果受温度影响大，不同温度下厌氧生物滤池的容积负荷相差较大，大多数厌氧生物滤池在中温（35℃±3℃）条件下运行。

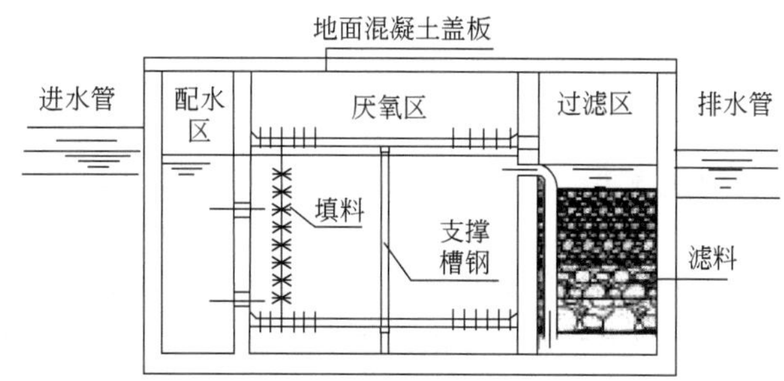

图 2-4-6 厌氧生物滤池工艺流程图

采用塑料孔板波纹填料厌氧生物滤池处理印染废水。研究结果表明，该厌氧生物滤池启动期短，出水水质稳定，耐冲击负荷能力强。水力停留时间（HRT）是影响处理效果的主要运行参数。在 35℃条件下，HRT＝18.3h、负荷（以 COD 计）为 0.5～2.0kg/(m^3·d)、进水 COD 为 206～2225mg/L、色度为 125～1250 倍时，COD 去除率为 70%～86.6%、色度去除率为 60%～84%、PVA 的去除率为 40%～87%。

（2）UASB 反应器

上流式厌氧污泥床（UASB）反应器工艺流程如图 2-4-7 所示，该反应器是在升流式厌氧生物滤池的基础上发展起来的一种高效厌氧生物反应器，主要由进水配水系统、反应区、三相分离器、出水系统和排泥系统组成。

以生产性针织印染废水为基质，将 7 种高效脱色菌及紫色非硫光合细菌固定在活性污泥载体上，投加至 UASB＋AF 反应器中，在常温下启动成功，培养出颗粒污泥。培养条件：水温 20～30℃，pH 7.2～7.5；水力停留时间（HRT）由 31h 缩短至 10h；UASB 反应器容积负荷 0.5～5.0kg/(m^3·d)；其色度去除率 90%以上，COD 去除率 90%以上。

（3）ABR 反应器

厌氧折流板式（ABR）反应器工艺流程如图 2-4-8 所示，该反应器运用挡板构造，在反应器内形成多个独立的反应器，实现了分相多阶段缺氧，其流态以推流为主；具有不断流、不堵塞、无须搅拌和易启动的特点。自 20 世纪 80 年代初诞生以来，提高它的性能或者处理某类特别难降解的废水一直是其研究的重点。

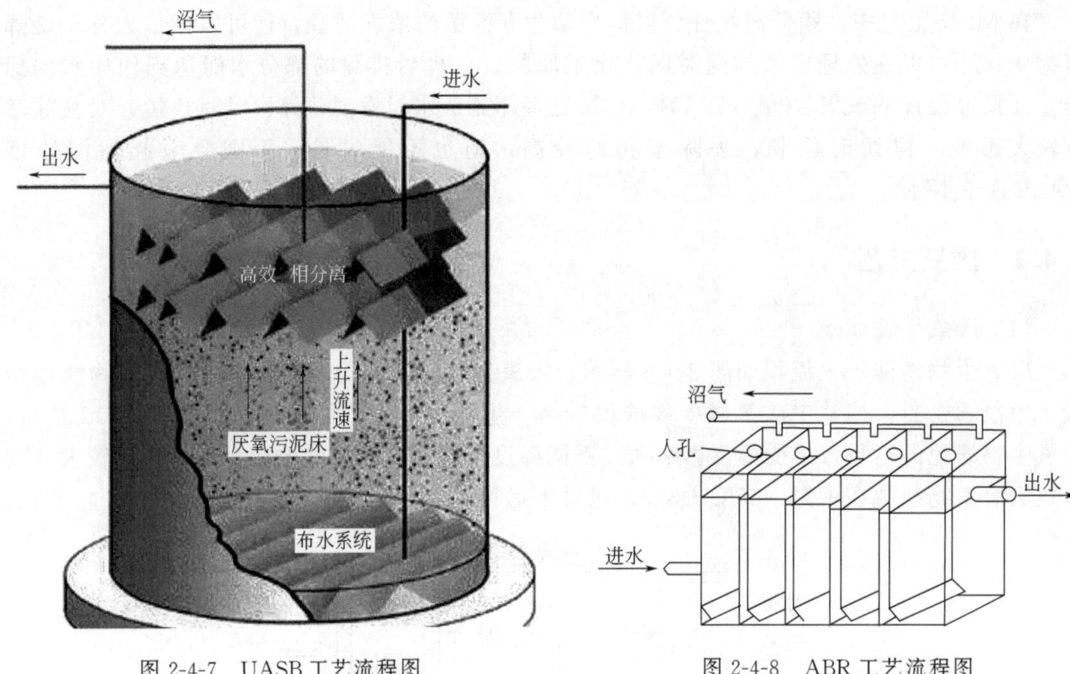

图 2-4-7　UASB 工艺流程图　　　　图 2-4-8　ABR 工艺流程图

采用 ABR 反应器对印染废水进行预处理，可以改善其可生化性，为生物处理创造有利条件。主要研究 ABR 预处理印染废水的影响因素，包括 pH、HRT 和污泥形态等。运行结果以及试验数据表明，HRT 在 6～12h，pH 为 7，污泥质量浓度为 12～15g/L 时，处理效果最佳。

（4）厌氧流化床

厌氧流化床（AFB）反应器工艺流程如图 2-4-9 所示，该反应器具有接触充分、水力停留时间短、不易堵塞、负荷高、占地少等特点。由于在较高的废水和气体的流速下产生混合作用，使得该反应器可以保持较高的负荷和去除率。

采用脉冲循环流化床与物化沉淀池的组合工艺对印染废水进行处理。工程规模为 $5000m^3/d$，处理前 COD 为 800～1200mg/L、BOD_5 为 200～300mg/L、悬浮物（SS）150～200mg/L、pH 8～10、色度 300～800 倍。处理后 COD 为 92mg/L、pH 7.5、色度 15 倍，达到《污水综合排放标准》的一级标准。

（5）IC 反应器

厌氧内循环（IC）反应器工艺流程如图 2-4-10 所示，该反应器由第一反应室和第二反应室叠加而成，每个反应室的顶部各设一个集气罩和水封组成的三相分离器，如同两个 UASB 反应器上下叠加串联。具有容积负荷率高、占地面积少、抗冲击负荷能力强、出水稳定性高的工艺特征。

研究了 IC 反应器处理印染废水的启动、运行及其处理效果，结果表明，IC 反应器在 12～15d 出现内循环，到 25～33d 全为印染废水并逐渐提高到较高负荷时，仍有较高的 COD 去除效率。全为印染废水时，COD 去除率仍能达到 80%左右。对色度也有一定的去除率，可达 70%以上。

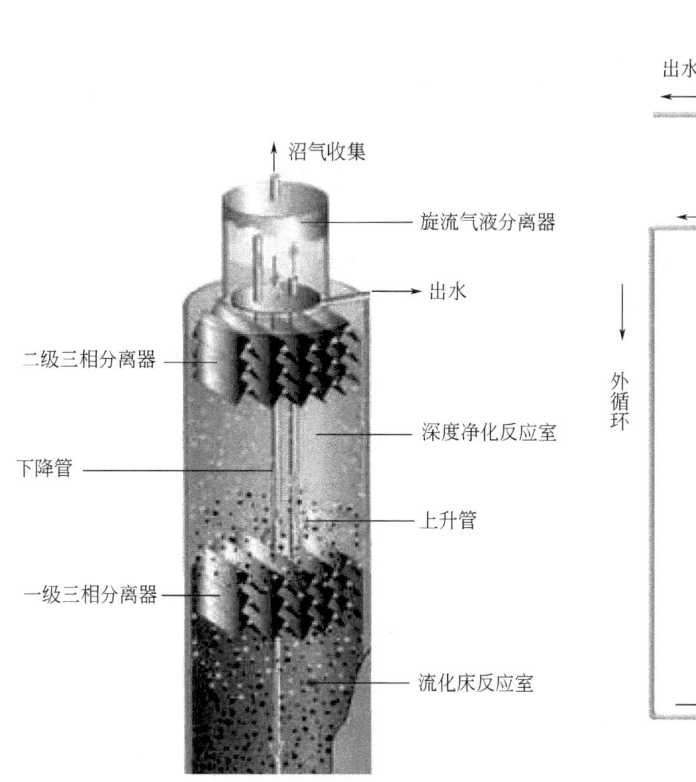

图 2-4-9 AFB 工艺流程图

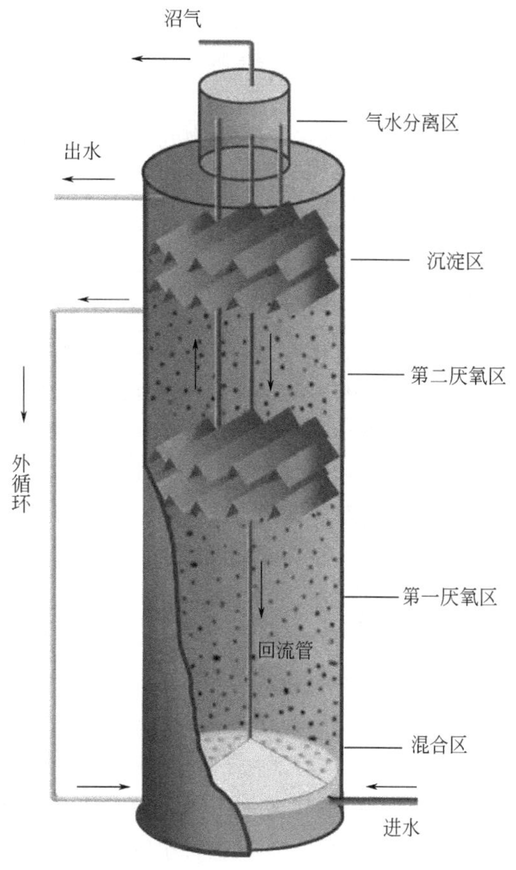

图 2-4-10 厌氧内循环反应器工艺流程图

(6) 水解酸化处理

工程上厌氧发酵产生沼气的过程可分为水解阶段、酸化阶段和甲烷化阶段三个阶段。水解酸化工艺是把反应控制在第二阶段完成之前，不进入第三阶段。在水解反应器中实际完成水解和酸化两个过程。在以往的研究中发现采用水解反应器，可以短的停留时间（HRT=2.5h）和相对高的水力负荷下［>1.0m^3/(m^2·h)］获得较高的悬浮物去除率（平均 85%的 SS 去除率），还可以改善和提高原污水的可生化性和溶解性，以利于好氧后处理工艺。但是，该工艺的 COD 去除率相对较低，仅有 40%~50%，并且溶解性 COD 去除率很低，实际上只能起到预酸化作用。

采用混凝沉淀-水解酸化-好氧工艺处理印染废水，工艺流程如图 2-4-11 所示。通过工程实践表明，此组合工艺处理印染废水可获得较好的处理效果，出水水质各项指标达到了行业排放标准中的二级标准。运行结果表明，COD 平均去除率为 81.2%，色度平均去除率为 83.3%，该工艺二次沉池中部分污泥

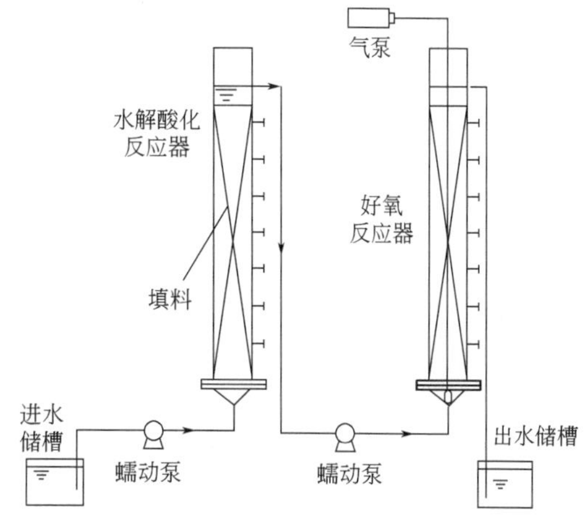

图 2-4-11 水解酸化-好氧工艺流程图

回流到水解酸化池，保证了水解酸化池内具有一定的污泥浓度，从而提高了去除率。

2.4.3　厌氧-好氧组合工艺

传统的好氧和厌氧生物处理法已不能满足印染行业的需求，进而产生了厌氧-好氧组合生物处理技术，充分利用了厌氧和好氧生物处理技术的优点，厌氧-好氧系统中的厌氧段具有双重的作用：一是对废水进行预处理，改善其可生化性能，吸附、降解一部分有机物；二是对系统的剩余污泥进行消化。例如如下三种工艺：厌氧-好氧-生物炭接触工艺、厌氧-好氧生物转盘工艺和水解酸化-好氧工艺。

（1）厌氧-好氧-生物炭接触工艺

对于 COD_{Cr} 为 800～1000mg/L 的印染废水，使用该处理工艺，处理效果完全可以达到国家排放标准，再进一步处理还可回用，系统的污泥趋于自身平衡。目前已有多家生产厂采用该流程，运转时间最长的达 5 年以上，处理效果稳定，而且从未外排污泥，也没发现厌氧池内污泥过度增长。

（2）厌氧-好氧生物转盘工艺

该工艺中厌氧、好氧各有污泥分离与回流装置，整个系统的剩余污泥全部回流到厌氧生物转盘。该流程对 COD、色度等的去除率均达到 70%以上。适当投加微量絮凝剂，测得 COD_{Cr}、色度的去除率可提高 15%～20%。

（3）水解酸化-好氧工艺

水解酸化与好氧法结合的厌氧处理已不是传统的厌氧消化，水力停留时间一般为 3～5h，只发生水解和酸化作用。这一工艺流程的提出主要是针对印染废水中可生化性很差的一些高分子物质，期望它们在厌氧段发生水解、酸化，变成较小的分子，从而改善废水的可生化性，为好氧处理创造条件，并能较好地解决 PVA、染料的处理问题。

第2篇

典型工业园区高难度废水工艺设计实例

3 某农药生产企业BTA废水处理工艺设计

3.1 项目背景

本项目中所处理的高难度废水来源于某农药生产企业，该企业产生的这股废水中，最主要的污染物为 BTA 类物质。

BTA 是一种化学物质，分子式是 $C_6H_5N_3$，学名苯并三氮唑，主要作为水处理剂、金属防锈剂和缓蚀剂，广泛用于循环水处理剂，防锈油、脂类产品中，也应用于铜及铜合金的气相缓蚀剂、润滑油添加剂，在电镀中用以表面钝化银、铜、锌，有防变色作用。

BTA 是极低毒的生物杀虫剂，田间害虫防治效果大于 85%～95%，杀虫速率提高了 3 倍，且能杀死 50 余种害虫，解决了生物农药杀虫谱窄和杀虫速率低的难题，且检验无化学残留，农药残留检验合格率达 98%，对蔬菜、果树、水稻等作物的百余种主要害虫具有很好的防效，与化学农药相比防效提高 5%，使用成本下降 5%。

BTA 呈现白色浅褐色针状结晶状，可加工成片状、颗粒状、粉状。在空气中氧化而逐渐变红。本品味苦、无臭。在真空中蒸馏时能发生爆炸。溶于乙醇、苯、甲苯、氯仿和 *N*，*N*-二甲基甲酰胺，微溶于水，实物如图 3-1-1 所示。

图 3-1-1　纯 BTA 实物图

苯并三氮唑（BTA）主要是采用邻苯二胺与亚硝酸钠通过一步加压反应合成，但在生产过程中会生成结构复杂、色泽深、不易生物降解、生物毒性大、可生化性差的高含盐有机污染物。

目前针对BTA高盐废水的处理多采用机械式蒸汽再压缩MVR或三效蒸发结晶除盐，由于废水中有机物大量富集，出现蒸发温度逐步升高的现象，使设备在原有的温度条件下出现蒸发效率下降直至无法正常工作。

因此，开发能够降解有机物、改善废水的蒸发状态的高盐废水优化处理工艺是非常有必要的。

本项目中的BTA废水属于典型的高盐废水，该厂在满负荷生产时，废水水量约$50m^3/d$，按照厂方提供的数据显示，废水的主要成分如表3-1-1所示。

表3-1-1 BTA废水水质指标分析

名称	含量
苯并三氮唑/%	1.0～1.3
亚硝酸钠/%	0.05
硝酸钠/%	0.005
氯化钠/%	4～10
COD/(mg/L)	65900
外观	棕黄色液体
pH	7.84
电导率/(mS/cm)	168.2
氨氮/(mg/L)	5870
总氮/(mg/L)	12340
总磷/(mg/L)	340
水量/(m^3/d)	50

针对该厂苯并三氮唑（BTA）废水的处理目标是达到《污水排入城镇下水道水质标准》（GB/T 31962—2015），如表3-1-2所示。

表3-1-2 污水排入城镇下水道水质控制项目限值

序号	控制项目名称	A级	B级	C级
1	水温/℃	40	40	40
2	色度/倍	64	64	64
3	易沉固体/[mL/(L·15min)]	10	10	10
4	悬浮物/(mg/L)	400	400	250
5	溶解性总固体/(mg/L)	2000	2000	2000
6	动植物油/(mg/L)	100	100	100
7	石油类/(mg/L)	15	15	10
8	pH	6.5～9.5	6.5～9.5	6.5～9.5
9	五日生化需氧量(BOD_5)/(mg/L)	350	350	150
10	化学需氧量(COD)/(mg/L)	500	500	300
11	氨氮(以N计)/(mg/L)	45	45	25
12	总氮(以N计)/(mg/L)	70	70	45
13	总磷(以P计)/(mg/L)	8	8	5
14	阴离子表面活性剂(LAS)/(mg/L)	20	20	10

续表

序号	控制项目名称	A级	B级	C级
15	总氰化物/(mg/L)	0.5	0.5	0.5
16	总余氯(以 Cl_2 计)/(mg/L)	8	8	8
17	硫化物/(mg/L)	1	1	1
18	氟化物/(mg/L)	20	20	20
19	氯化物/(mg/L)	800	800	800
20	硫酸盐/(mg/L)	600	600	600
21	总汞/(mg/L)	0.005	0.005	0.005
22	总镉/(mg/L)	0.05	0.05	0.05
23	总铬/(mg/L)	1.5	1.5	1.5
24	六价铬/(mg/L)	0.5	0.5	0.5
25	总砷/(mg/L)	0.3	0.3	0.3
26	总铅/(mg/L)	0.5	0.5	0.5
27	总镍/(mg/L)	1	1	1
28	总铍/(mg/L)	0.005	0.005	0.005
29	总银/(mg/L)	0.5	0.5	0.5
30	总硒/(mg/L)	0.5	0.5	0.5
31	总铜/(mg/L)	2	2	2
32	总锌/(mg/L)	5	5	5
33	总锰/(mg/L)	5	5	5
34	总铁/(mg/L)	10	10	10
35	挥发酚/(mg/L)	1	1	0.5
36	苯系物/(mg/L)	2.5	2.5	1
37	苯胺类/(mg/L)	5	5	2
38	硝基苯类/(mg/L)	5	5	3
39	甲醛/(mg/L)	5	5	2
40	三氯甲烷/(mg/L)	1	1	0.6
41	四氯化碳/(mg/L)	0.5	0.5	0.06
42	三氯乙烯/(mg/L)	1	1	0.6
43	四氯乙烯/(mg/L)	0.5	0.5	0.2
44	可吸附有机卤化物(AOX,以 Cl 计)/(mg/L)	8	8	5
45	有机磷农药(以 P 计)/(mg/L)	0.5	0.5	0.5
46	五氯酚/(mg/L)	5	5	5

3.2 项目废水的现场采样

3.2.1 采样点的选择

水质分析是整个项目工艺技术路线确定的基础，水质分析的结果直接影响到后续高难度废水处理技术路线的有效性和经济性，以及未来新建高难度废水处理中心单元的操作方法、

运行判断以及最终能否达标排放，其重要性不言而喻，而正确的采样方法则是保证水质分析准确度的前提。

对于高难度废水，采样点应在高难度废水储水池，如图 3-2-1 所示，或者生产车间排放口，如果在储水池取样，则应按照东、南、西、北四个方位，分为上中下三层分别取样，以确保所测水样的准确性。

图 3-2-1　高难度废水储水池

3.2.2　采样器材的选择

采样器材的材质应具有较好的化学稳定性，在样品采集、样品储存期内不会与水样发生物理化学反应，从而引起水样组分浓度的变化。

水质采样可选用聚乙烯塑料桶、单层采样器（图 3-2-2）、泵式采水器（图 3-2-3）、自动采样器（图 3-2-4）或自制的其他采样工具和设备。场合适宜时也可以用样品容器手工直接灌装。

图 3-2-2　有机玻璃单层采样器

图 3-2-3　采样人员使用泵式自动采样器采样

图 3-2-4　某品牌工业废水自动采样器

采样瓶应使用硬质玻璃（图 3-2-5）、聚乙烯、石英、聚四氟乙烯制的带磨口盖或塞瓶（图 3-2-6），原则上有机类监测项目选用玻璃材质，无机类监测项目可用聚乙烯容器。

3.2.3　采样方法

（1）瞬时采样法

当排污单位的生产工艺过程连续且稳定，有污水处理设施并正常运行，其污水能稳定排放时（浓度变化不超过 10%），瞬时水样具有较好的代表性，可用瞬时水样的浓度代表采样 5 时间段内的采样浓度。

图 3-2-5 棕色螺口玻璃样品瓶

图 3-2-6 磨口塞瓶

（2）比例混合采样法

① 当污水流量变化小于平均流量的 20%，污染物浓度基本稳定时，可采集等时混合水样。

② 当污水的流量、浓度甚至组分都有明显变化时，可采集等比例混合水样。

3.2.4 采样频次

（1）假如企业生产周期在 8h 以内的，采样时间间隔应不小于 2h，生产周期大于 8h，采样时间间隔应不小于 4h，采样期内每个生产周期内采样频次应不少于 3 次。

（2）假如企业无明显生产周期、稳定、连续生产，采样时间间隔应不小于 4h，采样期内每个生产日内采样频次应不少于 3 次。

3.2.5 采样时其他注意事项

（1）采样位置应在污水混合均匀的位置，当水深大于 1m 时，应在表层下 1/4 深度处采样；水深小于或等于 1m 时，在水深的 1/2 处采样。

(2) 采样时应去除水面的杂物、垃圾等漂浮物，不可搅动水底部的沉积物。

(3) 采样前先用水样荡涤采样容器和样品容器 2～3 次。

(4) 对不同的监测项目选用的容器材质、加入的保存剂及其用量、保存期限和采集的水样体积等，须按照监测项目的分析方法要求执行；如未明确要求，可按照表 3-2-1 执行。

(5) 采集废水样品时，建议同时测定流量，作为确定混合样组成比例和排污量计算的依据。

(6) 采样完成后应在每个样品容器上贴上标签，标签内容包括样品编号或名称、采样日期和时间、监测项目名称等，同步填写现场记录。

(7) 采样结束后，核对监测方案、现场记录与实际样品数，如有错误或遗漏，应立即补采或重采。如采样现场未按监测方案采集到样品，应详细记录实际情况。

(8) 部分监测项目采样前不能荡洗采样器具和样品容器，如动植物油类、石油类、挥发性有机物、微生物等。

(9) 部分监测项目在不同时间采集的水样不能混合测定，如水温、pH、色度、动植物油类、石油类、生化需氧量、硫化物、挥发性有机物、氰化物、余氯、微生物、放射性等。

(10) 部分监测项目保存方式不同，须单独采集储存，如动植物油类、石油类、硫化物、挥发酚、氰化物、余氯、微生物等。

(11) 部分监测项目采集时须注满容器，不留顶上空间，如生化需氧量、挥发性有机物等。

(12) 自动采样用自动采样器进行，有时间等比例采样和流量等比例采样。当污水排放量较稳定时，可采用时间等比例采样，否则必须采用流量等比例采样。

(13) 受悬浮物影响较大的监测项目，自动采样时应在排污渠（道、沟）水面下 5cm，距渠（道、沟）边和水路中心点的 1/2 处采样；手工采样与油类采样相同，应采集含悬浮物的均匀水样。

(14) 废水样品应设法尽快测定。

(15) 有机物、细菌学等样品的采集要求及其他注意事项可参考地表水。

(16) 水温、pH、余氯、二氧化氯等能在现场测定的监测项目应在现场测定。

(17) 对于平行样品的要求，需要按分析方法中的要求采集现场平行样品。如分析方法中未明确，对均匀样品，凡能做平行双样的监测项目也应采集现场平行样品，每批次水样应采集不少于 10% 的现场平行样品（自动采样除外），样品数量较少时，每批次水样至少做 1 份样品的现场平行样品。

(18) 样品运输时，与地表水样品运输要求一致。

(19) 样品采集后应尽快送实验室分析，并根据监测项目所采用分析方法的要求确定样品的保存方法，确保样品在规定的保存期限内分析测实。如要求不明确时，可按照表 3-2-1 执行。根据采样点的地理位置和监测项目保存期限，选用适当的运输方式。

表 3-2-1　常用污水监测项目的采样和保存技术

序号	项目	采样容器①	采集或保存方法	保存期限	建议采样量②/mL	备注
1	pH	P 或 G		12h	250	
2	色度	P 或 G		12h	1000	
3	悬浮物	P 或 G	冷藏③，避光	14d	500	

续表

序号	项目	采样容器[①]	采集或保存方法	保存期限	建议采样量[②]/mL	备注
4	五日生化需氧量	溶解氧瓶	冷藏[③],避光	12h	250	
		P	−20℃冷冻	30d	1000	
5	化学需氧量	G	H_2SO_4,pH≤2	2d	500	
		P	−20℃冷冻	30d	100	
6	氨氮	P或G	H_2SO_4,pH≤2	24h	250	
		P或G	H_2SO_4,pH≤2,冷藏[③]	7d	250	
7	总氮	P或G	H_2SO_4,pH≤2	7d	250	
		P	−20℃冷冻	30d	500	
8	总磷	P或G	HCl,H_2SO_4,pH≤2	24h	250	
		P	−20℃冷冻	30d	250	
9	石油类和动植物油类	G	HCl,pH≤2	7d	500	
10	挥发酚	G	H_3PO_4,pH约为2,用0.01～0.02g抗坏血酸除去残余氯	24h	1000	
11	总有机碳	G	H_2SO_4,pH≤2	7d	250	
		P	−20℃冷冻	30d	100	
12	阴离子表面活性剂	P或G		24h	250	
		G	1%(体积分数)的甲醛,冷藏[③]	4d		
13	可吸附有机卤素	G	水样充满采样瓶,HNO_3,pH 1～2,冷藏[③],避光	5d	1000	
14	急性毒性	G(带聚四氟乙烯衬垫瓶盖)	水样充满采样瓶,采样后密封瓶口,冷藏[③]	24h		
15	氟化物	P	冷藏[③],避光	14d	250	
16	氯化物	P或G	冷藏[③],避光	30d	250	
17	余氯	P或G	避光	5min	500	最好在采集后5min内现场分析
18	二氧化氯	P或G	避光	5min	500	最好在采集后5min内现场分析
19	溴化物	P或G	冷藏[③],避光	14h	250	
20	碘化物	P或G	NaOH,pH约为12	14h	250	
21	单质磷	P或G	pH 6～7	48h		
22	磷酸盐	P或G	NaOH,H_2SO_4调pH约为7,$CHCl_3$ 0.5%	7d	250	

续表

序号	项目	采样容器[①]	采集或保存方法	保存期限	建议采样量[②]/mL	备注
23	硫化物	P或G	水样充满容器。1L水样加NaOH至pH约为9,加入5%抗坏血酸5mL,饱和EDTA 3mL,滴加饱和$Zn(Ac)_2$至胶体产生,常温蔽光	24h	250	
24	硫酸盐	P或G	冷藏[③],避光	30d	250	
25	硫氰酸盐	G	1L水样中加入2.5g Na_2SO_3,在不断摇动下加100g/L NaOH调至pH≥12,冷藏[③]	24h	250	
26	硝酸盐氮	P或G	冷藏[③],避光	24h	250	
		P或G	HCl,pH 1～2	7d	250	
		P	−20℃冷冻	30d	250	
27	亚硝酸盐氮	P或G	冷藏[③],避光	24h	250	
28	氰化物	P或G	NaOH,pH≥9,冷藏[③]	7d	250	如果硫化物存在,保存12h
29	汞	P或G	HCl 1%,如水样为中性,1L水样中加浓HCl 10mL	14d	250	
30	铬	P或G	HNO_3,1L水样中加浓HNO_3 10mL	30d	100	
31	六价铬	P或G	NaOH,pH 8～9	14d	250	
32	银	P或G	HNO_3,1L水样中加浓HNO_3 10mL	14d	250	
33	铍	P或G	HNO_3,1L水样中加浓HNO_3 10mL	14d	250	
34	钠	P	HNO_3,1L水样中加浓HNO_3 10mL	14d	250	
35	镁	P或G	HNO_3,1L水样中加浓HNO_3 10mL	14d	250	
36	钾	P	HNO_3,1L水样中加浓HNO_3 10mL	14d	250	
37	钙	P或G	HNO_3,1L水样中加浓HNO_3 10mL	14d	250	
38	锰	P或G	HNO_3,1L水样中加浓HNO_3 10mL	14d	250	
39	铁	P或G	HNO_3,1L水样中加浓HNO_3 10mL	14d	250	
40	镍	P或G	HNO_3,1L水样中加浓HNO_3 10mL	14d	250	
41	铜	P	HNO_3,1L水样中加浓HNO_3 10mL,如用溶出伏安法测定,可改用1L水样中加19mL浓$HClO_4$	14d	250	
42	锌	P	HNO_3,1L水样中加浓HNO_3 10mL,如用溶出伏安法测定,可改用1L水样中加19mL浓$HClO_4$	14d	250	
43	砷	P或G	HNO_3,1L水样中加浓HNO_3 10mL,DDTC法,HCl 2mL,如用原子荧光法测定,1L水样中加10mL浓HCl	14d	250	
44	镉	P或G	HNO_3,1L水样中加浓HNO_3 10mL,如用溶出伏安法测定,可改用1L水样中加19mL浓$HClO_4$	14d	250	

续表

序号	项目	采样容器[①]	采集或保存方法	保存期限	建议采样量[②]/mL	备注
45	锑	P或G	HCl，0.2%（氢化物法），如用原子荧光法测定，1L水样中加10mL浓HCl	14d	250	
46	铅	P或G	HNO_3，1%，如水样为中性，1L水样中加浓HNO_3 10mL，如用溶出伏安法测定，可改用1L水样中加19mL浓$HClO_4$	14d	250	
47	硼	P	HNO_3，1L水样中加浓HNO_3 10mL	14d	250	
48	硒	P或G	HCl，1L水样中加浓HCl 12mL，如用原子荧光法测定，1L水样中加10mL浓HCl	14d	250	
49	锂	P	HNO_3，pH 1～2	30d	250	
50	钒	P	HNO_3，pH 1～2	30d	100	
51	钴	P或G	HNO_3，pH 1～2	30d	100	
52	铝	P或G	HNO_3，pH 1～2	30d	100	
53	铊	P或G	HNO_3，1L水样中加浓HNO_3 10mL	14d	100	
54	钼	P或G	HNO_3，pH 1～2	14d	1000	
55	烷基汞	P	如在数小时内样品不能分析，应在样品瓶中预先加入$CuSO_4$，加入量为每升1g（水样处理时不再加入），冷藏[③]		2500	
56	农药类	G	加入抗坏血酸0.01～0.02g除去残余氯，冷藏[③]，避光	24h	1000	
57	杀虫剂（包含有机氯、有机磷、有机氮）	G（带聚四氟乙烯瓶盖）或P（适用草甘膦）	冷藏[③]	24h（萃取） 5d（测定）	1000～3000	
58	氨基甲酸酯类杀虫剂	G	冷藏[③]	14d	1000	如水样中有余氯，每1L样品中加入80mg $Na_2S_2O_3\cdot5H_2O$
59	除草剂类	G	加入抗坏血酸0.01～0.02g除去残余氯，冷藏[③]，避光	24h	1000	
60	挥发性有机物	G	用1+10HCl调至pH约为2，加入0.01～0.02g抗坏血酸除去残余氯，冷藏[③]，避光	12h	1000	
61	挥发性卤代烃	G（棕色，带聚四氟乙烯瓶盖）	如果水样含有余氯，向采样瓶中加入0.3～0.5g抗坏血酸或$Na_2S_2O_3\cdot5H_2O$。采样时样品沿瓶壁注入，防止气泡产生，水样充满后不留液上空间，冷藏[③]	7d	40	所有样品均采集平行样
62	甲醛	G	加入0.2～0.5g/L $Na_2S_2O_3\cdot5H_2O$除去残余氯，冷藏[③]，避光	24h	250	

续表

序号	项目	采样容器[①]	采集或保存方法	保存期限	建议采样量[②]/mL	备注
63	三氯乙醛	G	中性条件下冷藏[③]	3d		
64	丙烯醛	G(棕色,带聚四氟乙烯衬垫瓶盖)	采样前须加入0.3g抗坏血酸于样品瓶中:采集样品时,应使水样在样品瓶中溢流而不留气泡,再加入数滴1+9(体积分数)H_3PO_4溶液固定,使样品的pH为4～5,冷藏[③],避光	5d	40	
65	三乙胺	G		24h		
66	丙烯酰胺	G(棕色,带聚四氟乙烯衬垫瓶盖)	冷藏[③],避光	7d(萃取) 30d(测定)	250	
67	酚类	G	H_3PO_4,pH约为2,用0.01～0.02g抗坏血酸除去残余氯,冷藏[③],避光	24h	1000	
68	邻苯二甲酸酯类	G	加入抗坏血酸0.01～0.02g除去残余氯,冷藏[③],避光	24h	1000	
69	肼	G	HCl,pH约为1,避光	24h	500	
70	苯系物	G	水样充满容器,并加盖瓶塞,冷藏[③]	14d	1000	
71	氯苯	G	水样充满容器,并加盖瓶塞,不得有气泡。冷藏[③]	7d	1000	
72	多氯联苯	G(带聚四氟乙烯瓶盖)	冷藏[③]	7d	500	如水样中有余氯,每1L样品中加入80mg $Na_2S_2O_3 \cdot 5H_2O$
73	多环芳烃	G(带聚四氟乙烯瓶盖)	冷藏[③]	7d		如水样中有余氯,每1L样品中加入80mg $Na_2S_2O_3 \cdot 5H_2O$
74	二噁英类	对二噁英类无吸附作用的不锈钢或玻璃材质可密封器具	4～10℃的暗冷处,密封遮光			尽快进行分析测定
75	吡啶	G	水样充满容器,赶出气泡,塞紧瓶塞(瓶塞不能使用橡胶塞或木塞),冷藏[③]	48h		
76	梯恩梯、黑索今、地恩梯	G(棕色)	冷藏[③],避光	7d(萃取) 30d(测定)		
77	彩色显影剂总量	G(棕色)或P	水样充满容器,避免光、热和剧烈振动;按1L样品中加入0.1g Na_2SO_3的比例加入保护剂,冷藏[③]	48h		

续表

序号	项目	采样容器①	采集或保存方法	保存期限	建议采样量②/mL	备注
78	显影剂及其氧化物总量	G(棕色)或P	避免光、热和剧烈振动；按1L样品中加入0.1g Na_2SO_3 的比例加入保护剂，冷藏③	48h		
79	总大肠菌群和粪大肠菌群、细菌总数、大肠菌总数、粪大肠菌、粪链球菌、沙门氏菌、志贺氏菌等	G(灭菌)或无菌袋	与其他项目一同采样时，先单独采集微生物样品，不预洗采样瓶，冷藏③；避光，样品采集至采样瓶体积的80%左右，冷藏③	6h	250	如水样中有余氯，每1L样品中加入80mg $Na_2S_2O_3 \cdot 5H_2O$
80	蛔虫卵	P	常温下运回实验室，立即进行过滤和沉淀		10L	
81	总α放射性、总β放射性	P	HNO_3，1L水样中加浓 HNO_3 10mL	30d	2000	如果样品已蒸发，不酸化
82	铀	P		30d	2000	

① P为聚乙烯瓶等材质塑料容器，G为硬质玻璃容器。

② 每个监测项目的建议采样量应保证满足分析所需的最小采样量，同时考虑重复分析和质量控制等的需要。

③ 冷藏温度范围为：0～5℃。

3.2.6 采样后各检测指标分析方法

为确保样品分析的准确性，保证后续工艺选用的科学适用性，针对前期所采样品进行分析时，应按照国家标准或者行业标准规定的水质指标检测分析方法要求执行，具体参考标准如表3-2-2汇总所示。

表3-2-2 水（含大气降水）和废水各项目监测采样细则

项目/参数	检测标准(方法)名称及编号(含年号)	备注
水温	《水质 水温的测定 温度计或颠倒温度计法》(GB/T 13195—1991)	尽量作现场测定。常用的测量仪器有水温计和颠倒温度计，前者用于地表水、污水等浅层水温的测量，后者用于湖库等深层水温的测量
	《海洋监测规范 第4部分：海水分析》(GB/T 17378.4—2007)	
流量	《水质 河流采样技术指导》(HJ/T 52—1999)	—
	《水质 采样方案设计技术规定》(GB/T 12997—1991)	
	《水污染物排放总量技术规范》(HJ/T 92—2002)	

续表

项目/参数	检测标准(方法)名称及编号(含年号)	备注
外观	《水质　采样方案设计技术规定》(GB/T 12997—1991)	—
	《水质　采样技术指导》(GB/T 12998—1991)	
色度	《水质　色度的测定》(GB/T 11903—1989)	—
	《海洋监测规范　第4部分:海水分析》(GB/T 17378.4—2007)	
臭	文字描述法或臭阈值法《水和废水监测分析方法》(第四版)国家环保总局(2002年)	尽快分析。如需保存水样,至少采集500mL于玻璃瓶并充满,4℃以下冷藏,并确保不得有外来气味进入水中
	《海洋监测规范　第4部分:海水分析》(GB/T 17378.4—2007)	
浊度	《水质　浊度的测定》(GB/T 13200—1991)	取样后尽快测定。如需保存,可在4℃冷藏、暗处保存24h,测试前要激烈振摇水样并恢复到室温
	《海洋监测规范　第4部分:海水分析》(GB/T 17378.4—2007)	
透明度	塞氏圆盘法《水和废水监测分析方法》(第四版)国家环保总局(2002年)	塞氏圆盘法(现场测定透明度):将盘在船的背光处放入水中,逐渐下沉,至恰恰不能看见盘面的白色时,记取其尺度,就是透明度,以厘米为单位。观察时需反复二三次
pH	《水质　pH值的测定　玻璃电极法》(GB/T 6920—1986)	尽量作现场测定
	《海洋监测规范　第4部分:海水分析》(GB/T 17378.4—2007)	
	《大气降水pH值的测定　电极法》(GB/T 13580.4—1992)	
酸、碱度	酸碱指示剂滴定法《水和废水监测分析方法》(第四版)国家环保总局(2002年)	碱度:样品采集后应在4℃保存,分析前不应打开瓶塞,不能过滤、稀释或浓缩
二氧化碳	酸碱指示剂滴定法《水和废水监测分析方法》(第四版)国家环保总局(2002年)	应尽量避免水样与空气接触。用虹吸法采样,样品测定尽可能在采样现场分析。如果现场测定困难,则应取满瓶水样,并在低于取样时的温度下妥善保存
悬浮物	《水质　悬浮物的测定　重量法》(GB/T 11901—1989)	漂浮或浸没的不均匀固体物质不属于悬浮物质,应从采集的水样中除去
	《海洋监测规范　第4部分:海水分析》(GB/T 17378.4—2007)	
全盐量(总可滤残渣)	《水质　全盐量的测定　重量法》(HJ/T 51—1999)	—

续表

项目/参数	检测标准(方法)名称及编号(含年号)	备注
总残渣	重量法 《水和废水监测分析方法》(第四版) 国家环保总局(2002 年)	—
矿化度	重量法 《水和废水监测分析方法》(第四版) 国家环保总局(2002 年)	—
盐度	《海洋监测规范　第 4 部分:海水分析》 (GB/T 17378.4—2007)	—
电导率	电导率仪法 《水和废水监测分析方法》(第四版) 国家环保总局(2002 年)	—
	大气降水电导率的测定方法 (GB/T 13580.3—1992)	
总砷	《水质　总砷的测定 二乙基二硫代氨基甲酸银分光光度法》 (GB/T 7485—1987)	—
	《海洋监测规范　第 4 部分:海水分析》 (GB/T 17378.4—2007)	
	原子荧光法 《水和废水监测分析方法》(第四版)国家环保总局(2002 年)	
铜、铅、镉	《水质　铜、铅、锌、镉的测定 原子吸收分光光度法》 (GB/T 7475—1987)	—
	石墨炉原子吸收分光光度法 《水和废水监测分析方法》(第四版) 国家环保总局(2002 年)	
	无火焰原子吸收分光光度法 《海洋监测规范　第 4 部分:海水分析》 (GB/T 17378.4—2007)	
	无火焰原子吸收分光光度法 《生活饮用水卫生规范》 卫生部(2001 年)	
锌	《水质　铜、铅、锌、镉的测定 原子吸收分光光度法》 (GB/T 7475—1987)	—
	无火焰原子吸收分光光度法 《海洋监测规范　第 4 部分:海水分析》 (GB/T 17378.4—2007)	
	无火焰原子吸收分光光度法 《生活饮用水卫生规范》 卫生部(2001 年)	
总汞	原子荧光法 《水和废水监测分析方法》(第四版) 国家环保总局(2002 年)	—

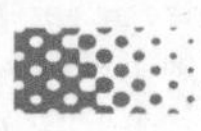

续表

项目/参数	检测标准(方法)名称及编号(含年号)	备注
总铬	《水质　总铬的测定》 (GB/T 7466—1987)	—
	无火焰原子吸收分光光度法 《海洋监测规范　第4部分:海水分析》 (GB/T 17378.4—1998)	
	火焰原子吸收法 《水和废水监测分析方法》(第四版) 国家环保总局(2002年)	
六价铬	《水质　六价铬的测定 二苯碳酰二肼分光光度法》 (GB/T 7467—1987)	—
铁、锰	《水质　铁、锰的测定 火焰原子吸收分光光度法》 (GB/T 11911—1989)	—
镍	《水质　镍的测定 火焰原子吸收分光光度法》 (GB/T 11912—1989)	—
	无火焰原子吸收分光光度法 《生活饮用水卫生规范》 卫生部(2001年)	
硒	原子荧光法 《水和废水监测分析方法》(第四版) 国家环保总局(2002年)	—
钾、钠	《水质　钾和钠的测定 火焰原子吸收分光光度法》 (GB/T 11904—1989)	—
	《大气降水中钾、钠的测定 原子吸收分光光度法》 (GB/T 13580.12—1992)	
	火焰原子吸收分光光度法 《生活饮用水卫生规范》 卫生部(2001年)	
钙、镁	《水质　钙和镁的测定　原子吸收分光光度法》 (GB/T 11905—1989)	—
	《大气降水中钙、镁的测定 原子吸收分光光度法》 (GB/T 13580.13—1992)	
钴	无火焰原子吸收分光光度法 《生活饮用水卫生规范》 卫生部(2001年)	—

续表

项目/参数	检测标准(方法)名称及编号(含年号)	备注
钡	《水质　钡的测定 原子吸收分光光度法》 (GB/T 15506—1995)	—
	无火焰原子吸收分光光度法 《生活饮用水卫生规范》 卫生部(2001 年)	
总硬度	《水质　钙和镁总量的测定　EDTA 滴定法》 (GB/T 7477—1987)	—
溶解氧	《水质　溶解氧的测定　碘量法》 (GB/T 7489—1987)	尽量作现场测定
	《水质　溶解氧的测定 电化学探头法》 (GB/T 11913—1989)	
	《海洋监测规范　第 4 部分:海水分析》 (GB/T 17378.4—2007)	
氨氮	《水质　铵的测定　纳氏试剂比色法》 (GB/T 7479—1987)	—
	《海洋监测规范　第 4 部分:海水分析》 (GB/T 17378.4—2007)	
	《大气降水中铵盐的测定》 (GB/T 13580.11—1992)	
总磷、磷酸盐	《水质　总磷的测定　钼酸铵分光光度法》 (GB/T 11893—1989)	—
	《水质　无机阴离子(F^-、Cl^-、NO_2^-、Br^-、NO_3^-、 PO_4^{3-}、SO_3^{2-}、SO_4^{2-})的测定　离子色谱法》 (HJ 84—2016)	
	《海洋监测规范　第 4 部分:海水分析》 (GB/T 17378.4—2007)	
亚硝酸盐氮	《水质　亚硝酸盐氮的测定　分光光度法》 (GB/T 7493—1987)	采集后应尽快进行分析
	《水质　无机阴离子(F^-、Cl^-、NO_2^-、Br^-、NO_3^-、 PO_4^{3-}、SO_3^{2-}、SO_4^{2-})的测定　离子色谱法》 (HJ 84—2016)	
	《海洋监测规范　第 4 部分:海水分析》 (GB/T 17378.4—2007)	
	《大气降水中氟、氯、亚硝酸盐、硝酸盐、 硫酸盐的测定　离子色谱法》 (GB/T 13580.5—1992)	
	《大气降水中亚硝酸盐的测定　*N*-(1-萘基)-乙二胺光度法》 (GB/T 13580.7—1992)	

续表

项目/参数	检测标准(方法)名称及编号(含年号)	备注
总氮	《水质 总氮的测定 碱性过硫酸钾消解紫外分光光度法》(GB/T 11894—1989)	—
总氰化物	《水质 氰化物的测定 第一部分 总氰化物的测定》(GB/T 7486—1987)	—
氰化物	《水质 氰化物的测定 第二部分 氰化物的测定》(GB/T 7487—1987)	—
	《海洋监测规范 第4部分:海水分析》(GB/T 17378.4—2007)	
硝酸盐氮	《水质 硝酸盐氮的测定 酚二磺酸分光光度法》(GB/T 7480—1987)	—
	《水质 无机阴离子(F^-、Cl^-、NO_2^-、Br^-、NO_3^-、PO_4^{3-}、SO_3^{2-}、SO_4^{2-})的测定 离子色谱法》(HJ 84—2016)	
	紫外分光光度法《水和废水监测分析方法》(第四版) 国家环保总局(2002年)	
	《海洋监测规范 第4部分:海水分析》(GB/T 17378.4—2007)	
	《大气降水中氟、氯、亚硝酸盐、硝酸盐、硫酸盐的测定 离子色谱法》(GB/T 13580.5—1992)	
	《大气降水中硝酸盐测定》(GB/T 13580.8—1992)	
氟化物	《水质 氟化物的测定 离子选择电极法》(GB/T 7484—1987)	—
	《水质 无机阴离子(F^-、Cl^-、NO_2^-、Br^-、NO_3^-、PO_4^{3-}、SO_3^{2-}、SO_4^{2-})的测定 离子色谱法》(HJ 84—2016)	
	《大气降水中氟、氯、亚硝酸盐、硝酸盐、硫酸盐的测定 离子色谱法》(GB/T 13580.5—1992)	
氯化物	《水质 氯化物的测定 硝酸银滴定法》(GB/T 11896—1989)	—
	《水质 无机阴离子(F^-、Cl^-、NO_2^-、Br^-、NO_3^-、PO_4^{3-}、SO_3^{2-}、SO_4^{2-})的测定 离子色谱法》(HJ 84—2016)	
	《大气降水中氟、氯、亚硝酸盐、硝酸盐、硫酸盐的测定 离子色谱法》(GB/T 13580.5—1992)	
	《海洋监测规范 第4部分:海水分析》(GB/T 17378.4—2007)	

续表

项目/参数	检测标准(方法)名称及编号(含年号)	备注
硫酸盐	铬酸钡光度法 《水和废水监测分析方法》(第四版) 国家环保总局(2002 年)	—
	《水质　无机阴离子(F^-、Cl^-、NO_2^-、Br^-、NO_3^-、PO_4^{3-}、SO_3^{2-}、SO_4^{2-})的测定　离子色谱法》 (HJ 84—2016)	
	《大气降水中氟、氯、亚硝酸盐、硝酸盐、硫酸盐的测定　离子色谱法》 (GB/T 13580.5—1992)	
	《大气降水中硫酸盐的测定》 (GB/T 13580.6—1992)	
溴化物	离子色谱法 《水和废水监测分析方法》(第三版)国家环保局(1989 年)	—
硫化物	《水质　硫化物的测定　亚甲基蓝分光光度法》 (GB/T 16489—1996)	—
	《水质　硫化物的测定　碘量法》 (HJ/T 60—2000)	
	《水质　硫化物的测定　直接显色分光光度法》 (GB/T 17133—1997)	
	《海洋监测规范　第 4 部分:海水分析》 (GB/T 17378.4—2007)	
游离氯和总氯	《水质　游离氯和总氯的测定　*N*,*N*-二乙基-1,4-苯二胺滴定法》 (GB/T 11897—1989)	—
	《水质　游离氯和总氯的测定　*N*,*N*-二乙基-1,4-苯二胺分光光度法》 (GB/T 11898—1989)	
	碘量法 《水和废水监测分析方法》(第四版) 国家环保总局(2002 年)	
总有机碳	《水质　总有机碳的测定　燃烧氧化-非分散红外吸收法》 (HJ/T 71—2001)	—
	《水质　总有机碳(TOC)的测定　非分散红外线吸收法》 (GB/T 13193—1991)	
化学需氧量	《水质　化学需氧量的测定　重铬酸盐法》 (GB/T 11914—1989)	—
	《海洋监测规范　第 4 部分:海水分析》 (GB/T 17378.4—2007)	
	《高氯废水　化学需氧量的测定　氯气校正法》 (HJ/T 70—2001)	
	《高氯废水　化学需氧量的测定　碘化钾碱性高锰酸钾法》 (HJ/T 132—2003)	

续表

<table>
<tr><th>项目/参数</th><th>检测标准(方法)名称及编号(含年号)</th><th>备注</th></tr>
<tr><td>高锰酸盐指数</td><td>《水质 高锰酸盐指数的测定》
(GB/T 11892—1989)</td><td>—</td></tr>
<tr><td rowspan="3">生化需氧量</td><td>《水质 五日生化需氧量(BOD_5)的测定 稀释与接种法》
(GB/T 7488—1987)</td><td rowspan="3">取水样时应使样品充满容器,不留空间,并加盖密封</td></tr>
<tr><td>《海洋监测规范 第4部分:海水分析》
(GB/T 17378.4—2007)</td></tr>
<tr><td>《水质 生化需氧量(BOD)的测定 微生物传感器快速测定法》
(HJ/T 86—2002)</td></tr>
<tr><td rowspan="3">石油类和动植物油</td><td>《水质 石油类和动植物油的测定 红外光度法》
(GB/T 16488—1996)</td><td rowspan="3">采样时,应连同表层水一并采集,并在样品瓶上做一标记,用以确定样品体积。
当只测定水中乳化状态和溶解性油类物质时,应避开漂浮在水体表面的油膜层,在水面下20～50cm处取样</td></tr>
<tr><td>重量法
《水和废水监测分析方法》(第四版) 国家环保总局(2002年)</td></tr>
<tr><td>《海洋监测规范 第4部分:海水分析》
(GB/T 17378.4—2007)</td></tr>
<tr><td rowspan="2">挥发酚</td><td>《水质 挥发酚的测定 蒸馏后4-氨基安替比林分光光度法》
(GB/T 7490—1987)</td><td rowspan="2">—</td></tr>
<tr><td>《海洋监测规范 第4部分:海水分析》
(GB/T 17378.4—2007)</td></tr>
<tr><td rowspan="3">苯系物</td><td>《水质 苯系物的测定 气相色谱法》
(GB/T 11890—1989)</td><td rowspan="3">取水样时应使样品充满容器,不留空间,并加盖密封</td></tr>
<tr><td>吹脱捕集法(P&T-GC-FID)
《水和废水监测分析方法》(第四版)
国家环保总局(2002年)</td></tr>
<tr><td>顶空毛细管柱气相色谱-质谱法
《水和废水监测分析方法》(第四版)
国家环保总局(2002年)</td></tr>
<tr><td rowspan="2">多环芳烃</td><td>《水质 六种特定多环芳烃的测定 高效液相色谱法》
(GB/T 13198—1991)</td><td rowspan="2">采样前不能用水样预洗,以防止样品的沾染或吸附。防止采集表层水,保证所采样品具有代表性。在采样点采样及盖好瓶塞时,样品瓶要完全装满,不留空气</td></tr>
<tr><td>气相色谱-质谱法
《水和废水监测分析方法》(第四版)
国家环保总局(2002年)</td></tr>
<tr><td rowspan="2">挥发性卤代烃</td><td>《水质 挥发性卤代烃的测定 顶空气相色谱法》
(GB/T 17130—1997)</td><td rowspan="2">—</td></tr>
<tr><td>吹脱捕集法(P&T-GC-FID)
《水和废水监测分析方法》(第四版)
国家环保总局(2002年)</td></tr>
<tr><td rowspan="2">可吸附有机卤素</td><td>《水质 可吸附有机卤素(AOX)的测定 微库仑法》
(GB/T 15959—1995)</td><td rowspan="2">玻璃瓶内灌满水样,不留气泡。采样后应尽快分析,如需储存,酸化水样,在4℃下保存</td></tr>
<tr><td>微库仑法
《水和废水监测分析方法》(第四版)
国家环保总局(2002年)</td></tr>
</table>

续表

项目/参数	检测标准(方法)名称及编号(含年号)	备注
多氯联苯	气相色谱法 US EPA 508.1—1995,US EPA 608—1995	—
	气相色谱-质谱法 US EPA 8270C—1996	
	气相色谱-质谱法 《水和废水监测分析方法》(第四版) 国家环保总局(2002 年)	
	气相色谱法测定水中有机氯农药及多氯联苯 US EPA 505—1995	
氯苯类	《水质　1,2-二氯苯、1,4 -二氯苯、1,2,4-三氯苯的测定　气相色谱法》 (GB/T 17131—1997)	采集的水样要尽快分析
	《水质　氯苯的测定　气相色谱法》 (HJ/T 74—2001)	
甲醛	《水质　甲醛的测定　乙酰丙酮分光光度法》 (GB/T 13197—1991)	—
苯胺类	《水质　苯胺类化合物的测定　*N*-(1-萘基)乙二胺偶氮分光光度法》 (GB/T 11889—1989)	苯胺类化合物易于降解,应尽快分析。若不能及时测定,应将样品保存在 4℃冰箱中
	高效液相色谱法 《水和废水监测分析方法》(第四版)国家环保总局(2002 年)	
酚类化合物	气相色谱法、气相色谱-质谱法 《水和废水监测分析方法》(第四版) 国家环保总局(2002 年)	放在暗处,4℃保存
	液相色谱法 《水和废水监测分析方法》(第四版)国家环保总局(2002 年)	
硝基苯类	还原-偶氮分光光度法 《水和废水监测分析方法》(第四版)国家环保总局(2002 年)	4℃下保存,尽快分析
	《水质　硝基苯、硝基甲苯、硝基氯苯、二硝基甲苯的测定　气相色谱法》 (GB/T 13194—1991)	
有机磷农药	《水、土中有机磷农药的测定　气相色谱法》 (GB/T 14552—2003)	采集的水样要尽快分析。装水样前用水样冲洗样品瓶 2~3 次
	气相色谱法 《水和废水监测分析方法》(第四版) 国家环保总局(2002 年)	
元素磷	气相色谱法 《水和废水监测分析方法指南》(下册) 国家环保局(1997 年)	水样采集后,在现场用有机溶剂进行萃取,将萃取液缓缓注入具塞比色管或容量瓶中密封,不留空隙。样品应尽快分析
	磷钼蓝比色法 《污水综合排放标准》 (GB 8978—1996)附录 D	
邻苯二甲酸酯类	气相色谱-质谱法 《水和废水监测分析方法》(第四版)国家环保总局(2002 年)	采样过程避免使用塑料制品。采样用的玻璃器皿用农药残留分析纯丙酮洗涤三次

续表

项目/参数	检测标准(方法)名称及编号(含年号)	备注
阴离子洗涤剂	《水质 阴离子表面活性剂的测定 亚甲蓝分光光度法》(GB/T 7494—1987)	—
	《海洋监测规范 第4部分:海水分析》(GB/T 17378.4—2007)	
半挥发性有机物	气相色谱-质谱法 US EPA 8270C—1996	采样前用样品反复冲洗采样瓶
	气相色谱-质谱法 《水和废水监测分析方法》(第四版)国家环保总局(2002年)	
六六六、滴滴涕	《水质 六六六、滴滴涕的测定 气相色谱法》(GB/T 7492—1987)	采样时不留顶上空间和气泡
	《海洋监测规范 第4部分:海水分析》(GB/T 17378.4—2007)	
挥发性有机物	气相色谱-质谱法 US EPA 8260B—1996	用水样荡洗玻璃采样瓶三次,将水样沿瓶壁缓缓倒入瓶中,滴加HCl至pH≤2,瓶中不留顶上空间和气泡,然后将样品置于4℃无有机气体干扰的区域保存
	吹脱捕集气相色谱-质谱法 《水和废水监测分析方法》(第四版)国家环保总局(2002年)	
	顶空气相色谱-质谱法 《水和废水监测分析方法》(第四版)国家环保总局(2002年)	
有机氯农药	毛细管柱气相色谱-质谱法 《水和废水监测分析方法》(第四版)国家环保总局(2002年)	采样时不留顶上空间和气泡
	气相色谱法测定水中有机氯农药及多氯联苯 US EPA 505—1995	
丙烯腈	《水质 丙烯腈的测定 气相色谱法》(HJ/T 73—2001)	样品应充满瓶子,并加盖瓶塞,不得有气泡。尽快分析
甲醇	气相色谱法 《空气和废气监测分析方法》(第四版)国家环保总局(2003年)	—
二甲基甲酰胺	《工作场所空气有毒物质测定酰胺类化合物》(GBZ/T 160.62—2004)	—
二甲基乙酰胺	《工作场所空气有毒物质测定酰胺类化合物》(GBZ/T 160.62—2004)	—
阿特拉津	液相色谱、毛细柱气相色谱法(GC-NPD) 《水和废水监测分析方法》(第四版)国家环保总局(2002年)	水样采集后应尽快分析,否则应在4℃冰箱中保存
	毛细管柱气相色谱-质谱法 ZHJZ/JF201(实验室制定)	
丙烯醛	吹脱捕集气相色谱法 《水和废水监测分析方法》(第四版)国家环保总局(2002年)	样品应充满瓶子,并加盖瓶塞,不得有气泡。尽快分析
三氯乙醛	气相色谱法 《水和废水监测分析方法》(第四版)国家环保总局(2002年)	低温(4℃)下保存
吡啶	《水质 吡啶的测定 气相色谱法》(GB/T 14672—1993)	—

续表

项目/参数	检测标准(方法)名称及编号(含年号)	备注
甲基汞	《环境　甲基汞的测定　气相色谱法》 (GB/T 17132—1997)	—
六氯苯	气相色谱法 《生活饮用水卫生标准》(GB 5749—2006)	采集的水样要尽快分析
百菌清	气相色谱法《生活饮用水卫生标准》(GB 5749—2006)	—
水体中 叶绿素 a	分光光度法《水和废水监测分析方法》 (第四版)国家环保总局(2002 年)	采样后应放在阴凉处,避免日光直射
微囊藻毒素类	液相色谱法 《水和废水监测分析方法》(第四版)国家环保总局(2002 年)	—
	液相色谱-质谱法 ZHJZ/JF204(实验室制定)	
甲萘威	液相色谱法 《生活饮用水卫生标准》(GB 5749—2006)	—
	液相色谱-质谱法测定溶剂可萃取非挥发性有机物 US EPA 8325—1996	
	《蜂蜜、果汁和果酒中 304 种农药多残留测定方法 气相色谱-质谱和液相色谱-串联质谱法》 (GB/T 19426—2003)	
阿维菌素	液相色谱法测定池塘水和底泥中阿维菌素 B1 US 400696-10—1986	—

3.3 试验前水质测量

为了准确评估苯并三唑（BTA）废水的处理难度，寻找最经济合适的处理工艺，在接收相关水样后，需要首先开展水质指标的测试工作，分析测试的结果汇总如表 3-3-1 所示。

表 3-3-1　BAT 废水水质主要指标测试（3 批次废水样）

批次	电导率 /(mS/cm)	pH	COD /(mg/L)	TOC /(mg/L)	氨氮 /(mg/L)	总氮 /(mg/L)	总磷 /(mg/L)
1	123.32	7.8	9800	3180	5870	12340	340
2	87.21	6.9	12400	4960	6730	9670	49
3	24.73	7.1	39300	12280	550	1450	88

通过以上分析可以知道，所采取的水样的 COD 数值波动较大，通过和厂家沟通，得到的反馈是进水波动较大，所以在设计试验时，需要根据最不利的水样情况进行试验开展工作。

3.4　试验方案拟定

为了系统性评价各工艺处理BAT废水的实际效果，结合各常见污水处理工艺特点，首先进行分析，结果如下。

（1）首先摒弃生化工艺

BTA废水的含盐量超过10%，这种情况下使用生化方法的可行性基本为零，所以首先摒弃了生化工艺。

（2）尝试使用高级催化氧化工艺

BTA废水含盐量高、COD值高，此种不适合采用生化工艺的废水，只能尝试使用高级催化氧化工艺进行处理，针对水质分析，结合本书第2章所述各高级催化氧化技术特点，拟安排实验室开展的小试研究的技术如下所示。

① 臭氧催化氧化技术。

② 芬顿法。

③ 电芬顿法。

④ 电催化氧化法。

⑤ 光催化。

⑥ 湿式催化氧化法。

⑦ 多相催化氧化技术。

具体试验过程、数据和分析详见以下章节内容。

3.5　测试方法及药品准备

3.5.1　试验药品

试验中用到的药品及试剂如表3-5-1所示。

表3-5-1　本试验所需主要原料和试剂

药品名称	药品规格	药品产地
NaOH	分析纯	天津市化学试剂三厂
H_2SO_4	分析纯	天津市化学试剂三厂
苯并三唑	工业品	中北精细化工有限公司
纳米TiO_2粉末	工业品	天津市澳大化工商贸有限公司
重铬酸钾	分析纯	天津市化学试剂三厂
邻苯二甲酸氢钾	分析纯	天津市光复科技发展有限公司
硫酸汞	分析纯	贵州省铜仁化学试剂厂
硫酸银	分析纯	天津市风船化学试剂科技有限公司
硫酸亚铁	分析纯	上海试剂一厂
硝酸钠	分析纯	上海试剂三厂
亚硝酸钠	分析纯	天津市光复科技发展有限公司
氯化钠	分析纯	天津市化学试剂三厂

3.5.2 试验仪器

试验中主要仪器如表 3-5-2 所示。

表 3-5-2 主要试验仪器设备及型号

仪器名称	仪器型号	仪器产地
COD 消解仪	DRB200	美国 HACH
分光光度计	DR/2800	美国 HACH
紫外灯	365nm	天津市蓝水晶净化设备技术有限公司
电子天平	AL204	梅特勒-托利多仪器(上海)有限公司
TOC 分析仪	TOC-VCPN	日本岛津
真空干燥箱	DHG-9123A	上海一恒科学仪器有限公司
超声波清洗器	QT08	天津市瑞普电子仪器公司
pH 计	FE20	梅特勒-托利多
臭氧催化氧化反应器	CY-1L	天津市环境保护技术开发中心设计所
电催化氧化反应器	ECO-1L	天津市环境保护技术开发中心设计所
光催化氧化反应器	LCO-1L	天津市环境保护技术开发中心设计所
多相催化氧化反应器	DX-1L	天津市环境保护技术开发中心设计所
芬顿催化氧化反应器	Fenton-1L	天津市环境保护技术开发中心设计所
直流电源	AC50	中山鸿业电子
鼓风机	SB-988	松宝电子
电芬顿催化氧化反应器	EFenton-1L	天津市环境保护技术开发中心设计所

3.5.3 常用指标及分析方法

(1) 化学需氧量 (COD) 分析测试方法

采用哈希重铬酸钾消解-分光光度法，如图 3-5-1 所示为哈希水质测定多功能消解仪，如图 3-5-2 所示为哈希水质测定多功能分光光度计，如图 3-5-3 所示为哈希快速 COD 消解试剂管 (20～1500mg/L 量程)。

COD_{Cr} 去除率 DE_{COD} 如式(3-1) 所示：

$$DE_{COD}=(COD_0-COD_t)/COD_0\times100\% \tag{3-1}$$

(2) 总有机碳 (TOC) 分析测试方法

总碳 (TC) 含量是指单位体积水溶液中碳的含量，其中包括总有机碳 (TOC) 和总无机碳 (TIC)，在理论上总碳含量等于以上两者的加和，即：TC＝TOC＋TIC，常用的单位是 mg/L。TOC 是评价水中有机物含量的一个重要指标。

其原理是利用 TOC 分析仪将溶液中的有机物在氧气中完全燃烧生成 CO_2 和 H_2O，然后通过红外分析装置测定有机物燃烧后产生的 CO_2 含量，从而计算出溶液中总有机碳含量，如图 3-5-4 所示即为水质 TOC 测量仪。

由于碳是有机物的基本元素，所以此方法是掌握有机物绝对量的一种好方法。有机物质的矿化程度采用 TOC 去除率 DE_{TOC} 表示，如式(3-2) 所示：

图 3-5-1　哈希水质测定多功能消解仪

图 3-5-2　哈希水质测定多功能分光光度计

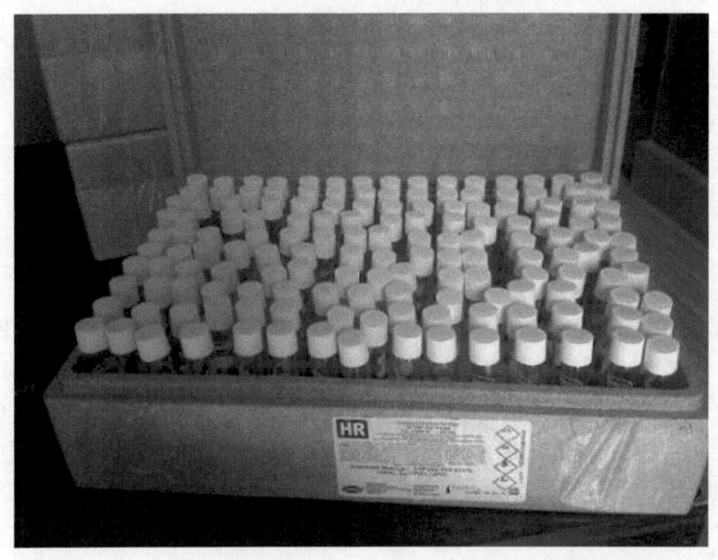

图 3-5-3　哈希水质测定 20～1500mg/L 量程 COD 消解管

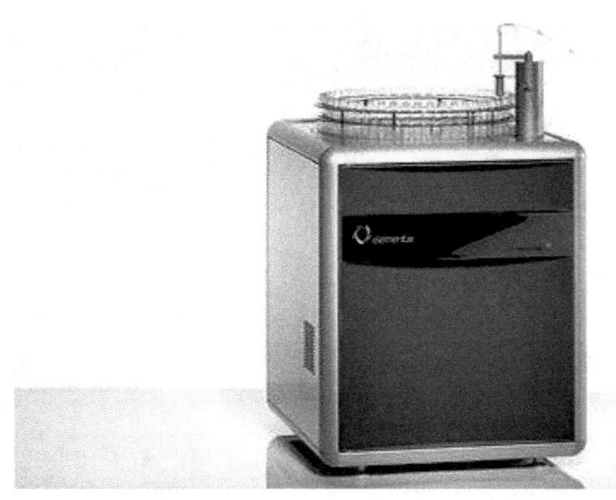

图 3-5-4　TOC 测量仪

$$DE_{TOC}=(TOC_0-TOC_t)/TOC_0\times100\%\tag{3-2}$$

（3）氨氮分析测试方法

采用哈希分光光度法测量，如图 3-5-5 所示为哈希氨氮分析测试包，定时显色后放入图 3-5-2 分光光度计读数，NH_3-N 去除率 $DE_{NH_3\text{-}N}$ 如式(3-3) 所示：

$$DE_{NH_3\text{-}N}=(N_0-N_t)/N_0\times100\%\tag{3-3}$$

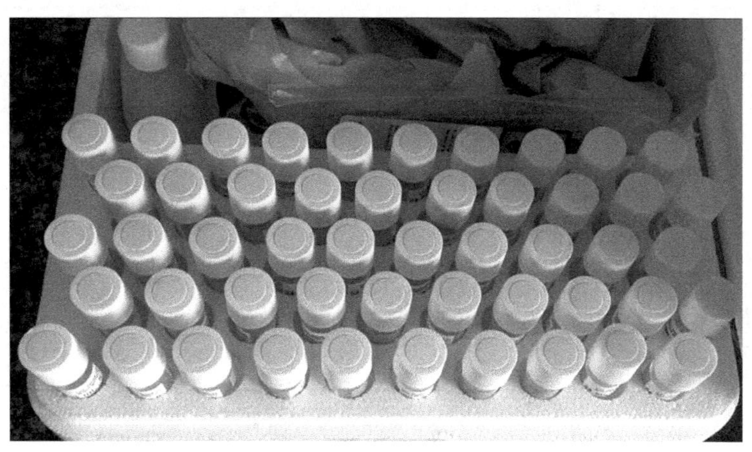

图 3-5-5　哈希氨氮分析测试包

（4）总氮分析测试方法

采用哈希消解-分光光度法测量，如图 3-5-6 所示为哈希总氮分析测试包，测试所需消解仪如图 3-5-1 所示，测试所需分光光度计如图 3-5-2 所示。TN 去除率 DE_{TN} 如式(3-4) 所示：

$$DE_{TN}=(TN_0-TN_t)/TN_0\times100\%\tag{3-4}$$

（5）总磷分析测试方法

采用哈希消解-分光光度法测量，如图 3-5-7 所示为哈希总磷分析测试包，测试所需消解仪如图 3-5-1 所示，测试所需分光光度计如图 3-5-2 所示。TP 去除率 DE_{TP} 如式(3-5) 所示：

$$DE_{TP}=(TP_0-TP_t)/TP_0\times100\%\tag{3-5}$$

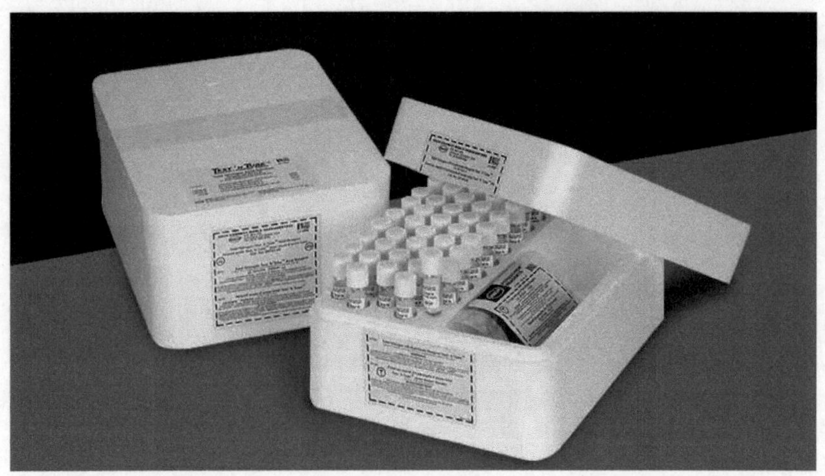

图 3-5-6　哈希总氮分析测试包

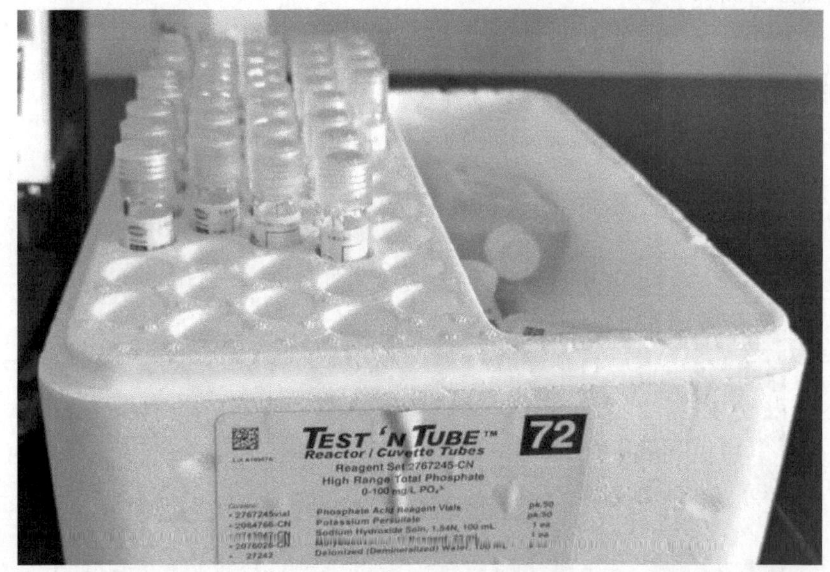

图 3-5-7　哈希总磷分析测试包

（6）pH 分析测试方法

玻璃电极法。

（7）电导率分析测试方法

玻璃电极法。

3.6　小试试验装置介绍

3.6.1　DX-1L 多相催化氧化反应器

多相催化氧化技术原理：利用负载特殊组分碳基催化剂，同时通水曝气，形成三相接触流化床体系，以保证水中溶氧更大面积地在催化剂表面发生催化反应，产生羟基自由基物

质，同时辅以微弱电场增强整个反应体系的电势差，强化氧在催化剂表面和水的三相催化过程，大大提高溶氧利用效率。多相催化氧化反应器原理如图 3-6-1 所示。

最重要的组分催化剂，以改性碳基为载体，通过高温焙烧技术负载特殊成分催化剂，可以提高水中羟基自由基的产生效率，是本技术的核心材料。本试验中所用的多相催化氧化反应装置催化剂扫描电镜照片如图 3-6-2 所示。

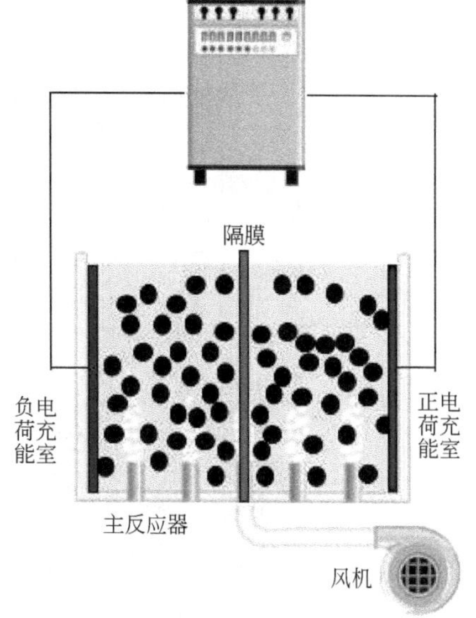

图 3-6-1 多相催化氧化技术原理

该技术优势：特别适合带颜色的高浓度废水，在 COD 高于 1000mg/L 时效果最好，当水中 COD＜1000mg/L 时效率会降低。和电催化技术相比，该技术对于水中含盐量要求不高，高低含盐量废水均可处理，且从效果上看，对于低盐废水的处理效果还要优于高盐。和芬顿相比，该技术无须额外投加药剂（H_2O_2、亚铁、酸碱等），因此处理成本要远低于芬顿；和铁碳相比，该技术不需要提前调酸，且反应过程中不会增加水中的含盐量，不会产生铁泥；和臭氧相比，该技术的单位能源消耗所能降解的 COD 数值要远远高于臭氧，且设备一次性投资不足臭氧设备一半。

该技术适合场景：高浓度难生化处理废水的前端预处理，经过该技术处理后，可将 $B/C<0.1$ 的废水提高到>0.3，可满足传统生化处理，最大限度降低运行投资费用。图 3-6-3

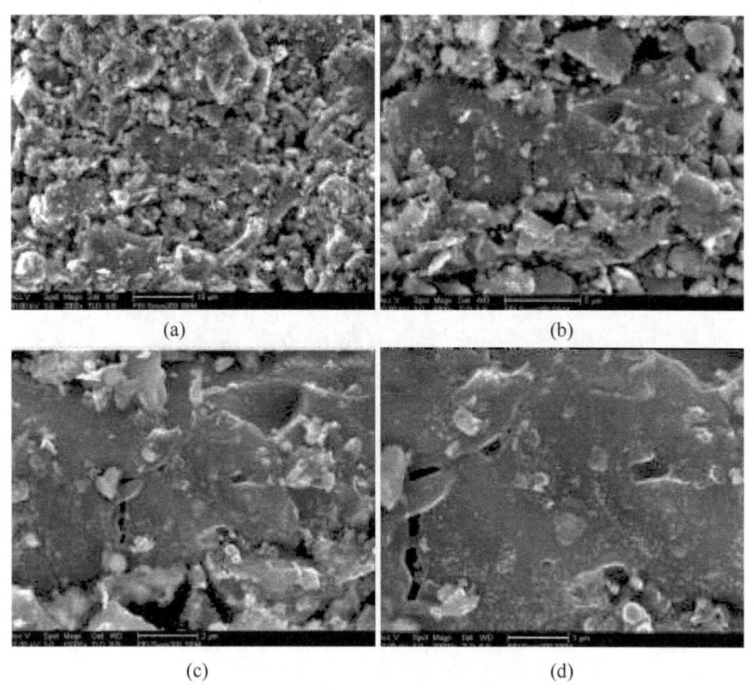

图 3-6-2 多相催化氧化催化剂扫描电镜照片

(a) 5000 倍；(b) 10000 倍；(c) 20000 倍；(d) 50000 倍

为本试验中所用的 DX-1L 型多相催化氧化工艺小试装置。

图 3-6-3　DX-1L 型多相催化氧化工艺小试装置

3.6.2　CY-1L 臭氧催化氧化反应器

臭氧氧化法处理废水所使用的是含低浓度臭氧的空气或氧气。臭氧是一种不稳定、易分解的强氧化剂，因此要现场制造。臭氧氧化法水处理的工艺设施主要由臭氧发生器和气水接触设备组成。

大规模生产臭氧的唯一方法是无声放电法，如图 3-6-4 所示，制造臭氧的原料气是空气或氧气。原料气必须经过除油、除湿、除尘等净化处理，否则会影响臭氧产率和设备的正常使用。用空气制成臭氧的浓度一般为 10～20mg/L；用氧气制成臭氧的浓度为 20～40mg/L。

图 3-6-4　某型号无声放电法臭氧发生器

这种含有1%～4%（质量分数）臭氧的空气或氧气就是水处理时所使用的臭氧化气。

臭氧发生器所产生的臭氧，通过气水接触设备扩散于待处理水中，通常是采用微孔扩散器、鼓泡塔或喷射器、涡轮混合器等。臭氧的利用率力求达到90%以上，剩余臭氧随尾气外排，为避免污染空气，尾气可用活性炭或霍加拉特剂催化分解，也可用催化燃烧法使臭氧分解。

臭氧氧化法的主要优点是反应迅速，流程简单，没有二次污染问题。但目前生产臭氧的电耗仍然较高，每千克臭氧耗电20～35kW·h，需要继续改进生产，降低电耗。同时需要加强对气水接触方式和接触设备的研究，提高臭氧的利用率。

由于高含盐废水的盐含量比较高，因此对于臭氧溶解度有一定的影响，要想达到达标排放的要求，则需要鼓入更多的臭氧量，这对于高盐废水来说是极其不合适的，因为要达到相同的处理效果，需要耗费更多的能源。

超重力臭氧催化氧化技术是强化反应器内多相流传递及反应过程的新技术，由于它的广泛适用性以及具有传统设备所不具有的体积小、重量轻、能耗低、易运转、易维修、安全、可靠、灵活以及更能适应环境等优点，使得超重力臭氧催化氧化技术在环保和材料生物化工等工业领域中有广阔的商业化应用前景。

超重力臭氧催化氧化技术的基本原理是利用超重力条件下多相流体系的独特流动行为，强化相与相之间的相对速度和相互接触，从而实现高效的传质传热过程和化学反应过程。

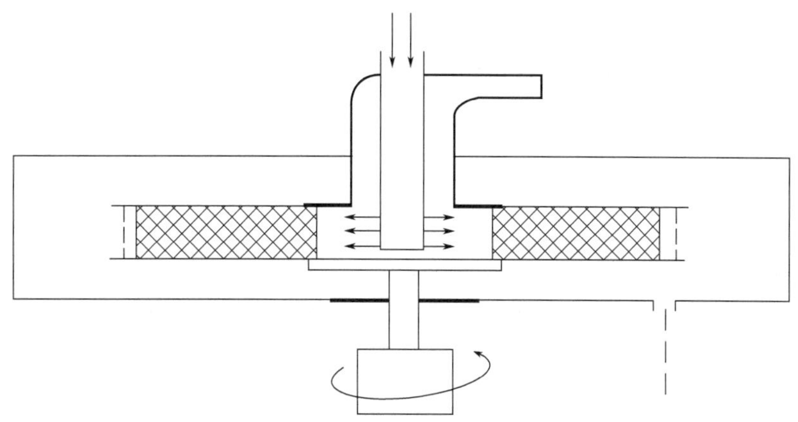

图 3-6-5 超重力旋转填充反应器示意图

获取超重力的方式主要是通过转动设备整体或部件形成离心力场，如图3-6-5所示，涉及的多相流体系主要包括气-固体系和气-液体系。气相经气体进口管由切向引入转子外腔，在气体压力的作用下由转子外缘处进入填料。液体由液体进口管引入转子内腔，经喷头淋洒在转子内缘上。进入转子的液体受到转子内填料的作用，周向速度增加，所产生的离心力将其推向转子外缘。在此过程中，液体被填料分散、破碎形成极大的、不断更新的表面积，曲折的流道加剧了液体表面的更新。这样，在转子内部形成了极好的传质与反应条件。液体被转子抛到外壳汇集后经液体出口管离开超重机。气体自转子中心离开转子，由气体出口管引出，完成传质与反应过程。

图3-6-6为本次小试过程中所用到的CY-1L超重力臭氧催化氧化反应器。

图 3-6-6　CY-1L 型超重力臭氧催化氧化工艺小试装置

3.6.3　ECO-1L 电催化氧化反应器

电催化氧化技术原理是通过在阴阳两极外加直流电源，水中的盐分电离后产生的阴离子会向阳极迁移，阳离子会向阴极迁移，且阴离子在阳极失电子，发生氧化反应，产生氧化剂，例如 Cl^- 失电子转变为 Cl_2，Cl_2 在水中发生歧化反应生成 HClO 和 HCl，其中新生态的 ClO^- 就具备相当强烈的氧化性，电催化氧化原理如图 3-6-7 所示。

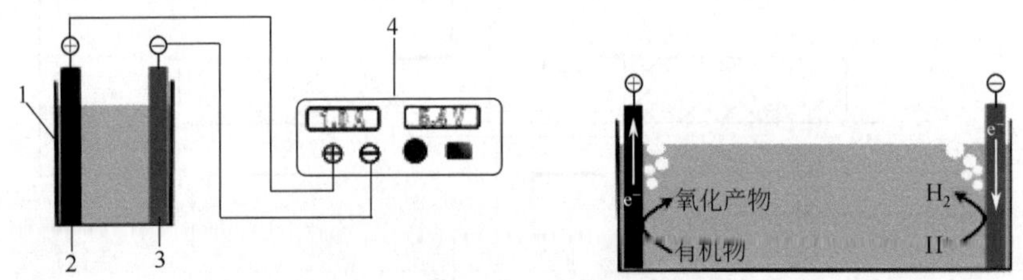

图 3-6-7　电催化氧化技术原理

1—反应器；2—阳极；3—阴极；4—直流电源

而针对于电催化氧化的原理，当在电极表面施加一定强度的电流密度时，需要的槽电压受水中电导率的影响很大，当水中的盐含量越高，则电导率越高，相同的电流密度情况下槽电压越低，则能耗越低，因此电催化氧化技术比较适用于高盐废水，经过试验也验证了结论的准确性，本次试验对于 100t/h 废水仅需要 5kW・h/t 即可达标排放，对于 30t/h 废水仅需要 10kW・h/t 即可达标排放。

电催化氧化原理：利用电极的电催化作用，对废水中的有机物进行改性、降解、矿化。有机污染物不仅可以直接被阳极氧化，还可以被阳极表面产生的・OH、Cl_2、ClO^-、O_3 等氧化剂协同作用氧化；有些有机污染物不易被氧化，但是可以在阴极表面被还原，而还原产物则很容易被阳极氧化、降解，甚至矿化。因此，电催化高级氧化技术的核心是电极，电

极的催化特性和结构设计是影响其处理效果的关键。

图 3-6-8 是本次试验所用的 ECO-1L 型电催化氧化小试装置。

图 3-6-8 ECO-1L 型电催化氧化小试装置

3.6.4 LCO-1L 光催化氧化反应器

光化学及光催化氧化法是研究较多的一项高级氧化技术。所谓光催化反应，就是在光的作用下进行的化学反应。光化学反应需要分子吸收特定波长的电磁辐射，受激产生分子激发态，然后会发生化学反应生成新的物质，或者变成引发热反应的中间化学产物。光化学反应的活化能来源于光子的能量，在太阳能的利用中光电转化以及光化学转化一直是十分活跃的研究领域。

光催化氧化技术利用光激发氧化将 O_2、H_2O_2 等氧化剂与光辐射相结合。所用光主要为紫外光，包括 UV-H_2O_2、UV-O_2 等工艺，可以用于处理污水中 CCl_4、多氯联苯等难降解物质。另外，在有紫外光的 Fenton 体系中，紫外光与铁离子之间存在着协同效应，使 H_2O_2 分解产生羟基自由基的速率大大加快，促进有机物的氧化去除。

当能量高于半导体禁带宽度的光子照射半导体时，半导体的价带电子发生带间跃迁，从价带跃迁到导带，从而产生带正电荷的光致空穴和带负电荷的光生电子。光致空穴的强氧化能力和光生电子的还原能力导致半导体光催化剂引发一系列光催化反应的发生。

半导体光催化氧化的羟基自由基反应机理得到大多数学者的认同。即当 TiO_2 等半导体粒子与水接触时，半导体表面产生高密度的羟基。由于羟基的氧化电位在半导体的价带位置以上，而且又是表面高密度的物种，因此光照射半导体表面产生的空穴首先被表面羟基捕获，产生强氧化性的羟基自由基，如式(3-6) ～式(3-8) 所示：

$$TiO_2 + h\nu \longrightarrow e^- + TiO_2(h^+) \tag{3-6}$$

$$TiO_2(h^+) + H_2O \longrightarrow TiO_2 + H^+ + \cdot OH \tag{3-7}$$

$$TiO_2(h^+) + OH^- \longrightarrow TiO_2 + \cdot OH \tag{3-8}$$

当有氧分子存在时，吸附在催化剂表面的氧捕获光生电子，也可以产生羟基自由基，如式(3-9)～式(3-11)所示：

$$O_2 + nTiO_2(e^-) \longrightarrow nTiO_2 + 2 \cdot O^{2-} \tag{3-9}$$

$$O_2 + TiO_2(e^-) + 2H_2O \longrightarrow TiO_2 + H_2O_2 + 2OH^- \tag{3-10}$$

$$H_2O_2 + TiO_2(e^-) \longrightarrow TiO_2 + OH^- + \cdot OH \tag{3-11}$$

光生电子具有很强的还原能力，可以还原金属离子，如式(3-12)所示：

$$M^{n+} + nTiO_2(e^-) \longrightarrow M + nTiO_2 \tag{3-12}$$

光催化和芬顿法原理类似，同样是通过激发双氧水产生强氧化剂来氧化水中的COD物质，同样受制于高盐度水质指标，因此该方法对于盐分超过一定范围的高盐废水效果并不是特别理想。

图3-6-9为本次试验所用LCO-1L光催化氧化反应器。

图3-6-9　LCO-1L型光催化氧化反应器

3.6.5　Fenton-1L芬顿氧化反应器

芬顿试剂，亦称Fenton试剂，是指由过氧化氢和亚铁离子组成的具有强氧化性的体系。由芬顿于19世纪90年代发明，用于氧化土壤中的有机物。溶液的pH、反应温度是影响氧化效果的主要因素。

芬顿试剂的氧化性在pH 3～5为最佳，这种混合体系亦称标准芬顿试剂。以标准芬顿试剂为基础，通过改善反应机制、增加光照、电化学反应或引入适当的配体，可以得到一系列机理相似的类芬顿试剂，如改性芬顿试剂、光芬顿试剂、电芬顿试剂和配体芬顿试剂等。

Fenton试剂具有下列特点。

（1）氧化能力强。

（2）过氧化氢分解成羟基自由基的速度很快，氧化速率也较高。

（3）羟基自由基具有很高的电负性或亲电性。

（4）处理效率较高，处理过程中不引入其他杂质，不会产生二次污染。

（5）由于是一种物理化学处理方法，很容易加以控制，容易满足处理要求。

（6）既可以单独使用，也可以与其他工艺联合使用，以降低成本，提高处理效果。可与生物处理法联用，作为生物处理的预处理，提高废水可生化性，或者作为生物处理后的深度处理，提高出水的水质。

（7）对废水中干扰物质的承受能力较强，操作与设备维护比较容易，使用范围比较广。

芬顿法同样受困于高盐水质，因为芬顿法在反应过程中，羟基自由基的产生会受到盐度的抑制，这就导致了双氧水的无效分解部分大大上升，导致处理成本剧增，且芬顿法一般适用于高浓度有机废水的预处理，对于低COD废水则效果十分不明显。

图3-6-10为本次试验过程中所用的Fenton-1L芬顿氧化反应器。

图3-6-10　Fenton-1L型芬顿氧化反应器

3.6.6　EFenton-1L电芬顿氧化反应器

基于传统芬顿试剂的作用机理，电芬顿也是由H_2O_2和Fe^{2+}反应产生强氧化性的·OH。其中H_2O_2通过在阴极充氧或曝气的条件下，发生氧气的还原生成的，而Fe^{2+}也可以通过阴极的还原反应得到。

在酸性条件下，通过充氧或曝气的方法，氧气在阴极会发生$2e^-$还原反应，如式(3-13)所示，产生H_2O_2。在此过程中，氧气首先溶解在溶液中，然后在溶液中迁移到阴极表面，并且在阴极表面还原成H_2O_2。

而在碱性溶液中，氧气发生反应如式(3-14)所示，生成HO^{2-}。Agladze等通过检测气体扩散电极孔中碱性介质，认为氧气还原反应总是通过式(3-14)产生HO^{2-}和OH^-。Enric Brillas 等在此基础上，提出在酸性介质下，HO^{2-} 的质子化生成了 H_2O_2。当然 H_2O_2 的产生和稳定性也受到其他因素的影响，包括电解池的构造、阴极性质和操作条件等。

$$O_2 + 2H^+ + 2e^- \longrightarrow H_2O_2 \tag{3-13}$$

$$O_2 + H_2O + 4e^- \longrightarrow HO^{2-} + 2OH^- \tag{3-14}$$

在电芬顿体系中，溶液中的 Fe^{3+} 可通过式（3-15）在阴极还原成 Fe^{2+}。Fe^{2+} 再生将受到电极电势和面积、pH、温度和催化剂量的影响。通过分别用 0.2mm 的 Fe^{2+} 和 Fe^{3+} 作催化剂，在 Pt/碳毡作电极，60mA 的不分离电解池条件下降解孔雀绿，结果表明二者具有相同的降解速率。这说明在三维碳制材料下，Fe^{2+} 和 Fe^{3+} 均可作为催化剂的来源。

$$Fe^{3+} + e^- \longrightarrow Fe^{2+} \tag{3-15}$$

电芬顿有其自身的优势。

（1）电化学产生 H_2O_2，可避免其在运输、储存和操作的危险。

（2）控制降解速率实现机理研究的可能性。

（3）由于阴极持续的 Fe^{2+} 再生提高了有机污染物的降解速率，这也减小了污泥产生量。

（4）在最佳条件下，COD 物质可实现低花费、全部矿化的可行性。

图 3-6-11 为本次试验过程中所使用的 EFenton-1L 型电芬顿氧化反应器。

图 3-6-11　EFenton 型电芬顿氧化反应器

3.7 臭氧催化氧化小试试验总结

3.7.1　试验条件和试验结果

本次试验原水采取的是第二批次的废水样，由于水量有限，因此拟计划首先用废水样验证工艺可能性，然后采取自配水样的形式来重复验证该工艺的运行稳定性分析。

臭氧催化氧化试验所采用的小试反应器为天津市环境保护技术开发中心设计所自制，型号 CY-1L，配套催化剂牌号为 HY-CYCHJ-001，填充量为 1L，填充比为 2（催化剂）：1

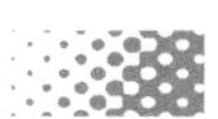

（水量）。

配套催化剂采取高温烧结的技术，以硅铝材料为载体，填料无消耗，负载多种贵金属及过渡金属，辅以稀有金属为分散剂，经高温烧结一体化工艺生产而成。具有强度大、寿命久、效率高等特点，可以有效地提供臭氧利用率及对有机物的矿化能力，大大节约运行成本，是一种理想的臭氧催化剂。技术参数如表3-7-1所示。

表3-7-1 臭氧催化剂技术参数

型号	粒径/mm	堆积密度/(t/m^3)	抗压强度/(N/颗)	比表面积/(m^2/g)
HY-CYCHJ-001	3～5	0.75	≥100	≥200

牌号为HY-CYCHJ-001配套臭氧催化剂实物如图3-7-1所示。

图3-7-1 牌号HY-CYCHJ-001臭氧催化剂

针对BTA废水的实验室臭氧催化氧化小试试验的试验参数和条件如表3-7-2所示。

表3-7-2 臭氧催化氧化小试试验参数

参数	处理水量/L	停留时间/h	臭氧浓度/(mg/L)	气体流量/(L/min)	取样间隔/min	原水COD/(mg/L)	原水TOC/(mg/L)
数值	0.5	2.5	40	6	15	12400	4960

臭氧催化氧化小试试验阶段性出水数据汇总如表3-7-3所示。

表3-7-3 每隔15min臭氧催化氧化取样COD和TOC分析数据

序号	取样间隔时间/min	出水COD/(mg/L)	出水TOC/(mg/L)	臭氧投加量/(mg/L)
1	0	12400	4962	0
2	15	9700	4364	7200
3	30	8800	3666	14400
4	45	7900	3127	21600

续表

序号	取样间隔时间/min	出水 COD /(mg/L)	出水 TOC /(mg/L)	臭氧投加量 /(mg/L)
5	60	7100	2711	28800
6	75	6500	2323	36000
7	90	6000	2138	43200
8	105	5700	1981	50400
9	120	5300	1630	57600
10	135	5000	1448	64800
11	150	4900	1138	72000

注：由于本水样盐含量高，所以测试 COD 时采取稀释 100 倍，保证水样中 Cl^- 含量≤1000mg/L；为保证 TOC 设备的稳定运行，测试 TOC 时采取稀释 200 倍，保证水样含盐量≤0.05%。

由图 3-7-2 和图 3-7-3 试验数据分析可以得知，当第 105min 开始时，出水 COD 和 TOC 随臭氧投加量的增加，其下降的趋势开始变得平缓，从经济技术角度分析，此时若再加大投加量，其降低 COD 的效果将不再明显，因此最终确定的试验数据为：处理时间 2.5h，臭氧投加量 72000mg/L。

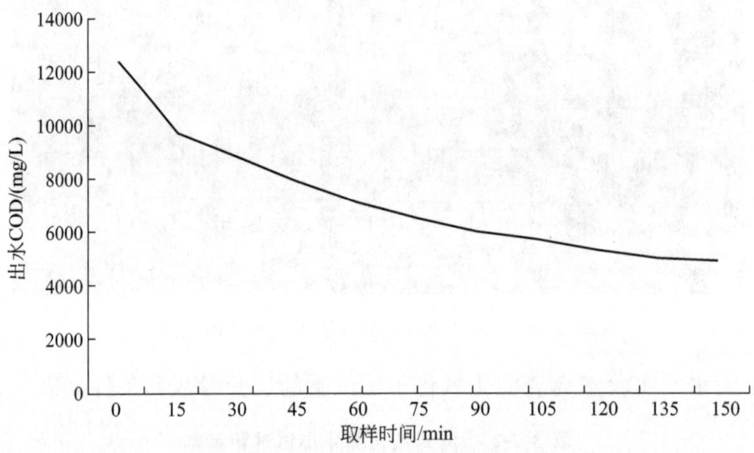

图 3-7-2 臭氧催化氧化不同时间段出水 COD

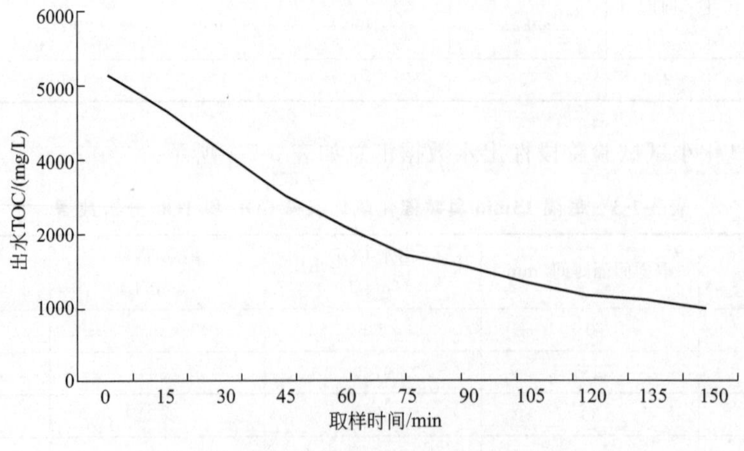

图 3-7-3 臭氧催化氧化不同时间段出水 TOC

根据以上步骤确定的最终试验参数条件，针对 BTA 废水原水样开展多次间歇式臭氧催化氧化处理小试试验，处理的试验结果如表 3-7-4 汇总所示。

表 3-7-4 BTA 废水间歇式臭氧催化氧化试验数据汇总表

试验批次	出水电导率/(mS/cm)	出水 pH	出水 COD /(mg/L)	出水 TOC /(mg/L)
1	88.11	6.91	4800	1233
2	86.32	6.92	3900	1321
3	87.20	6.94	5600	1587
4	87.45	6.90	6700	1492
5	86.95	6.82	3300	1311
6	87.31	6.89	4500	1098
7	87.52	7.02	4200	979
8	88.23	7.32	4200	1230
9	87.91	7.01	4900	1324
10	86.93	6.82	5900	1563
11	87.98	7.32	6200	1492
12	88.23	7.12	5400	1441
13	87.65	7.03	4100	1345
14	89.32	6.91	5200	1421
15	88.21	7.01	5100	1356
16	85.98	6.91	4200	1478
17	89.02	7.32	5100	1356
18	88.34	7.21	5600	1091
19	87.92	7.02	4300	1451
20	87.03	7.33	4100	962
21	88.92	7.25	4900	1092
22	89.32	6.98	5500	1459

注：由于本水样盐含量高，所以测试 COD 时采取稀释 100 倍，保证水样中 Cl^- 含量≤1000mg/L；为保证 TOC 设备的稳定运行，测试 TOC 时采取稀释 200 倍，保证水样含盐量≤0.05%。

臭氧催化氧化处理 BTA 第 2 批次废水间歇性出水 COD 数据曲线如图 3-7-4 所示，出水 TOC 数据曲线如图 3-7-5 所示，出水外观如图 3-7-6 所示。

3.7.2 试验结果分析

首先臭氧催化氧化工艺对于该类废水的脱色效果较好，几近于透明色，如图 3-7-6 所示，从外观脱色角度评价，臭氧催化氧化工艺具备可行性。

以臭氧催化氧化法处理该废水，投加臭氧量折合 72000mg/L，原水 COD 为 12400mg/L，重复试验 22 批次，合计处理水样 11L，出水 COD 取平均值，为 4895mg/L，合计去除 7505mg/L，折合投加臭氧量 9.6mg/L 时去除 1mg/L COD，按照臭氧产量的电耗分析，臭氧电耗是指产生 1kg 臭氧消耗的电能，臭氧电耗＝有功功率÷臭氧产量。

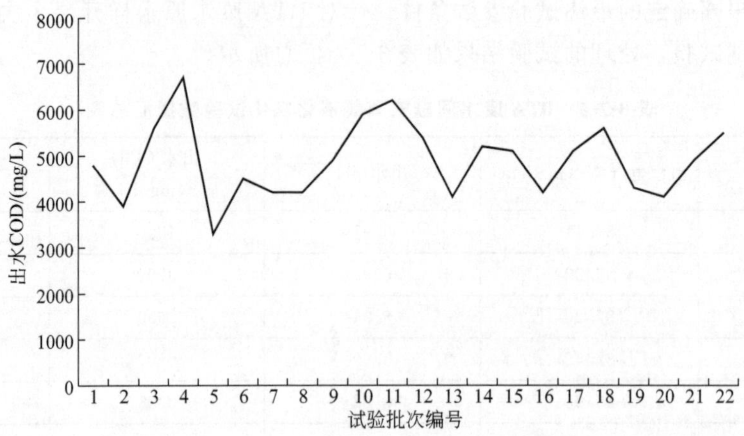

图 3-7-4 臭氧催化氧化处理 BTA 第 2 批次废水间歇性出水 COD 试验结果

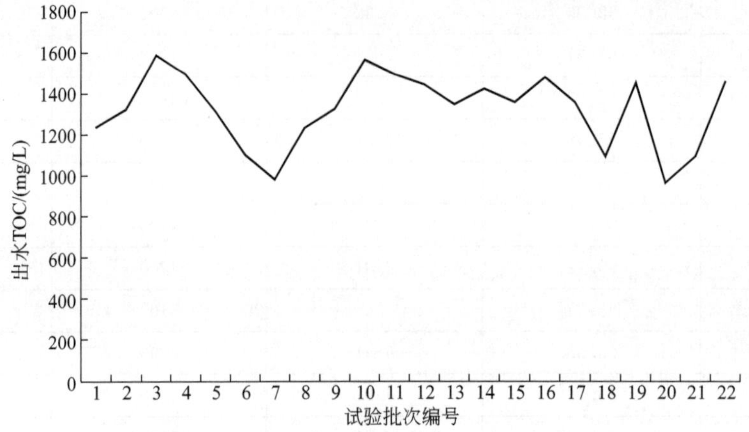

图 3-7-5 臭氧催化氧化处理 BTA 第 2 批次废水间歇性出水 TOC 试验结果

图 3-7-6 臭氧催化氧化处理 BTA 出水外观（略微带淡黄色）

目前经济电耗一般为：氧气源 7～11kW・h/kg，空气源 13～18kW・h/kg。按照本试验结果分析，臭氧耗电量 504～792kW・h（氧气源），936～1296kW・h（空气源），且未能达到 TOC＜500mg/L 的指标，因此综合考虑，评定臭氧催化氧化工艺并不适合 BTA 废水处理。

3.8 芬顿催化氧化小试试验

3.8.1 试验条件和试验结果

本次试验原水采取的是第 2 批次的废水样，由于水量有限，因此拟计划首先用废水样验证工艺可能性，然后采取自配水样的形式来重复验证该工艺的运行稳定性分析。

芬顿催化氧化试验所采用的小试反应器为天津市环境保护技术开发中心设计所自制，型号 Fenton-1L，采用的氧化剂为 H_2O_2（浓度 27.3%），催化剂为 $FeSO_4 \cdot 7H_2O$（工业级纯度）。

芬顿工艺在处理废水时需要判断药剂投加量及经济性，H_2O_2 的投加量大，废水 COD 的去除率会有所提高，但是当 H_2O_2 投加量增加到一定程度后，COD 的去除率会慢慢下降。因为在芬顿反应中 H_2O_2 投加量增加，·OH 的产量会增加，则 COD 的去除率会升高，但是当 H_2O_2 的浓度过高时，双氧水会发生分解，并不产生羟基自由基。

催化剂的投加量也与双氧水投加量有关，一般情况下，增加 Fe^{2+} 的用量，废水 COD 的去除率会增大，当 Fe^{2+} 增加到一定程度后，COD 的去除率开始下降。原因是当 Fe^{2+} 浓度低时，随着 Fe^{2+} 浓度升高，H_2O_2 产生的·OH 增加；当 Fe^{2+} 的浓度过高时，也会导致 H_2O_2 发生无效分解，释放出 O_2，一般是 Fe^{2+} ∶ H_2O_2 ∶ COD＝1∶3∶3～1∶10∶10（质量比）。

常见芬顿催化氧化工艺反应装置如图 3-8-1 所示，工艺操作流程如图 3-8-2 所示。

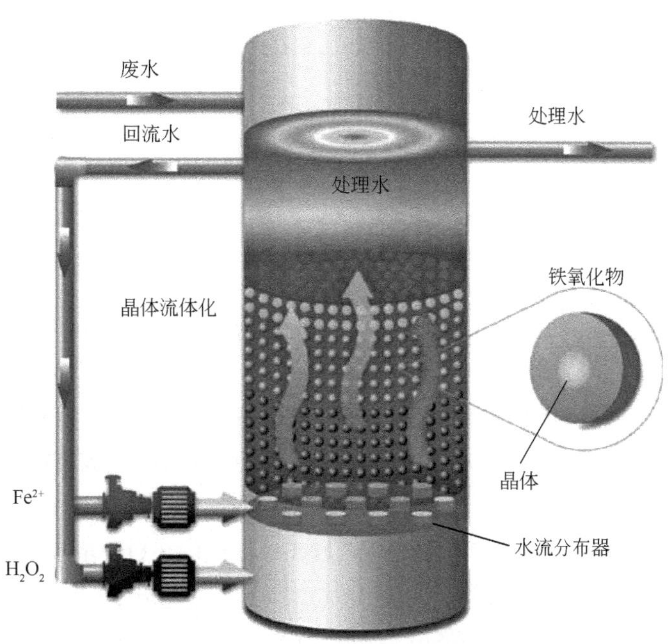

图 3-8-1　芬顿催化氧化工艺示意图

针对 BTA 废水的实验室芬顿催化氧化小试试验的试验参数和条件如表 3-8-1 所示。

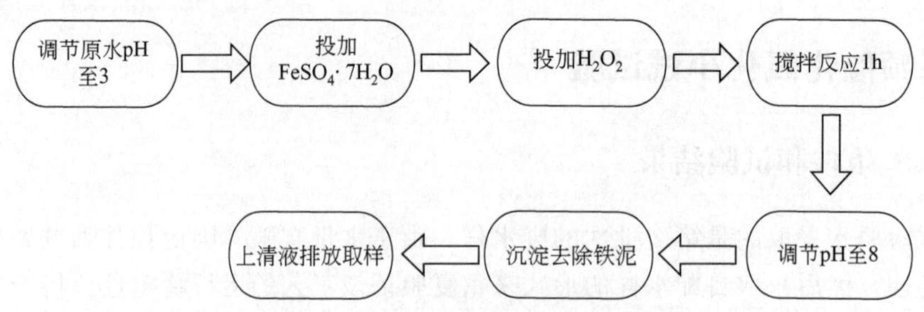

图 3-8-2 芬顿催化氧化工艺流程图

表 3-8-1 芬顿催化氧化小试试验参数

参数	处理水量/L	停留时间/h	pH	H_2O_2：COD	H_2O_2：$FeSO_4\cdot 7H_2O$	原水 COD/(mg/L)	原水 TOC/(mg/L)
数值	0.5	1	3	1：1	1：3～1：10	12400	4960

针对芬顿工艺的具体参数调整，需要通过不同的试验验证，主要在于 H_2O_2：$FeSO_4\cdot 7H_2O$ 的比例，根据这个原则设置几组不同试验，试验结果如表 3-8-2 所示。

表 3-8-2 芬顿催化氧化小试取样 COD 和 TOC 分析数据

序号	H_2O_2 投加量/mL	$FeSO_4\cdot 7H_2O$ 投加量/g	H_2O_2：$FeSO_4\cdot 7H_2O$（质量比）	出水 COD/(mg/L)	出水 TOC/(mg/L)
1	23	23	1	4800	2233
2	23	11.5	2	4100	1791
3	23	7.7	3	3900	1334
4	23	5.8	4	3600	1456
5	23	4.6	5	3900	1388
6	23	3.8	6	4500	1589
7	23	3.3	7	4300	1573
8	23	2.9	8	4800	2104
9	23	2.6	9	5100	2351
10	23	2.3	10	5500	2980

注：1. 由于本水样盐含量高，所以测试 COD 时采取稀释 100 倍，保证水样中 Cl^- 含量≤1000mg/L。

2. 由于本水样盐含量高，为保证 TOC 设备的稳定运行，测试 TOC 时采取稀释 200 倍，保证水样含盐量≤0.05%。

由图 3-8-3、图 3-8-4 及表 3-8-2 试验数据分析可知，BTA 废水中 COD 的去除效果与双氧水投加量有关，也与催化剂 $FeSO_4\cdot 7H_2O$ 的投加量有关，一般情况下，增加 Fe^{2+} 的用量，废水 COD 的去除率会增大，当 Fe^{2+} 增加到一定程度后，COD 的去除率开始下降。原因是当 Fe^{2+} 浓度低时，随着 Fe^{2+} 浓度升高，H_2O_2 产生的·OH 增加；当 Fe^{2+} 的浓度过高时，也会导致 H_2O_2 发生无效分解，释放出 O_2，一般是 Fe^{2+}：H_2O_2：COD＝1：3：3（质量比）时效果最好，但是随着 $FeSO_4\cdot 7H_2O$ 投加比例的增长，出水会出现返色的问题，一般呈现出黄色或者红色（铁的络合物）。

根据以上步骤确定的最终试验参数条件，针对 BTA 废水原水样开展多次间歇式芬顿催化氧化处理小试试验，投加药剂前首先调节 pH 为 3，然后投加固体 $FeSO_4\cdot 7H_2O$ 7.7g，

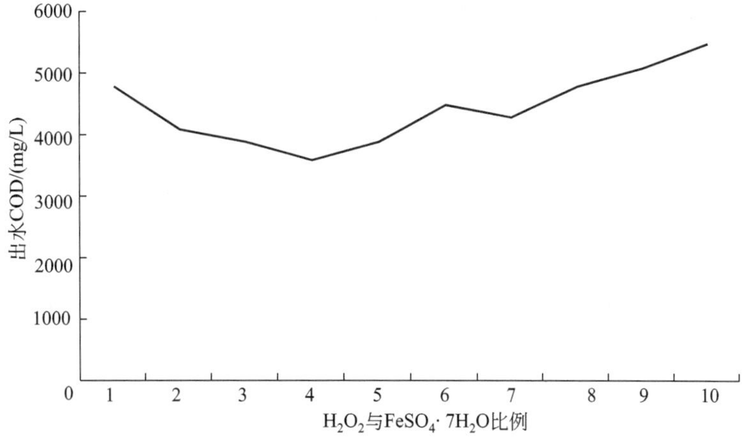

图 3-8-3　芬顿催化氧化试验 H_2O_2 与 $FeSO_4 \cdot 7H_2O$ 不同比例的出水 COD 值

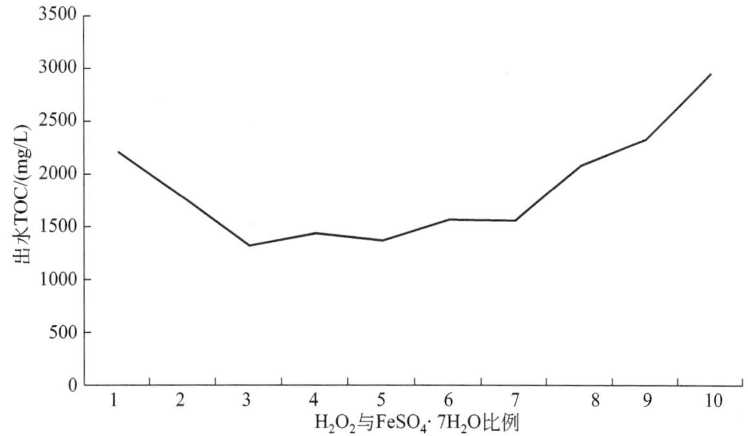

图 3-8-4　芬顿催化氧化试验 H_2O_2 与 $FeSO_4 \cdot 7H_2O$ 不同比例的出水 TOC 值

27.3%的 H_2O_2 试剂 23mL，搅拌反应 1h 后，调节 pH 至 8，沉淀取上清液测试，处理的试验结果汇总如表 3-8-3 所示。

表 3-8-3　BTA 废水间歇式芬顿催化氧化试验数据汇总表

试验批次	出水电导率/(mS/cm)	出水 pH	出水 COD /(mg/L)	出水 TOC /(mg/L)
1	94.52	8.2	3900	1330
2	88.32	7.9	3900	1311
3	89.20	8.0	3800	1324
4	89.22	8.1	4100	1501
5	90.33	7.8	4300	1421
6	91.25	8.2	3500	1327
7	93.21	8.2	4200	1025
8	89.98	7.7	4000	1187
9	88.21	8.2	4900	1300

续表

试验批次	出水电导率/(mS/cm)	出水 pH	出水 COD /(mg/L)	出水 TOC /(mg/L)
10	89.32	8.6	3300	1421
11	93.21	7.8	4100	1223
12	90.27	7.8	5400	1567
13	89.92	7.9	4400	1521
14	92.34	8.0	3500	1311
15	89.98	8.0	5000	1356
16	87.23	8.2	4100	1478
17	92.34	7.9	5100	1346
18	90.22	8.0	3600	1291
19	91.23	7.7	4100	1461
20	90.33	8.2	4000	1362
21	91.24	7.7	4200	1492
22	92.35	8.3	3500	1358

注：由于本水样盐含量高，所以测试 COD 时采取稀释 100 倍，保证水样中 Cl^- 含量≤1000mg/L；为保证 TOC 设备的稳定运行，测试 TOC 时采取稀释 200 倍，保证水样含盐量≤0.05%。

芬顿氧化处理 BTA 第 2 批次废水间歇性出水 COD 数据曲线如图 3-8-5 所示，出水 TOC 数据曲线如图 3-8-6 所示，出水外观如图 3-8-7 所示。

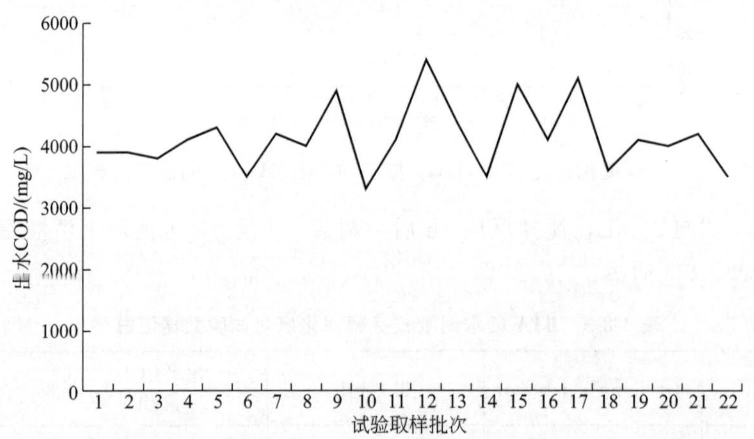

图 3-8-5 芬顿催化氧化处理 BTA 第 2 批次废水间歇性出水 COD 试验结果

3.8.2 试验结果分析

首先芬顿催化氧化工艺对于该类废水的脱色效果不算太理想，如图 3-8-7 所示，由于二价铁催化剂的加入量较大（较小则 COD 去除率较低），导致出水返色，最理想的时候也能肉眼可见明显的黄色，从外观脱色角度评价，芬顿催化氧化工艺不具备可行性。

以芬顿催化氧化法处理该废水，投加 27.3%的 H_2O_2 溶液合计每吨水 46kg，折合投加量 46000mg/L，原水 COD 为 12400mg/L，重复试验 22 批次，合计处理水样 11L，出水

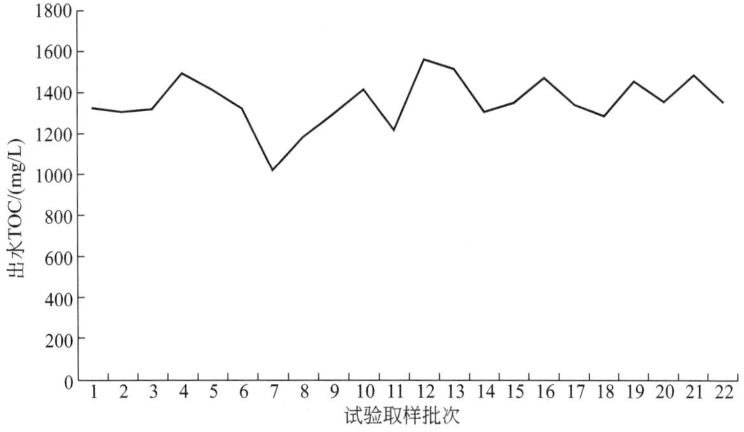

图 3-8-6 芬顿催化氧化处理 BTA 第 2 批次废水间歇性出水 TOC 试验结果

图 3-8-7 彩图

图 3-8-7 芬顿催化氧化处理 BTA 出水外观

COD 取平均值，为 4132mg/L，合计去除 8268mg/L，折合投加双氧水量 5.56mg/L 时去除 1mg/L COD，按照双氧水的市价分析，约合 2700 元/t，按照本试验结果分析，氧化剂成本 124.2 元，且未能达到 TOC<500mg/L 的指标，因此综合考虑，评定芬顿催化氧化工艺并不适合 BTA 废水处理。

3.9 光催化氧化小试试验

3.9.1 试验条件和试验结果

本次试验原水采取的是第一批次的废水样，由于水量有限，因此拟计划首先用废水样验证工艺可能性，然后采取自配水样的形式来重复验证该工艺的运行稳定性分析。

光催化氧化试验所采用的小试反应器为天津市环境保护技术开发中心设计所自制，型号 LCO-1L，采用的氧化剂为 H_2O_2（浓度 27.3%），催化剂为 TiO_2（纳米级）。

光催化工艺在处理废水时需要判断药剂投加量及经济性，H_2O_2 的投加量大，废水 COD 的去除率会有所提高，和芬顿工艺相比，光催化不需要催化剂 $FeSO_4 \cdot 7H_2O$，所以可以避免后面调整 pH 时产生的铁泥，但是需要外加紫外光来促进双氧水的分解，促进·OH 的产生量，并且·OH 的产生量和紫外光的辐照剂量有关系，紫外光的辐照剂量越大，双氧水产生·OH 的量越多，但同样需要考虑工艺的经济技术对比。光催化氧化工艺原理如图 3-9-1 所示。

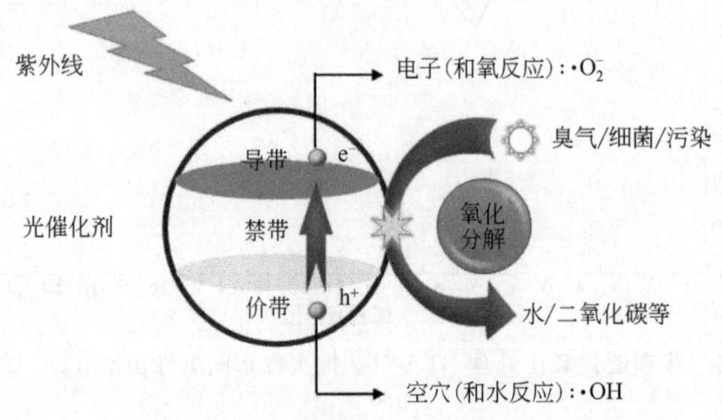

图 3-9-1 光催化氧化工艺原理

针对 BTA 废水的实验室光催化氧化的小试，需要首选确认纳米 TiO_2 吸附试验：初始 COD 12400mg/L、TOC 3180mg/L 的 BTA 废水 0.5L，加入 0.2g/L 的 TiO_2 粉末，避光吸附 4h。每隔 1h 取样，经离心机（转速 3500r/min，时间 20min）离心后过滤测定废水的 COD，光催化剂吸附 BTA 废水试验数据汇总见表 3-9-1。

表 3-9-1 光催化剂吸附 BTA 废水试验数据汇总表

取样间隔时间/h	出水 COD/(mg/L)	出水 TOC/(mg/L)
1	9300	3010
2	8800	2981
3	8700	2889
4	8700	2932

注：1. 由于本水样盐含量高，所以测试 COD 时采取稀释 100 倍，保证水样中 Cl^- 含量≤1000mg/L。

2. 由于本水样盐含量高，为保证 TOC 设备的稳定运行，所以测试 TOC 时采取稀释 200 倍，保证水样含盐量≤0.05%。

光催化剂吸附 BTA 第 1 批次废水出水 COD、TOC 数据曲线图分别如图 3-9-2、图 3-9-3 所示。

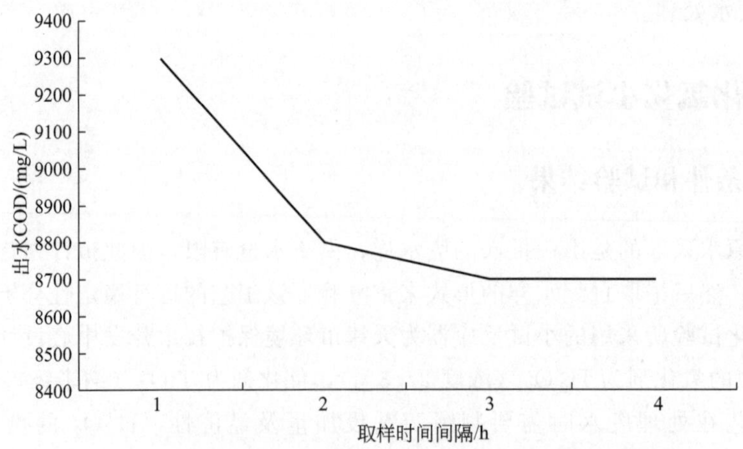

图 3-9-2 光催化剂吸附 BTA 第 1 批次废水出水 COD 试验结果

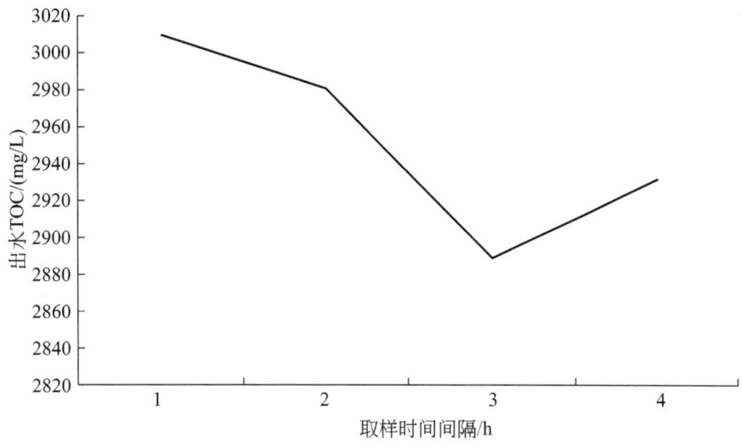

图 3-9-3　光催化剂吸附 BTA 第 1 批次废水出水 TOC 试验结果

摒除催化剂的吸附作用后，继续进行光解试验：首先调节废水 pH 为 3，加入 0.2g/L 的 TiO_2 粉末，充分混合 10min，投入 H_2O_2 试剂 18mL，插入紫外灯，打开光源及曝气装置。光催化氧化 10h，每隔 1h 取样，取样后调节 pH 到中性，经离心分离后测定水样 COD，如表 3-9-2 所示。

表 3-9-2　BTA 废水间歇式光催化氧化试验数据汇总表

试验批次	出水电导率/(mS/cm)	出水 pH	出水 COD/(mg/L)	出水 TOC/(mg/L)
1	123.55	7.1	8500	4781
2	121.03	7.4	7200	3687
3	125.56	7.6	6600	3211
4	131.07	7.0	5600	2897
5	122.53	7.4	5100	2372
6	130.33	7.3	4700	1678
7	129.90	7.3	3800	1458
8	132.55	7.6	3200	1212
9	133.89	7.1	2500	921
10	123.45	7.4	2100	789

注：1. 由于本水样盐含量高，所以测试 COD 时采取稀释 100 倍，保证水样中 Cl^- 含量≤1000mg/L。

2. 由于本水样盐含量高，为保证 TOC 设备的稳定运行，所以测试 TOC 时采取稀释 200 倍，保证水样含盐量≤0.05%。

光催化处理 BTA 第 1 批次废水出水 COD 试验结果如图 3-9-4 所示，光催化处理 BTA 第 1 批次废水出水 TOC 试验结果如图 3-9-5 所示，光催化氧化处理 BTA 出水外观如图 3-9-6 所示。

3.9.2　试验结果分析

首先，光催化氧化工艺对于该类废水的脱色效果较好，光氧化脱色法是利用光和氧化剂联合作用时产生的强烈氧化作用，氧化分解废水中的有机污染物质，使废水的 BOD、COD 和色度大幅度下降。

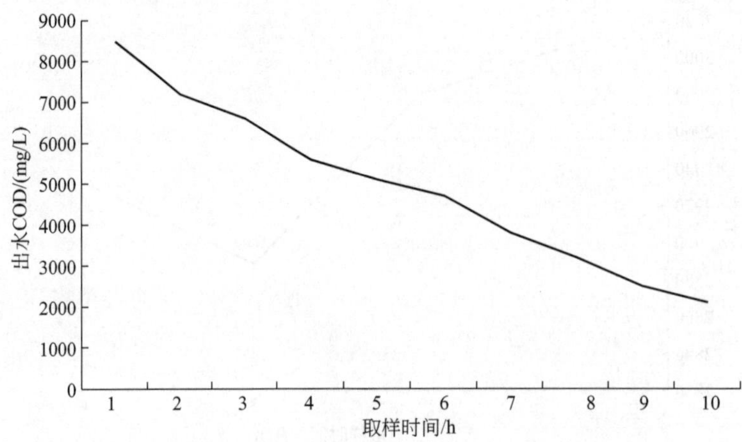

图 3-9-4　光催化处理 BTA 第 1 批次废水出水 COD 试验结果

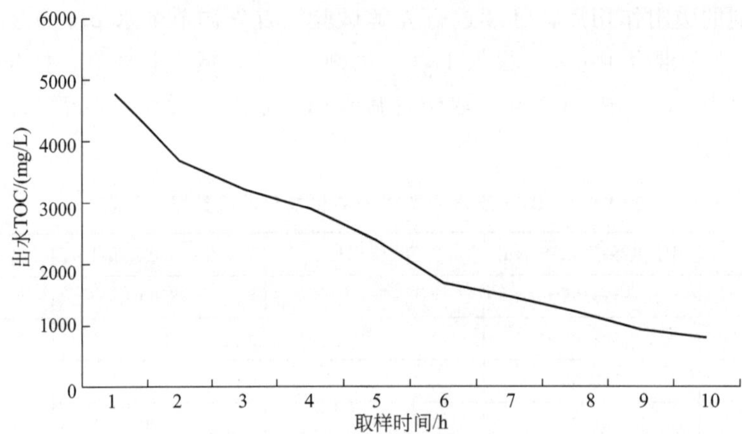

图 3-9-5　光催化处理 BTA 第 1 批次废水出水 TOC 试验结果

图 3-9-6 彩图

图 3-9-6　光催化氧化处理 BTA 出水外观

紫外光对氧化剂的分解和污染物质的氧化起催化作用。有时，某些特殊波长的光对某些物质有特效作用。从外观脱色角度评价，光催化氧化工艺具备可行性。

其次，从技术经济角度分析，以光催化氧化法处理该废水，需要投加 27.3% 的 H_2O_2 溶液合计每吨水 36kg，折合投加量 36000mg/L，原水 COD 为 9800mg/L，出水 COD 最优值为 2100mg/L，合计去除 7700mg/L，折合投加双氧水量 4.68mg/L 时去除 1mg/L COD，

按照双氧水的市价分析，约合 2700 元/t，按照本试验结果分析，氧化剂成本 97.2 元，紫外光辐照电耗为 88kW·h/t，按照电价 0.75 元/(kW·h)，可知电耗为 66 元，综合评价光催化处理工艺的吨水电耗为 97.2+66=163.2（元），TOC>500mg/L，因此综合考虑，评定光催化氧化工艺并不适合 BTA 废水处理。

3.10 电催化氧化小试试验

3.10.1 试验条件和试验结果

本次试验原水采取的是第 1 批次的废水样，由于水量有限，因此拟计划首先用废水样验证工艺可能性，然后采取自配水样的形式来重复验证该工艺的运行稳定性分析。

电催化氧化试验所采用的小试反应器为天津市环境保护技术开发中心设计所自制，型号 ECO-1L，采用的特殊催化氧化电极型号为 DSA-01，该电极板以钛材质为基板，上面均匀涂覆 0.4～0.6μm 的钌铱氧化物涂层，实物如图 3-10-1 所示。

图 3-10-1 电催化氧化专用涂层电极

针对 BTA 废水的实验室电催化氧化的小试试验的试验参数和条件如表 3-10-1 所示。

表 3-10-1 电催化氧化小试试验参数

参数	处理水量/L	停留时间/h	电流/A	电压/V	原水 COD/(mg/L)	原水 TOC/(mg/L)
数值	1	1～5	10	3	12400	4960

针对电催化工艺的具体参数调整，需要通过不同的试验验证，主要在于电解能耗的比例，根据这个原则设置几组不同试验，试验结果如表 3-10-2 所示。

表 3-10-2 每隔 30min 电催化氧化取样 COD 和 TOC 分析数据

序号	取样时间/min	折合吨水电耗/(kW·h)	出水 COD/(mg/L)	出水 TOC/(mg/L)
1	30	15	9600	3567
2	60	30	9100	3012
3	90	45	8800	2455

续表

序号	取样时间/min	折合吨水电耗/(kW·h)	出水COD/(mg/L)	出水TOC/(mg/L)
4	120	60	8400	2022
5	150	75	8000	1989
6	180	90	7600	1922
7	210	105	7200	1879
8	240	130	6900	1567
9	270	145	6500	1345
10	300	160	6000	1121
11	330	175	5500	990
12	360	190	5100	956
13	390	205	4800	921
14	420	220	4400	889
15	450	235	4000	845
16	480	250	3700	772
17	510	265	3300	679
18	540	280	2900	550
19	570	295	2400	419

注：1. 由于本水样盐含量高，所以测试COD时采取稀释100倍，保证水样中Cl^-含量≤1000mg/L。

2. 由于本水样盐含量高，为保证TOC设备的稳定运行，所以测试TOC时采取稀释200倍，保证水样含盐量≤0.05%。

电催化处理BTA第1批次废水出水COD试验结果如图3-10-2所示，电催化处理BTA第1批次废水出水TOC试验结果如图3-10-3所示，电催化氧化处理BTA出水外观如图3-10-4所示。

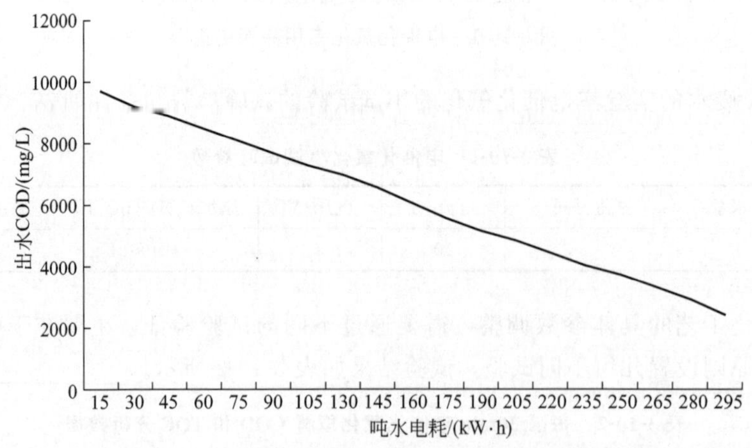

图3-10-2 电催化氧化试验不同吨水电耗的出水COD

3.10.2 试验结果分析

首先电催化氧化工艺对于该类废水的脱色效果很好，如图3-10-4所示，这主要是因为

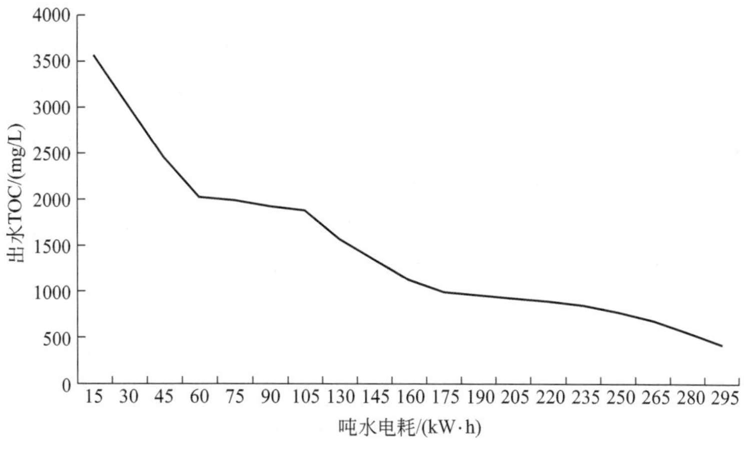

图 3-10-3 电催化氧化试验不同吨水电耗的出水 TOC

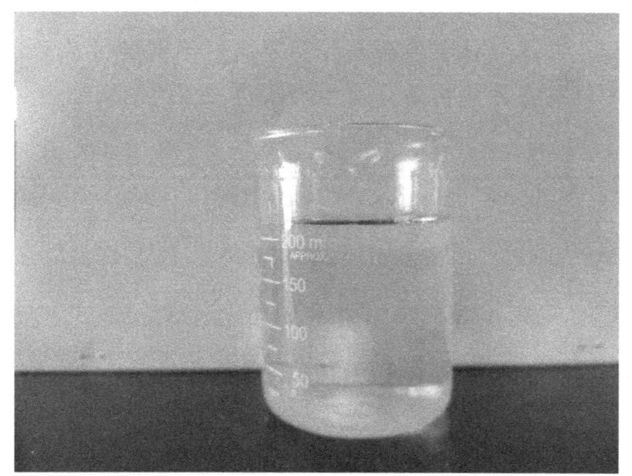

图 3-10-4 彩图

图 3-10-4 电催化氧化处理 BTA 出水外观

BTA 废水中含有大量的 Cl^-，Cl^- 在 DSA 阳极的催化电极表面会产生大量的 Cl_2，遇水会产生歧化反应生成 Cl^- 和 ClO^-，其中 ClO^- 具备较强的脱色效果，因此从外观脱色角度评价，电催化氧化工艺具备可行性。

以电催化氧化法处理该废水，处理至 TOC<500mg/L 时，合计吨水电耗为 295kW·h，按照工业用电成本 0.75 元/(kW·h) 计算，处理吨水的成本在 221.25 元，且第 1 批次废水样的 COD 偏低，可以预计当 BTA 废水原水 COD 升高时，处理成本还会更高，因此综合考虑，评定单独的电催化氧化工艺并不适合 BTA 废水处理，可以考虑和其他工艺联合使用。

3.11 多相催化氧化小试试验

3.11.1 试验条件和试验结果

本次试验原水采取的是第 1 批次的废水样，由于水量有限，因此拟计划首先用废水样验证工艺可能性，然后采取自配水样的形式来重复验证该工艺的运行稳定性。

多相催化氧化试验所采用的小试反应器为天津市环境保护技术开发中心设计所自制，型号 DX-1L。

多相催化氧化工艺结合了电催化、臭氧催化氧化、芬顿催化氧化等工艺的优点，利用了 BTA 废水的高盐特点，相比以上传统高级催化氧化技术的单独应用，能耗降低约 50%。

就以电催化技术为例，消耗 1kW·h 电量去除 20mg/L COD，多相催化氧化技术则可以去除 COD 100～300mg/L，与芬顿、铁碳相比，无须添加任何药剂，系统 pH 均由自身调节。由于没有任何药剂的加入，因此本系统不会产生任何固废物质。并且由于系统自带 pH 调节功能，因此不需要担心催化剂板结带来的问题，使用寿命长。正常运行每年仅需补充少量催化剂填料即可，维护成本低。

针对 BTA 废水的实验室多相催化氧化的小试试验的试验参数和条件如表 3-11-1 所示。

表 3-11-1 多相催化氧化小试试验参数

参数	处理水量/L	停留时间/h	pH	曝气量/(L/min)	电压/V	电流/A
数值	1	1	7	0～10	5～10	0～10

针对多相催化氧化工艺的具体参数调整，需要通过不同的试验验证，主要在于曝气量、电压、电流的调整，根据这个原则设置几组不同试验，试验结果如表 3-11-2 所示。

表 3-11-2 多相催化氧化处理 BTA 废水取样 COD 和 TOC 分析数据

序号	曝气量/(L/min)	电压/V	电流/A	处理时间/h	出水 COD/(mg/L)	出水 TOC/(mg/L)
1	1	5.2	2	1	8300	2321
2		5.7	4		7500	1987
3		6.4	6		6600	1876
4		6.9	8		6100	1581
5		7.7	10		5900	1432
6	2	5.2	2	1	8000	2442
7		5.7	4		7100	1911
8		6.4	6		6000	1854
9		6.9	8		5300	1490
10		7.7	10		5100	1398
11	3	5.2	2	1	7800	2422
12		5.7	4		6900	1901
13		6.4	6		5500	1833
14		6.9	8		4700	1499
15		7.7	10		4100	1412
16	4	5.2	2	1	7700	2342
17		5.7	4		6600	2011
18		6.4	6		5300	1954
19		6.9	8		4400	1440
20		7.7	10		4000	1428

续表

序号	曝气量/(L/min)	电压/V	电流/A	处理时间/h	出水 COD/(mg/L)	出水 TOC/(mg/L)
21	5	5.2	2	1	7500	2302
22		5.7	4		6300	2111
23		6.4	6		5000	1951
24		6.9	8		4200	1421
25		7.7	10		3900	1398
26	6	5.2	2	1	7600	2588
27		5.7	4		6200	2190
28		6.4	6		5100	1761
29		6.9	8		4000	1521
30		7.7	10		4000	1410
31	7	5.2	2	1	7200	2440
32		5.7	4		6000	1989
33		6.4	6		4800	1832
34		6.9	8		4000	1522
35		7.7	10		3700	1401
36	8	5.2	2	1	7400	2542
37		5.7	4		5800	1831
38		6.4	6		4500	1801
39		6.9	8		3800	1432
40		7.7	10		3900	1345
41	9	5.2	2	1	7500	2742
42		5.7	4		5900	2311
43		6.4	6		4300	2034
44		6.9	8		3600	1600
45		7.7	10		3900	1428
46	10	5.2	2	1	7800	2452
47		5.7	4		5900	1951
48		6.4	6		4500	1894
49		6.9	8		3900	1510
50		7.7	10		3800	1428

注：1. 由于本水样盐含量高，所以测试 COD 时采取稀释 100 倍，保证水样中 Cl^- 含量≤1000mg/L。

2. 由于本水样盐含量高，为保证 TOC 设备的稳定运行，所以测试 TOC 时采取稀释 200 倍，保证水样含盐量≤0.05%。

分析表 3-11-2 试验数据，可以得知以下几个结论。

（1）对于多相催化氧化工艺来说，增加曝气强度从 1L/min 到 10L/min 的效果并不明显，例如当处理时间 1h、电压 5.2V、电流 2A 时，出水 COD 仅从 8300mg/L 下降到 7800mg/L。分析原因，主要是由于曝气强度的增加对于水中溶解氧浓度的增加并没有呈现线性关系，也就是说多余的曝气强度都是无效功，因此确定的曝气强度的值为 1L/min。

（2）多相催化氧化工艺中辅以直流电场的效果，要区别于单纯电催化工艺，例如单纯电催化工艺每度电去除的COD值仅为20mg/L，而多相催化氧化折合吨水能耗的去除效率为200～400(mg/L)/(kW·h)，分析原因在于电催化氧化的体系中降解COD依靠的就是DSA阳极表面发生的电子转移，产生的氧化剂氧化，而多相催化氧化除了电子转移外，更多的是依靠向水中曝气过程中提供的氧在电场作用下的羟基化，这强化了两种工艺的协同效应，但是曝气的运行成本要大大低于电催化，因此其吨水单位电耗的降解效率高于单纯电催化。

（3）在处理时间和曝气强度一定的前提下，随着电流电压的增加，BTA废水的COD去除率呈现缩减的态势，基本到50%左右的去除率就不再增加，结合多相催化氧化工艺较低的能耗，因此可以将该工艺放在BTA处理的前端，作为预处理工艺使用。

结合以上试验数据，确定多相催化氧化的运行工艺如表3-11-3所示。

表3-11-3　BTA废水间歇式多相催化氧化试验参数

参数	处理水量/L	停留时间/h	pH	曝气量/(L/min)	电压/V	电流/A	功耗/(kW·h/t)
数值	1	1	7	1	6.4	6	38.4

为确认多相催化氧化工艺处理该股废水的运行稳定性，采取间歇式运行的方式，重复试验22次，每次处理1L水样，共计消耗22L原BTA水样，试验数据汇总如表3-11-4所示。

表3-11-4　BTA废水间歇式多相催化氧化试验数据汇总表

试验批次	出水电导率/(mS/cm)	出水pH	出水COD/(mg/L)	出水TOC/(mg/L)
1	94.52	8.2	4200	1051
2	88.32	7.9	4100	1233
3	89.20	8.0	4500	1345
4	89.22	8.1	4300	1456
5	90.33	7.8	4000	1212
6	91.25	8.2	3900	1443
7	93.21	8.2	4500	1521
8	89.98	7.7	4200	1345
9	88.21	8.2	4300	1032
10	[illegible]	8.6	4400	1231
11	93.21	7.8	5100	1011
12	90.27	7.8	4400	1222
13	89.92	7.9	4100	1098
14	92.34	8.0	4000	1452
15	89.98	8.0	4100	1231
16	87.23	8.2	4400	1111
17	92.34	7.9	4500	1424
18	90.22	8.0	5200	1245
19	91.23	7.7	5500	1443
20	90.33	8.2	4300	1256
21	91.24	7.7	3900	1032
22	92.35	8.3	4400	1211

注：1.由于本水样盐含量高，所以测试COD时采取稀释100倍，保证水样中Cl^-含量≤1000mg/L。

2.由于本水样盐含量高，为保证TOC设备的稳定运行，所以测试TOC时采取稀释200倍，保证水样含盐量≤0.05%。

多相催化处理 BTA 第 1 批次废水出水 COD 试验结果如图 3-11-1 所示，多相催化处理 BTA 第 1 批次废水出水 TOC 试验结果如图 3-11-2 所示，多相催化氧化处理 BTA 出水外观如图 3-11-3 所示。

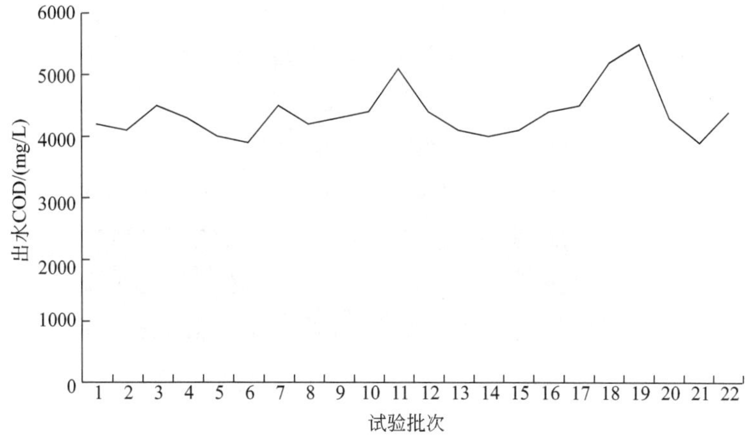

图 3-11-1 多相催化氧化处理 BTA 第 1 批次废水间歇性出水 COD 试验结果

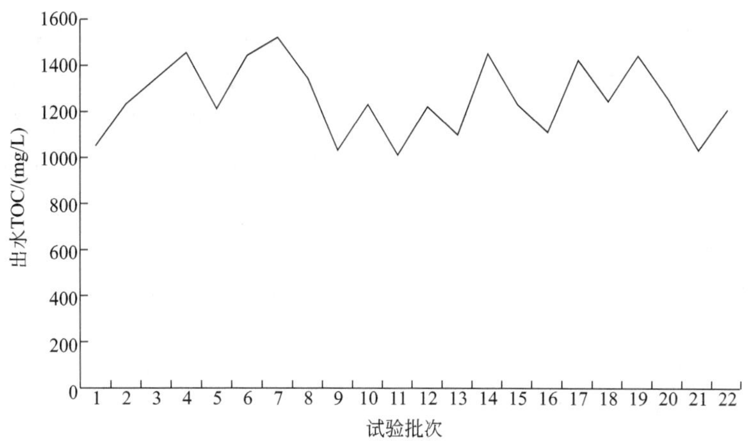

图 3-11-2 多相催化氧化处理 BTA 第 1 批次废水间歇性出水 TOC 试验结果

3.11.2 试验结果分析

首先多相催化氧化工艺对于该类废水的脱色效果不算太理想，出水略带黄色，如图 3-11-3 所示。但是多相催化氧化工艺的优势在于能耗低，按照上述试验数据可知，处理 1L 废水，电压 6.4V，电流 6A，处理时间 1h，折合电耗 38.4kW·h，按照工业用电 0.75 元/(kW·h) 来计算，这部分的吨水运行费用在 29 元，可以实现 COD 的降解约 5000mg/L，折合每度电降解 172mg/L，虽然未能达到 TOC＜500mg/L 的指标，但是可以作为 BTA 废水的预处理使用。

图 3-11-3 彩图

图 3-11-3 多相催化氧化处理 BTA 出水外观

3.12 电芬顿催化氧化小试试验

3.12.1 试验条件和试验结果

本次试验原水采取的是第 3 批次的废水样，由于水量有限，因此拟计划首先用废水样验证工艺可能性，然后采取自配水样的形式来重复验证该工艺的运行稳定性分析。

电芬顿催化氧化试验所采用的小试反应器为天津市环境保护技术开发中心设计所自制，型号 EFenton-1L，采用的氧化剂为 H_2O_2（浓度 27.3%），不采用催化剂 $FeSO_4 \cdot 7H_2O$，而是利用电解产生的二价铁离子作为催化剂。

电芬顿工艺和芬顿工艺有相同之处，在处理废水时需要判断药剂投加量及经济性，H_2O_2 的投加量不宜太多也不宜太少，太少的话 COD 降解不明显，太多的话既增加了运行费用，又降低了整体利用效率。

Fe^{2+} 催化剂不单独投加，需要依靠电流来产生，同样需要试验确定，一般情况下，增加电流强度则 Fe^{2+} 的产量大，废水 COD 的去除率会增大，当电流强度超过一定值时，Fe^{2+} 增加到一定程度，COD 的去除率开始下降。原因是当 Fe^{2+} 浓度低时，随着 Fe^{2+} 浓度升高，H_2O_2 产生的 $\cdot OH$ 增加；当 Fe^{2+} 的浓度过高时，会导致 H_2O_2 发生无效分解，释放出 O_2，一般是 Fe^{2+} ∶ H_2O_2 ∶ COD＝1∶3∶3～1∶10∶10（质量比）并据此确定电流强度的数值。

针对 BTA 废水的实验室电芬顿催化氧化的小试试验的试验参数和条件如表 3-12-1 所示。

表 3-12-1 电芬顿催化氧化小试试验参数

参数	处理水量/L	停留时间/h	pH	H_2O_2∶COD	H_2O_2∶$FeSO_4 \cdot 7H_2O$	原水 COD /(mg/L)	原水 TOC /(mg/L)
数值	0.5	1	3	1∶1	1∶3～1∶10	12400	4960

针对电芬顿工艺的具体参数调整，需要通过不同的试验验证，主要在于电流、电解时间、H_2O_2 投加量的调整，根据这个原则设置几组不同试验，试验结果如表 3-12-2 所示，处理出水如图 3-12-1 所示。

表 3-12-2　电芬顿处理 BTA 试验出水 COD 和 TOC 分析数据

序号	H_2O_2：COD	电压/V	电流/A	处理时间/h	出水 COD/(mg/L)	出水 TOC/(mg/L)
1	1	2.3	2	1	8300	4231
2		2.8	4		7500	3871
3		3.4	6		6600	3434
4		4.0	8		6100	2911
5		4.7	10		5900	2342
6	2	2.3	2	1	8000	4012
7		2.8	4		7100	3572
8		3.4	6		6000	3031
9		4.0	8		5300	2501
10		4.7	10		5100	2041
11	3	2.3	2	1	7800	3920
12		2.8	4		6900	3471
13		3.4	6		5500	2935
14		4.0	8		4700	2491
15		4.7	10		4100	2001

注：1. 由于本水样盐含量高，所以测试 COD 时采取稀释 100 倍，保证水样中 Cl^- 含量≤1000mg/L。

2. 由于本水样盐含量高，为保证 TOC 设备的稳定运行，所以测试 TOC 时采取稀释 200 倍，保证水样含盐量≤0.05%。

图 3-12-1　电芬顿催化氧化处理 BTA 出水外观

图 3-12-1 彩图

3.12.2　试验结果分析

根据以上试验数据分析，得出以下几点结论。

（1）电芬顿工艺的处理效果和 H_2O_2 的投加比例呈正相关，但是随着比例增长，其效果并没有线性增加，具体原因就如上面分析，所以定 H_2O_2 ∶COD＝1∶1 即可。

(2) 电芬顿处理工艺当增加电流时，电压也会同步增加，从而导致整体电耗增加，并会导致进入水中的二价铁催化剂的增加，加速 COD 去除效率，效果优于单独的电催化工艺或者单独的芬顿工艺，所以电芬顿工艺对于 COD 物质的去除效果具备一定的协同效应，确定电芬顿的工艺条件如下：电流 10A，电压 4.7V，电解时间 1h。

(3) 电芬顿工艺单独使用要想达到 TOC＜500mg/L 的标准，仍然需要较大的能耗，因此计划与多相催化氧化工艺合用，利用多相催化氧化作为预处理去除水中 50%左右的 COD，然后再配合电芬顿工艺降解最后的有机物达到 TOC＜500mg/L 的标准。

3.13 最终工艺路线确定

根据上述所有的试验数据分析，可以确定对于 BTA 废水的最终处理工艺如图 3-13-1 所示。

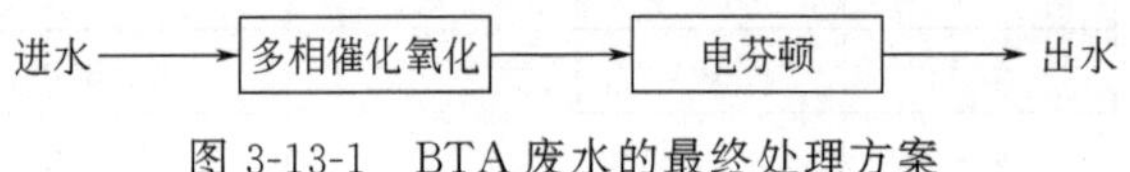

图 3-13-1　BTA 废水的最终处理方案

考虑到原有的 BTA 废水存量不多，已经不足以支撑该工艺的长期稳定性试验，因此采用自配水样进行评价，自配水样与原厂废水样的比例一致，按照表 3-13-1 所示。

表 3-13-1　BTA 废水水质指标分析

名称	含量
苯并三氮唑(BTA)/%	1.3
亚硝酸钠/%	0.05
硝酸钠/%	0.005
氯化钠/%	10
自配水量/L	75
外观	棕黄色液体
测试 COD/(mg/L)	15300
测试 TOC/(mg/L)	5321

注：1. 由于本水样盐含量高，所以测试 COD 时采取稀释 100 倍，保证水样中 Cl^- 含量≤1000mg/L。

2. 由于本水样盐含量高，为保证 TOC 设备的稳定运行，所以测试 TOC 时采取稀释 200 倍，保证水样含盐量≤0.05%。

3.14 工艺确定后的连续试验

首先利用多相催化氧化工艺进行 BTA 废水的预处理，具体的运行参数为：处理量 1L，电流 6A，电压 6.4V，停留时间 2h，曝气流量 1L/min。

多相催化氧化工艺的出水继续进入电芬顿工艺进行后续处理，具体的运行参数为：处理量 1L，电流 10A，电压 4.7V，停留时间 1h，H_2O_2 加入量为 20mL。

本次运行的方式采取连续运行，每天从上午 8：00 运行到下午 5：00，每天采样 1 次，取样位置为多相催化氧化出水和电芬顿出水，取样后稀释 100 倍测量 COD，稀释 200 倍测

量 TOC。连续运行时间 38d，测试结果如表 3-14-1 所示。多相＋电芬顿催化氧化处理 BTA 自配废水出水 COD、TOC 数据曲线图如图 3-14-1、图 3-14-2 所示。

表 3-14-1 自配 BTA 水样的连续流处理试验结果

试验批次	多相出水 COD /(mg/L)	多相出水 TOC /(mg/L)	电芬顿出水 COD /(mg/L)	电芬顿出水 TOC /(mg/L)
1	7100	1822	1900	432
2	7400	1443	1700	327
3	6800	1691	1200	448
4	7200	1577	1400	502
5	6600	1632	1500	498
6	6900	1722	2100	377
7	7200	1401	1300	512
8	7100	1532	1200	431
9	7200	1889	1600	430
10	6900	1601	2100	321
11	7000	1711	1900	450
12	6900	1398	1300	433
13	6900	1362	1500	491
14	7000	1286	1200	465
15	7100	1488	1500	491
16	7300	1532	1700	513
17	7100	1501	1900	467
18	7000	1611	2200	431
19	7300	1709	1800	448
20	7100	1576	1500	502
21	7000	1556	1400	498
22	7000	1801	1700	377
23	7300	1611	1200	512
24	6400	1509	2000	431
25	6200	1665	1500	430
26	6900	1332	1100	329
27	7700	1772	1900	441
28	7900	1892	2100	513
29	6900	1528	1500	433
30	7200	1532	1700	379
31	6700	1313	1300	510
32	7200	1755	1800	437
33	6600	1688	1700	512
34	6900	1268	1300	487

续表

试验批次	多相出水 COD /(mg/L)	多相出水 TOC /(mg/L)	电芬顿出水 COD /(mg/L)	电芬顿出水 TOC /(mg/L)
35	7200	1047	1200	479
36	7200	1548	1600	455
37	7300	1392	1200	431
38	7100	1543	1600	441

注：1. 由于本水样盐含量高，所以测试 COD 时采取稀释 100 倍，保证水样中 Cl^- 含量≤1000mg/L。

2. 由于本水样盐含量高，为保证 TOC 设备的稳定运行，所以测试 TOC 时采取稀释 200 倍，保证水样含盐量≤0.05%。

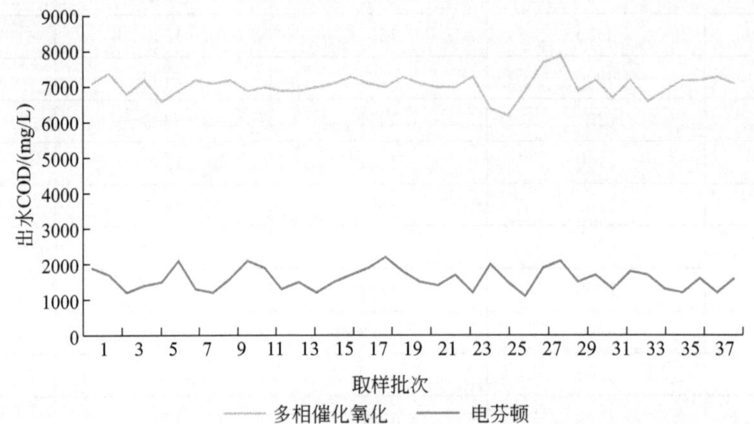

图 3-14-1　多相＋电芬顿催化氧化处理 BTA 自配废水出水 COD

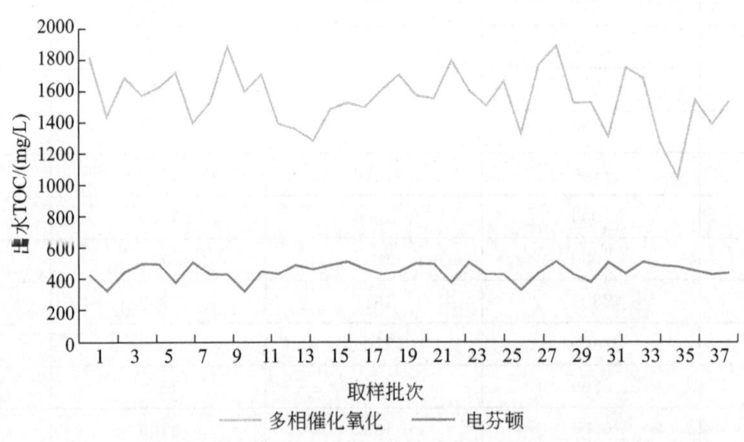

图 3-14-2　多相＋电芬顿催化氧化处理 BTA 自配废水出水 TOC

3.15　最终试验结果分析

（1）多相催化氧化段出水 COD 和 TOC 与原水比较，去除率在 45%～51%，这个结果与间歇试验结果基本一致。

（2）电芬顿段出水 COD 和 TOC 继多相催化氧化段出水，TOC＜500mg/L，BTA 废水处理的要求。

（3）按照连续性小试试验结果推算，多相催化氧化＋电芬顿工艺电耗如下：（76.8＋47）×0.75＝92.85（元/t），药剂费用54元/t，总费用为146.85元/t。

（4）连续38d的运行后，效果基本稳定，具备中试、工业化放大的条件。

对于BTA自配水样处理后的出水进行气质分析，可以得知水中的主要成分如图3-15-1所示。

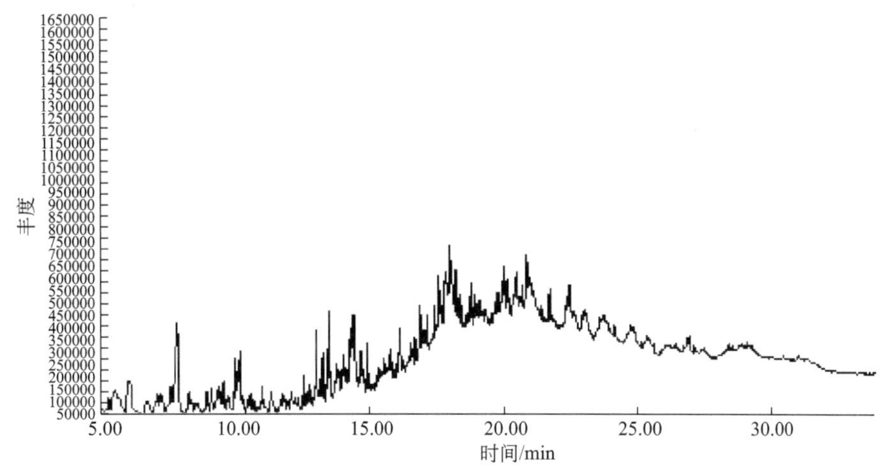

图3-15-1 多相＋电芬顿催化氧化处理BTA自配废水出水气相分析

表3-15-1 多相＋电芬顿催化氧化处理BTA自配废水出水气相分析各成分占比

序号	时间/min	名称	结构	含量/%
1	5.472	$CHBr_2Cl$ 124-48-1		2.860
2	6.021	$C_6H_{14}N_2$ 106-58-1		7.887
3	6.688	C_2H_5IO 624-76-0		3.429
4	7.078	$CHBr_3$ 75-25-2		3.203
5	7.207	$C_2HBr_3O_2$ 75-96-7		3.357
6	7.562	$C_6H_{16}OSi$ 1825-64-5		1.951
7	7.810	$C_2H_2Cl_4$ 79-34-5		18.148
8	8.246	C_3H_5NS 542-85-8		1.376

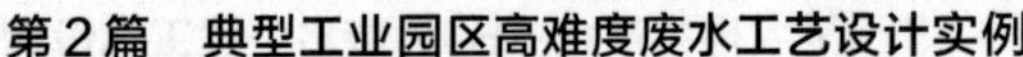

续表

序号	时间/min	名称	结构	含量/%
9	8.589	C_7H_6O 100-52-7	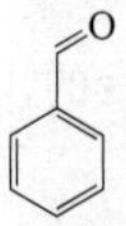	1.111
10	8.919	C_4H_7NS 628-30-8	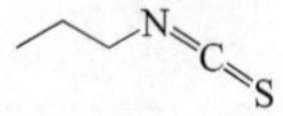	1.972
11	9.085	$C_6H_{12}O_2$ 10138-17-7	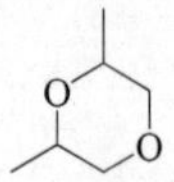	1.686
12	9.533	$C_6H_{12}O_2$ 15176-21-3	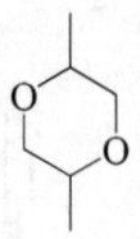	2.999
13	9.917	$C_4H_7ClO_2$ 1951-12-8	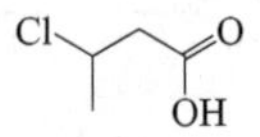 Cl, O, OH	1.115
14	9.976	$C_5H_{12}O_2$ 684-84-4	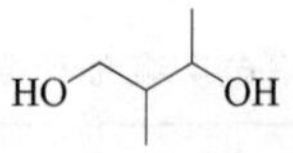 HO, OH	2.419
15	10.071	$C_6H_{14}O_3$ 106-62-7	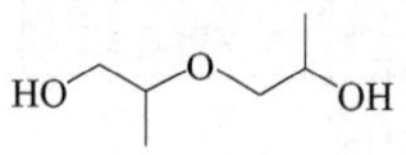 HO, O, OH	1.366
16	12.078	$C_9H_{20}O_3$ 54518-03-5	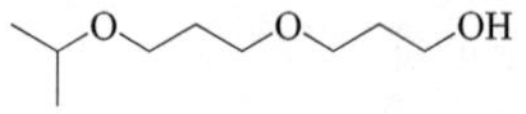 O, O, OH	1.470
17	12.538	$C_4H_8O_2$ 497-26-7	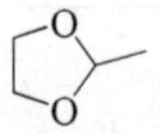	1.747
18	12.733	$C_6H_{14}O_2$ 629-14-1	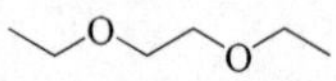	1.275
19	13.034	$C_8H_{16}O_2$ 74094-60-3	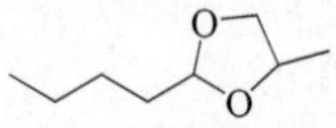	3.744
20	13.270	$C_{10}H_{14}O_2Si$ 2078-12-8	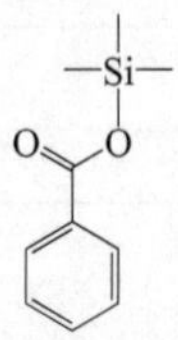 Si	2.476
21	13.483	$C_7H_{14}O_3$ 54063-18-2	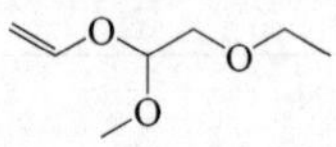	2.939

续表

序号	时间/min	名称	结构	含量/%
22	13.530	$C_6H_{10}O_4$ 597-43-3	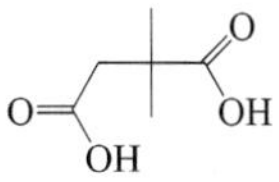	1.392
23	14.032	$C_6H_{14}O_3$ 25265-71-8	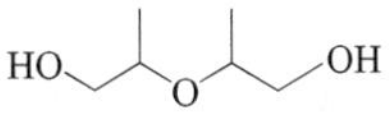	2.604
24	14.280	$C_9H_{20}O_4$ 1638-16-0	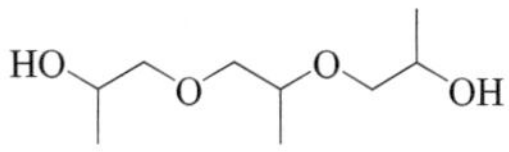	2.769
25	14.350	$C_{10}H_{22}O_4$ 20324-33-8	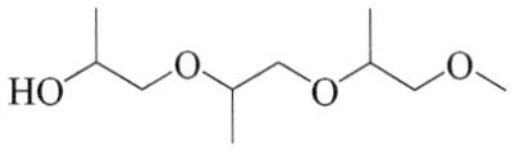	2.738
26	14.421	$C_{12}H_{26}O_6$ 1191-87-3	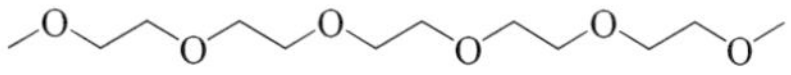	7.415
27	14.693	$C_6H_{16}N_2$ 921-14-2	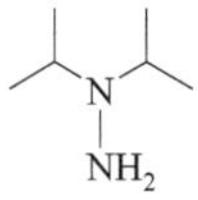	2.631
28	14.923	$C_{10}H_9NS$ 5193-46-4	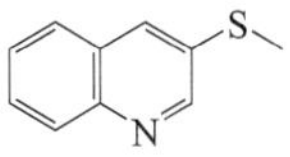	1.892
29	16.133	$C_{10}H_{10}O_4$ 131-11-3	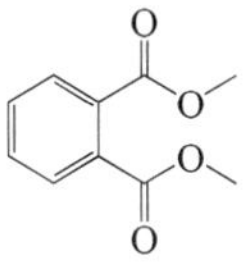	1.637
30	16.924	$C_6H_{16}Si$ 756-81-0	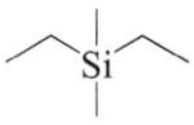	1.823
31	16.983	$C_{12}H_{24}O_2$ 1000132-19-5	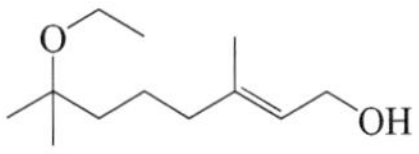	1.566
32	17.155	$C_6H_{10}N_4O_2$ 339292-86-3	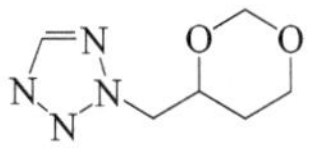	1.171
33	17.444	$C_9H_{18}O_3$ 55956-25-7	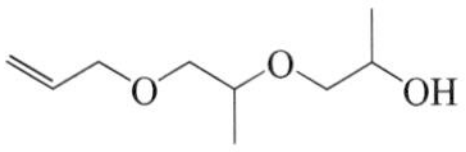	1.090
34	18.223	$C_{11}H_{16}O_3$ 33569-84-5	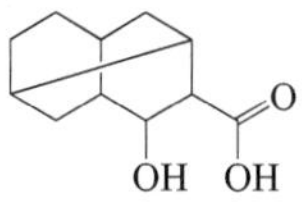	1.495
35	18.778	$C_{10}H_{11}NO_2$ 1000303-20-0	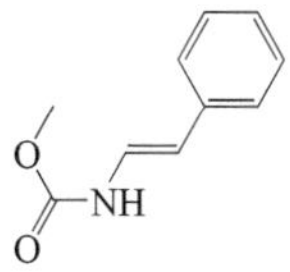	1.244

从图 3-15-1 和表 3-15-1 的分析结果可知，出水后水中的成分中没有发现 BTA 成分，因此可以证明多相催化氧化＋电芬顿工艺的化学氧化效果比较强烈，基本能够把水中的 BTA 成分彻底降解。

3.16 项目主要技术要求

BAT 废水处理系统处理量为 $24m^3/d$(1t/h)，按照业主要求，该处理规模已经充分考虑处理系统的抗水量负荷变化能力，可以保证系统在瞬时最大水量时仍能满足处理要求。污水处理成套设备占地面积≤$40m^2$，设备无须土建施工，整体系统结构紧凑、布局合理，所选用的工艺可以大大减少占地面积。

本技术方案针对该工业园区中水水质，主要采用"多相催化氧化＋电芬顿"组合工艺方式。其工艺流程如图 3-16-1 所示。

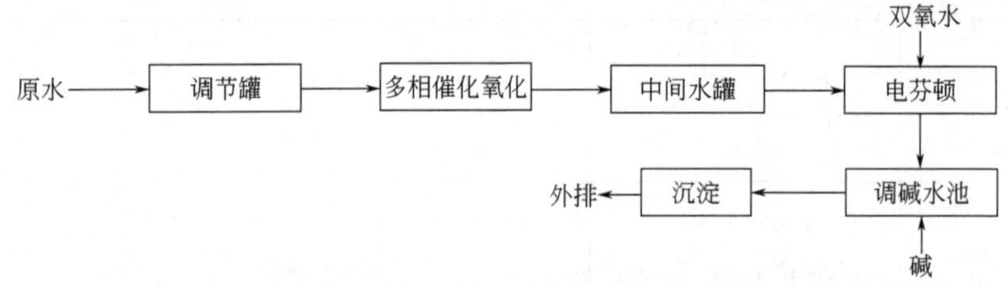

图 3-16-1 本项目所用工艺流程图

该方案的设计依据如下：首先该废水为高盐高浓度废水，极难生化，因此最适合的方式为化学氧化法，但是通过一系列的小试试验证明，该工艺采用单独工艺处理，极难达标，因此首选"多相催化氧化＋电芬顿"组合工艺，经过试验验证，该组合工艺处理后的出水能够满足业主 TOC≤500mg/L 的要求。

按照以上工艺流程所示，原水首先进入调节罐均质均量，然后进入多相催化氧化设备进行初步处理，出水进入中间水罐后泵入电芬顿反应器进行反应，最终出水达到业主要求指标，无机化学污泥进行脱水后处埋。

本技术方案工艺过程中会有一定的污泥产生，污泥的产生阶段主要为芬顿段，污泥为无机铁盐污泥，脱水前含水率约为 90%的化学污泥每日产生量在 $2m^3$ 左右，且由于其压缩系数和比阻值均较小，因此容易脱水，采取传统板框压滤即可达到含水率 80%左右的脱水污泥 $0.1m^3/d$。

3.17 处理工艺设施简要说明

3.17.1 原水调节罐

作用在调节原水来水水质水量，使整个系统具备一定的抗冲击负荷能力，鉴于本项目占地比较紧张，因此该调节水罐容积设定为 $1m^3$，原水调节罐设置液位计，联动原水泵的启停操作。

3.17.2 多相催化氧化工艺

该设备为组合设备的第一步，主要目的是高效去除水中的COD物质。多相催化氧化技术原理：利用负载特殊组分碳基催化剂，同时通水曝气，形成三相接触流化床体系，以保证水中溶氧更大面积地在催化剂表面产生催化反应，产生羟基自由基物质，同时辅以微弱电场增强整个反应体系的电势差，强化氧在催化剂表面和水的三相催化过程，大大提高溶氧利用效率。

最重要的组分催化剂：以改性碳基为载体，通过高温焙烧技术负载特殊成分催化剂，可以提高水中羟基自由基的产生效率，是本技术的核心材料。

该技术优势：特别适合带颜色的高浓度废水，在COD＞1000mg/L时效果最好，当水中COD＜1000mg/L时效率会降低。与电催化技术相比，该技术对于水中含盐量要求不高，高低含盐量废水均可处理，且从效果上看，对于低盐废水的处理效果还要优于高盐。与芬顿相比，该技术无须额外投加药剂（H_2O_2、亚铁、酸碱等），因此处理成本要远低于芬顿；与铁碳相比，该技术不需要提前调酸，且反应过程中不会增加水中的含盐量，不会产生铁泥；与臭氧相比，该技术的单位能源消耗所能降解的COD数值要远远高于臭氧，且设备一次性投资不足臭氧设备一半。

该技术适合场景：该技术特别适合高浓度难生化处理废水的前端预处理，经过该技术处理后，可将B/C＜0.1的废水提高到＞0.3，可满足传统生化处理，最大限度降低运行投资费用。

3.17.3 中间水罐

位于多相催化氧化和电芬顿设备之间，起到均质多相催化氧化设备出水的目的。

3.17.4 电芬顿工艺

电芬顿工艺放在多相催化氧化工艺后段，目的有以下两个。

(1) 继续降解部分COD。

(2) 通过系统本身的特性调节多相催化氧化段出水的酸性pH。

3.17.5 调碱水池

经过电芬顿处理后的出水，在进入下一级沉淀池系统前调节pH，同样也是为了消除来水流量波动可能对下一级系统造成的影响，调碱水池的容积为$1m^3$，设置液位计，联动后续系统进水泵的启停控制。

3.17.6 沉淀工艺

为本组合工艺的最终步骤，主要作用就是实现无机铁盐和上清液的分离，形式为斜板沉淀池。

3.18 设计依据及规范、标准

《城镇污水处理厂污染物排放标准》(GB 18918—2002)

《地表水环境质量标准》(GB 3838—2002)
《室外排水设计规范》(GB 50014—2006，2016年版)
《建筑给水排水设计规范》(GB 50015—2003，2009年版)
《混凝土结构设计规范》(GB 50010—2010)
《泵站设计规范》(GB 50265—2010)
《供配电系统设计规范》(GB 50052—2009)
《低压配电设计规范》(GB 50054—2011)
《通用用电设备配电设计规范》(GB 50055—2011)
《电力装置的继电保护和自动装置设计规范》(GB 50054—2008)
《电力工程电缆设计规范》(GB 50217—2007)
《建筑照明设计规范》(GB 50034—2013)
《交流电气装置的接地设计规范》(GB/T 50065—2011)
《建筑物防雷设计规范》(GB 50057—2010)
《水处理设备技术条件》(JB/T 2932—1999)
《水处理用滤料》(CJ/T 43—2005)
《水处理用滤砖》(CJ/T 47—2016)
《钢制焊接常压容器》(NB/T 47003.1—2009)
《平面、突面板式平焊钢制管法兰》(GB/T 9119—2010)
《给水排水管道施工及验收规范》(GB 50268—2008)
《工业自动化仪表工程施工及质量验收规范》(GB 50093—2013)

3.19 二次污染防止措施

3.19.1 臭气防治

本技术方案无臭气产生。

3.19.2 噪声控制

本技术方案可以确保周围环境噪声：白天≤60dB，晚上≤50dB。

3.19.3 污泥处理

本技术方案污泥主要由芬顿工序产生，板框脱水后可以达到80%左右的含水率。

3.20 电气与控制管理

本技术方案自动控制系统为BAT废水处理工程工艺所配置，自控专业主要涉及的内容为该污水处理系统中水泵与液位的连锁、报警、主备泵交替动作、电磁阀的定时工作等。

本技术方案中拟采用PLC程序控制。PLC控制柜无须专门设立控制室，放置现场即可。本工程装置内所有电动机均采用集中控制方式，电动机连锁由仪表专业的PLC实现。所有用电负荷均为380V低压用电负荷。

本技术方案中污水处理系统控制设备含一个就地 PLC 柜，完成对整个系统的控制，并预留接入和外传信号（4～20mA DC）的接线端子，就地 PLC 柜的防护等级应与 PLC 柜所处环境条件相适应。控制系统设计应满足工艺系统运行要求，并能实现无人值班情况下的正常运行，最终使收集并经过处理的生活污水满足排放要求。PLC 控制柜内电气元件要求采用先进的优质产品。

3.20.1 自动控制逻辑

本技术方案系统采用两种控制方式：就地手动控制、自动控制。

自动控制是在自动方式下，系统根据工艺要求按预设运行程序。当某一系统出现异常工况或某个设备故障，控制系统应有相对应的声光报警信息。

就地手动控制是当现场调试或控制设备检修时，可通过就地控制按钮实现对各设备的就地手动控制。

不论手动控制还是自动控制，均能实现对于主要设备的控制，包括自动控制原水进水泵的启停；加药泵、搅拌电机的启停；竖流沉淀池排泥阀的定时关闭等操作。并设置 1 用 1 备设备的定期切换和故障切换等功能，并且可以在需要时（如维修状态下）切换到手动工作状态。

本技术方案详细自动控制逻辑如下。

（1）多相催化氧化进水泵

多相催化氧化进水泵符合以下工况，水泵的启动受原水调节罐的高低液位控制。

① 高液位，报警（无声光），同时启动备用泵。

② 中液位，一台水泵工作，关闭备用泵。

③ 低液位，关闭所有水泵，停止系统运行。

④ 水泵中一台水泵出现故障，发出指示信号，另一台备用泵自动工作。

（2）电芬顿进水泵

电芬顿进水泵符合以下工况，水泵的启动受中间水罐的高低液位控制。

① 高液位，报警（无声光），同时启动备用泵。

② 中液位，一台水泵工作，关闭备用泵。

③ 低液位，关闭所有水泵，停止系统运行。

④ 水泵中一台水泵出现故障，发出指示信号，另一台备用泵自动工作。

（3）H_2O_2 进水泵

H_2O_2 进水泵的启停受电芬顿进水泵的联动控制，电芬顿进水泵启动则 H_2O_2 进水泵启动，电芬顿进水泵停止则 H_2O_2 进水泵停止。

（4）碱剂加药罐搅拌电机

受调碱水池中的 pH 剂联动，$pH>8$ 时停止加药，$pH<7$ 时开始加药。

（5）电动排泥阀

位置在斜板沉淀池底部，每 1h 开启一次，持续时间 2～5min，用时 60s 缓慢全开或全闭。

（6）多相催化氧化装置直流电源

直流电源的启动与多相催化氧化进水泵联动，同步启停。

（7）多相催化氧化装置压缩机

压缩机的启动与多相催化氧化进水泵联动，同步启停。

3.20.2 配电及装机容量

（1）设计原则

为确保安全，本技术方案设计中采用三相五线制线路（采用 TN-S 系统），电源进线接零线 N 与接地线 PE 相连。所有水处理系统的设备金属外壳均与 PE 线相连。

为使污水处理工程调试后正常工作，确保污水处理效果，本系统的低压供电系统采用双进线，即设置一路备用电源，采用人工切换。

（2）控制方式

根据工艺要求，对污水提升等系统中的主要环节可进行集中控制及现场控制，污水罐内的水位采用液位计传递信号，以达到液位自动控制的目的。

一旦自动控制失灵或变更使用工艺时，本系统可进行手动控制，工作状态以信号灯观察运行正常与否。

为了减少操作的劳动强度，并实现操作自动化、机械化，要求水泵能定时自动切换；当其中之一发生故障时，能进行声光报警，并自动切换另一台工作。当各水罐内水位达到最低水位以下时，水泵能自动停止工作；当水位达到最高水位时，进行声光报警，并自动启动备用泵工作。无备用设备的电机能根据确定的工艺时间按时启动和及时关闭，计量泵等设备可根据工作对象的工作情况确定是否工作、何时工作、怎样工作。

（3）装置及装机容量

① 动力线管采用镀锌管或焊接管。管道采用 PVC 管，所有配出线用 VV 电缆。信号线用 KVV 型电缆。

② 本技术方案设计动力装机总容量为 115.11kW，工艺额定容量为 95.11kW，配备动力设备如表 3-20-1 所示。

表 3-20-1 配备动力一览表

序号	用电设备名称	规格型号	数量/台	单机功率/kW	运行功率/kW	装机功率/kW	备注
1	多相催化氧化进水泵	TD32-21G/2	2	1.5	1.5	3	连续运行
2	电芬顿进水泵	TD32-21G/2	2	1.5	1.5	3	连续运行
3	芬顿进水泵	TD32-21G/2	2	1.5	1.5	3	连续运行
4	酸剂加药泵	GM0050	2	0.25	0.25	0.5	连续运行
5	碱计加药泵	GM0050	2	0.25	0.25	0.5	连续运行
6	搅拌电机	BLD09	3	0.37	0.37	1.11	连续运行
7	进泥螺杆泵	G40-1	1	4	4	4	间歇运行
8	直流电源	ECO-Ⅱ-10	4	25	20	100	连续运行
9	板框压滤机	X(AM) Y-30/630-30U	1	2.2	2.2	2.2	间歇运行

3.21 环境影响分析

3.21.1 污泥处理

本技术方案污泥为芬顿段工艺产生的无机污泥，经过板框压滤后的含水率在45%左右，压滤后可与园区原有生化系统剩余污泥一起处置。

3.21.2 防渗措施

本技术方案极少有土建施工，全部采取碳钢支架安装，没有地下渗漏的风险。

3.21.3 防腐措施

本技术方案所有连接管均采用PVC管件，耐酸、碱、盐，所有金属材质也全部采取防腐措施，无须担心管件腐蚀问题。

3.21.4 除臭措施

本技术方案无任何产生臭味的来源。

3.21.5 降噪措施

本技术方案中水回用处理站最主要的噪声来源是直流电源冷却系统，且噪声可以控制在符合城市区域环境噪声标准（GB 3093—1997）中的二类标准，白天≤60dB、夜间≤50dB标准，无须额外降噪设施。

3.22 运行成本及效益分析

3.22.1 电力成本和药剂费用

计算用电负荷为动力装机总容量为115.11kW，工艺额定容量为95.11kW，电费0.75元/度，折合每小时电费71.33元，折合吨水处理电耗为14.27元。但是考虑到板框、螺杆泵并非全天连续运行，且多相催化氧化系统的正常运行为满负荷的80%计算，因此实际运行功耗要低于此数值。

本技术方案药剂费用（加药量为估算值，具体根据实际调试时确定）。

（1）双氧水

2700元/t（不含运费），有效含量27.3%，液体加药量20L/(m^3·h)，折合成本54元/(m^3·h)。

（2）NaOH平均

2500元/t（固体，不含运费），纯度≥96%，配制浓度为10%，液体加药量为2.5L/(m^3·h)，折合成本0.64元/(m^3·h)。

3.22.2 每小时处理成本费用预测

（1）动力费 E_1

E_1（max）＝92.85 元/m^3（按照全天满负荷连续运行，实际达不到此工况）。

（2）药剂费 E_2

E_2＝54＋0.64＝54.64（元/m^3）。

（3）本工程处理 $1m^3$ 污水的运行成本

E＝E_1（max）＋E_2＝92.85＋54.64＝147.49（元/m^3）。

3.22.3 项目总成本分析

通过上述测算表明，本技术方案污水的单位运行成本为（76.8＋47）×0.75＝92.85（元/t），药剂费用 54.64 元/t，总费用为 147.49 元/t。

4 某印染企业零排放母液处理工艺设计

4.1 项目背景

印染废水是指以加工棉、麻、化学纤维及其混纺产品为主的印染厂排出的废水，其特点主要为：水量大、有机污染物浓度高、色度深、碱性和pH变化大、水质变化剧烈。

（1）回收利用方法

印染工业用水量大，通常每印染加工1t纺织品耗水100～200t，其中80%～90%以印染废水排出。常用的治理方法有回收利用和无害化处理。常见的回收利用方法有3种。

① 废水可按水质特点分别回收利用，如漂白煮炼废水和染色印花废水的分流，前者可以对流洗涤，一水多用，减少排放量。

② 碱液回收利用，通常采用蒸发法回收，如碱液量大，可用三效蒸发回收，碱液量小，可用薄膜蒸发回收。

③ 染料回收，如士林染料可酸化成为隐巴酸，呈胶体微粒悬浮于残液中，经沉淀过滤后回收利用。

（2）无害化处理方法

印染废水常见的无害化处理方法可分3种。

① 物理处理法有沉淀法和吸附法等。沉淀法主要去除废水中悬浮物，吸附法主要去除废水中溶解的污染物和脱色。

② 化学处理法有中和法、混凝法和氧化法等。中和法在于调节废水中的酸碱度，还可降低废水的色度；混凝法在于去除废水中分散染料和胶体物质；氧化法在于氧化废水中还原性物质，使硫化染料和还原染料沉淀下来。

③ 生物处理法有活性污泥、生物转筒、生物转盘和生物接触氧化法等。为了提高出水水质，达到排放标准或回收要求，往往需要采用几种方法联合处理。

如图4-1-1所示，由于染料、助剂、织物染整要求的不同，印染废水的pH值、COD_{Cr}、BOD_5、颜色等也各不相同，但其共同的特点之一是B/C值均很低，一般在0.2左右，可生化性差；另一共同特点是色度高，有的可高达4000倍以上。

本项目中所处理的高难度废水来源于江苏某印染企业零排放工艺中的MVR工艺段母液，蒸发前的废水成分复杂，经过进一步浓缩后，产生的母液中成分复杂、色泽深、盐含量高、不易生物降解，如果不加处理直接排放到园区污水处理厂，将会给原有生化系统带来毁灭性打击，因此无法汇入园区内污水处理厂进行集中处理，在得到有效处理之前，只能选择暂存在厂区内污水罐。MVR母液水质指标分析如表4-1-1所示。

图 4-1-1 印染废水

表 4-1-1 该企业印染废水 MVR 母液水质指标分析

指标名称	数值	指标名称	数值
COD/(mg/L)	9230	总氮/(mg/L)	1340
pH	9.84	总磷/(mg/L)	3411
电导率/(mS/cm)	69.2	外观	棕红色液体
氨氮/(mg/L)	575	SS/(mg/L)	1557

由于该高难度废水自身即为 MVR 工艺段母液，水质情况极为复杂，如果继续蒸发浓缩，由于废水中有机物大量富集，会导致设备的运行不稳定。因此，开发能够降解有机物、改善废水蒸发状态的预处理工艺非常有必要。

该企业需要执行的标准是《城镇污水处理厂污染物排放标准》（GB 18918—2002）中的一级 A 标准，排放标准分别如表 4-1-2～表 4-1-4 所示。

表 4-1-2 基本控制项目最高允许排放浓度日均值

序号	基本控制项目	一级标准		二级标准	三级标准
		A 标准	B 标准		
1	化学需氧量(COD)/(mg/L)	50	60	100	120
2	生化需氧量(BOD_5)/(mg/L)	10	20	30	60
3	悬浮物(SS)/(mg/L)	10	20	30	50
4	动植物油/(mg/L)	1	3	5	20
5	石油类/(mg/L)	1	3	5	15
6	阴离子表面活性剂/(mg/L)	0.5	1	2	5
7	总氮(以 N 计)/(mg/L)	15	20	—	—

续表

序号	基本控制项目		一级标准		二级标准	三级标准
			A 标准	B 标准		
8	氨氮(以 N 计)/(mg/L)		5(8)	8(15)	25(30)	—
9	总磷(以 P 计)/(mg/L)	2005 年 12 月 31 日前建设	1	1.5	3	5
		2006 年 1 月 1 日起建设的	0.5	1	3	5
10	色度(稀释倍数)/倍		30	30	40	50
11	pH		6～9	6～9	6～9	6～9
12	粪大肠菌群数/(个/L)		10^3	10^4	10^4	—

注：1. 下列情况下按去除率指标执行，当进水 COD>350mg/L 时，去除率应>60%；BOD>160mg/L 时，去除率应>50%。

2. 括号外数值为水温>12℃时的控制指标，括号内数值为水温≤12℃时的控制指标。

表 4-1-3 部分一类污染物最高允许排放浓度（日均值）

序号	项目	标准值
1	总汞/(mg/L)	0.001
2	烷基汞/(mg/L)	不得检出
3	总镉/(mg/L)	0.01
4	总铬/(mg/L)	0.1
5	六价铬/(mg/L)	0.05
6	总砷/(mg/L)	0.1
7	总铅/(mg/L)	0.1

表 4-1-4 选择控制项目最高允许排放浓度（日均值）

序号	选择控制项目	标准值
1	总镍/(mg/L)	0.05
2	总铍/(mg/L)	0.002
3	总银/(mg/L)	0.1
4	总铜/(mg/L)	0.5
5	总锌/(mg/L)	1.0
6	总锰/(mg/L)	2.0
7	总硒/(mg/L)	0.1
8	苯并[*a*]芘/(mg/L)	0.00003
9	挥发酚/(mg/L)	0.5
10	总氰化物/(mg/L)	0.5
11	硫化物/(mg/L)	1.0
12	甲醛/(mg/L)	1.0
13	苯胺类/(mg/L)	0.5
14	总硝基化合物/(mg/L)	2.0
15	有机磷农药(以 P 计)/(mg/L)	0.5

续表

序号	选择控制项目	标准值
16	马拉硫磷/(mg/L)	1.0
17	乐果/(mg/L)	0.5
18	对硫磷/(mg/L)	0.05
19	甲基对硫磷/(mg/L)	0.2
20	五氯酚/(mg/L)	0.5
21	三氯甲烷/(mg/L)	0.3
22	四氯化碳/(mg/L)	0.03
23	三氯乙烯/(mg/L)	0.3
24	四氯乙烯/(mg/L)	0.1
25	苯/(mg/L)	0.1
26	甲苯/(mg/L)	0.1
27	邻二甲苯/(mg/L)	0.4
28	对二甲苯/(mg/L)	0.4
29	间二甲苯/(mg/L)	0.4
30	乙苯/(mg/L)	0.4
31	氯苯/(mg/L)	0.3
32	1,4-二氯苯/(mg/L)	0.4
33	1,2-二氯苯/(mg/L)	1.0
34	对硝基氯苯/(mg/L)	0.5
35	2,4-二硝基氯苯/(mg/L)	0.5
36	苯酚/(mg/L)	0.3
37	间甲酚/(mg/L)	0.1
38	2,4 二氯酚/(mg/L)	0.6
39	2,4,6-三氯酚/(mg/L)	0.6
40	邻苯二甲酸二丁酯/(mg/L)	0.1
41	邻苯二甲酸二辛酯/(mg/L)	0.1
42	丙烯腈/(mg/L)	2.0
43	可吸附有机卤化物(AOX,以 Cl 计)/(mg/L)	1.0

4.2 项目废水的现场采样

本节内容详见 3.2 节所述。

4.3 试验前水质测量

为了准确评估高难度印染零排放母液的处理难度，寻找最经济合适的处理工艺，在接收相关水样后，需要首先开展水质指标的测试工作，分析测试的结果汇总如表 4-1-1 所示。

通过对母液的各项指标分析可以知道，所采取的水样的COD数值大，悬浮物含量高，氮磷也严重超标，不加任何预处理直接进行蒸发操作是不可行的，因此针对该种废水首先进行预处理方案设计。

4.4 试验方案拟定

为了系统性评价各工艺处理该企业高难度印染零排放母液的实际预效果，结合各常见污水处理工艺特点，首先进行分析，结果如下。

（1）首先摒弃生化工艺

高难度印染零排放母液的含盐量超过5%，这种情况下使用生化工艺的可行性基本为零，所以首先摒弃了生化工艺。

（2）尝试使用高级催化氧化工艺

高难度印染零排放母液含盐量高、COD值高，此种不适合采用生化工艺的废水，只能尝试使用高级催化氧化工艺进行处理，针对水质分析，结合本书第2章所述各高级催化氧化技术特点，拟安排实验室开展的小试研究的技术如下。

① 臭氧催化氧化技术。

② 芬顿法。

③ 电芬顿法。

④ 电催化氧化法。

⑤ 光催化。

⑥ 湿式催化氧化法。

⑦ 多相催化氧化技术。

具体试验过程、数据和分析详见以下章节内容。

4.5 测试方法及药品准备

4.5.1 试验药品

试验中用到的药品及试剂如表3-5-1所示。

4.5.2 试验仪器

试验中主要仪器如表3-5-2所示。

4.5.3 常用指标及分析方法

试验中常用指标分析方法见3.5.3所述。

4.6 小试试验装置介绍

小试试验装置介绍详见3.6节所述。

4.7 臭氧催化氧化小试试验总结

4.7.1 试验条件和试验结果

本次试验拟计划首先用废水样验证工艺可能性，然后根据最终确定工艺做连续性现场中试试验，以验证该工艺的运行稳定性效果。

臭氧催化氧化试验所采用的小试反应器为天津市环境保护技术开发中心设计所自制，型号 CY-1L，配套催化剂牌号为 HY-CYCHJ-001，填充量为 1L，填充比为 2（催化剂）：1（水量）。有关于本试验过程中所采用的臭氧催化剂介绍，详见 3.7.1 所述。

针对高难度印染废水零排放母液的实验室臭氧催化氧化的小试试验的试验参数和条件如表 4-7-1 所示。

表 4-7-1　高难度印染废水零排放母液臭氧催化氧化预处理小试试验参数

参数	处理水量/L	停留时间/h	臭氧浓度/(mg/L)	气体流量/(L/min)	取样间隔/min	原水 COD/(mg/L)
数值	0.5	2.5	40	6	15	9230

臭氧催化氧化小试试验阶段性出水数据汇总如表 4-7-2 所示。

表 4-7-2　每隔 15min 臭氧催化氧化取样 COD 分析数据

序号	取样间隔时间/min	出水 COD/(mg/L)	臭氧投加量/(mg/L)
1	0	9230	0
2	15	9010	7200
3	30	8920	14400
4	45	8190	21600
5	60	7850	28800
6	75	7400	36000
7	90	7020	43200
8	105	6700	50400
9	120	6220	57600
10	135	5990	64800
11	150	5870	72000

注：由于本水样盐含量高，所以测试 COD 时采取稀释 100 倍，保证水样中 Cl^- 含量≤1000mg/L。

由图 4-7-1 分析可以得知，随着臭氧投加量的不断增加，高难度印染零排放母液 COD 的下降趋势较小，从经济技术角度分析，这对于降低处理成本极为不利，若再加大投加量，其降低 COD 的效果将不再明显。

4.7.2 试验结果分析

首先，由于该高难度印染零排放母液颜色较重，呈现黑褐色，导致即使对于脱色有较好效果的臭氧催化氧化工艺也未能完全脱除其颜色，出水仍旧带有黄色，如图 4-7-2 所示。

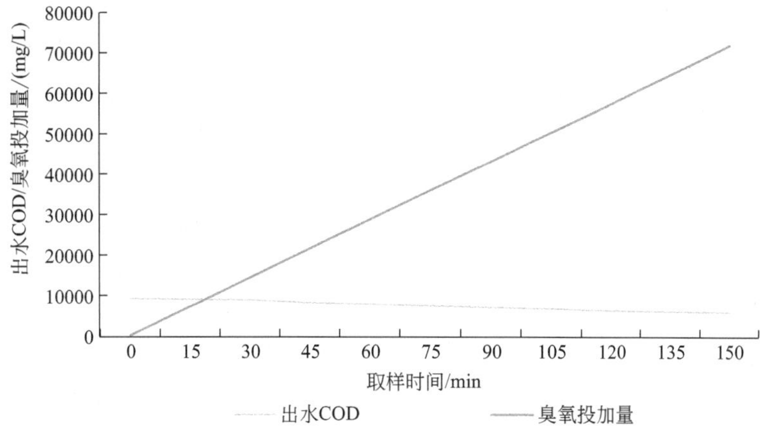

图 4-7-1　每隔 15min 臭氧催化氧化取样 COD 数据曲线图

图 4-7-2 彩图

图 4-7-2　臭氧催化氧化处理高难度印染零排放母液出水外观（黄色）

另外，判断其工艺可行性时，实验室小试试验已经做到 72000mg/L 的臭氧投加量，原水 COD 为 9230mg/L，出水 COD 为 5870mg/L，合计去除 3360mg/L，折合投加臭氧量 21.43mg/L 时才能去除 1mg/L 的 COD，按照臭氧产量的电耗分析（氧气源臭氧产量为 7～11kW·h/kg，空气源臭氧产量为 13～18kW·h/kg）。按照本试验结果分析，折合每吨水去除 1mg/L 的 COD 时需要 0.15～0.24kW·h 电耗（氧气源）、0.28～0.39kW·h 电耗（空气源），且未能达到较好的脱色效果，因此综合考虑，评定臭氧催化氧化工艺并不适合处理高难度印染零排放母液。

4.8 芬顿催化氧化小试试验

4.8.1 试验条件和试验结果

芬顿催化氧化试验所采用的小试反应器为天津市环境保护技术开发中心设计所自制，型号 Fenton-1L，采用的氧化剂为 H_2O_2（浓度 27.3%），催化剂为 $FeSO_4 \cdot 7H_2O$（工业级纯度）。

芬顿工艺在处理废水时需要判断药剂投加量及经济性，H_2O_2 的投加量大，废水COD的去除率会有所提高，但是当 H_2O_2 投加量增加到一定程度后，COD的去除率会慢慢下降。因为在芬顿反应中 H_2O_2 投加量增加，·OH的产量会增加，则COD的去除率会升高，但是当 H_2O_2 的浓度过高时，双氧水会发生分解，并不产生羟基自由基。

催化剂的投加量也与双氧水投加量有关，一般情况下，增加 Fe^{2+} 的用量，废水COD的去除率会增大，当 Fe^{2+} 增加到一定程度后，COD的去除率开始下降。原因是当 Fe^{2+} 浓度低时，随着 Fe^{2+} 浓度升高，H_2O_2 产生的·OH增加；当 Fe^{2+} 的浓度过高时，会导致 H_2O_2 发生无效分解，释放出 O_2，一般是 Fe^{2+} ∶ H_2O_2 ∶ COD＝1∶3∶3～1∶10∶10（质量比）。

常见芬顿催化氧化工艺反应装置如图3-8-1所示，工艺操作流程如图3-8-2所示。针对高难度印染零排放母液的实验室芬顿催化氧化的小试试验的试验参数和条件如表4-8-1所示。

表4-8-1　芬顿催化氧化小试试验参数

参数	处理水量/L	停留时间/h	pH	H_2O_2 ∶ COD	H_2O_2 ∶ $FeSO_4·7H_2O$	原水COD/(g/L)
数值	0.5	1	3	1∶1	1∶3～1∶10	9230

针对芬顿工艺的具体参数调整，需要通过不同的试验验证，主要在于 H_2O_2 ∶ $FeSO_4·7H_2O$ 的比值，根据这个原则设置几组不同试验，试验结果如表4-8-2所示。

表4-8-2　芬顿催化氧化小试取样COD分析数据

序号	H_2O_2 投加量/mL	$FeSO_4·7H_2O$ 投加量/g	H_2O_2 ∶ $FeSO_4·7H_2O$(质量比)	出水COD/(mg/L)
1	16	23	1	2300
2	16	8	2	2850
3	16	5.4	3	3160
4	16	4.0	4	3430
5	16	3.2	5	3500
0	10	2.6	6	3980
7	16	2.3	7	4120
8	16	2.0	8	4230
9	16	1.8	9	4800
10	16	1.6	10	5010

注：由于本水样盐含量高，所以测试COD时采取稀释10倍，保证水样中 Cl^- 含量≤1000mg/L。

由图4-8-1以及表4-8-2试验数据分析可以得知，高难度印染零排放母液中COD的去除效果与双氧水投加量有关，也与催化剂 $FeSO_4·7H_2O$ 的投加量有关，$FeSO_4·7H_2O$ 投加量越大，其处理效果越好，但是随着 $FeSO_4·7H_2O$ 投加比例的增长，出水会出现返色的问题，一般呈现出黄色或者红色（铁的络合物），这部分颜色很难去除，所以在实际应用中，一般多采用 Fe^{2+} ∶ H_2O_2 ∶ COD＝1∶3∶3（质量比）。

根据以上步骤确定的最终试验参数条件，针对高难度印染零排放母液原水样开展多次间歇式芬顿催化氧化处理小试试验，处理水样体积为0.5L，投加药剂前首先调节pH为3，然

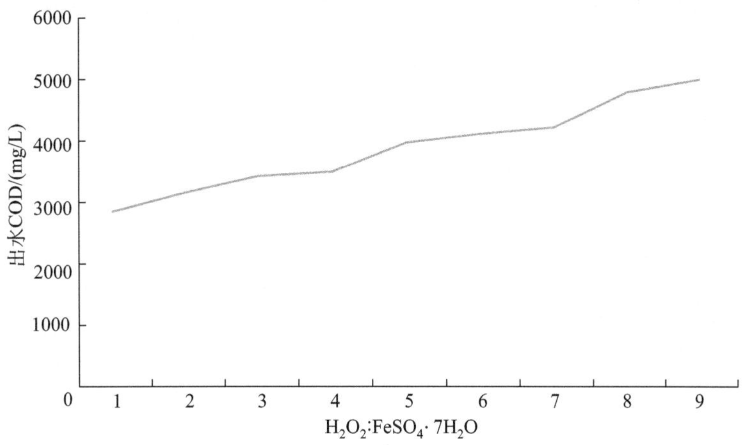

图 4-8-1 芬顿催化氧化试验 H_2O_2 与 $FeSO_4 \cdot 7H_2O$ 不同比值的出水 COD

后投加固体 $FeSO_4 \cdot 7H_2O$ 5.4g，27.3%的 H_2O_2 试剂 16mL，搅拌反应 1h 后，调节 pH 至 8，沉淀取上清液测试，处理的试验结果汇总如表 4-8-3 所示。

表 4-8-3 高难度印染零排放母液间歇式芬顿催化氧化试验数据汇总表

试验批次	出水电导率/(mS/cm)	出水 pH	出水 COD/(mg/L)
1	74.52	8.1	3240
2	73.32	7.8	3320
3	76.20	8.3	3130
4	75.22	8.4	3210
5	73.33	7.9	3340
6	71.25	8.6	3690
7	73.21	8.3	4090
8	73.98	7.9	3590
9	71.21	8.4	3440
10	72.32	8.5	3310
11	75.21	7.8	3290
12	72.27	7.8	4120
13	71.92	7.9	3340
14	73.34	8.0	3090
15	73.98	8.0	3210
16	74.23	8.5	3410
17	70.34	7.3	3150
18	71.22	8.7	3220
19	72.23	7.9	3380
20	73.33	8.2	3460
21	73.24	7.9	3420
22	72.35	8.5	3210

注：由于本水样盐含量高，所以测试 COD 时采取稀释 10 倍，保证水样中 Cl^- 含量≤1000mg/L。

芬顿氧化处理高难度印染零排放母液间歇性出水COD数据曲线如图4-8-2所示，出水外观如图4-8-3所示。

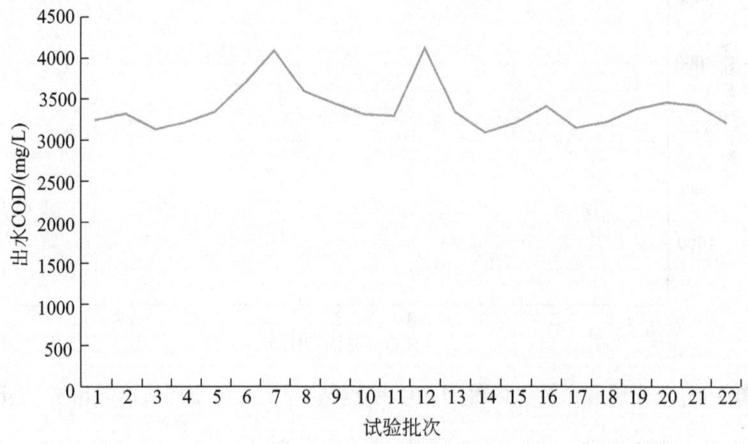

图4-8-2　芬顿催化氧化处理高难度印染零排放母液间歇性出水COD试验结果

图4-8-3彩图

图4-8-3　芬顿催化氧化处理高难度印染零排放母液出水外观（左侧为原水，右侧为出水）

4.8.2　试验结果分析

首先，芬顿催化氧化工艺对于该类废水的脱色效果不算太理想，如图4-8-3所示，芬顿氧化效果和催化剂二价铁的加入有关系，加得少了COD去除率较低，双氧水的利用效率不高，加得多了则容易出现出水返色，尤其当水样中含有苯环类物质时，返色现象最为明显。从外观脱色角度评价，芬顿催化氧化工艺处理高难度印染零排放母液废水不具备可行性。

以芬顿催化氧化法处理该废水，投加27.3%的H_2O_2溶液合计每吨水的使用量为32kg，折合投加量32000mg/L，原水COD为9230mg/L，重复试验22批次，合计处理水样11L，出水COD取平均值，为3394mg/L，合计去除5836mg/L，折合投加双氧水量5.48mg/L时去除1mg/L COD，按照双氧水的市价分析，约合2700元/t，按照本试验结果分析，氧化剂成本86.4元，但是芬顿反应过程中产生了大量的铁泥无法有效处理，因此综合考虑，评定芬顿催化氧化工艺并不适合处理该高难度印染零排放母液废水。

4.9 光催化氧化小试试验

4.9.1 试验条件和试验结果

本次试验所采用的光催化氧化小试反应器为天津市环境保护技术开发中心设计所自制，型号 LCO-1L，详见 3.6.4 所述，采用的氧化剂为 H_2O_2（浓度 27.3%），催化剂为 TiO_2（纳米级）。光催化氧化工艺原理如图 3-9-1 所示。

针对该高难度印染零排放母液废水的实验室光催化氧化的小试，需要首选确认纳米 TiO_2 吸附试验：初始 COD 9230mg/L 的高难度印染零排放母液废水 0.5L，加入 0.2g/L 的 TiO_2 粉末，避光吸附 4h。每隔 1h 取样，经离心机（转速 3500r/min，时间 20min）离心后过滤测定废水的 COD，光催化剂吸附高难度印染零排放母液废水试验数据汇总见表 4-9-1。

表 4-9-1 光催化剂吸附高难度印染零排放母液废水试验数据汇总表

取样间隔时间/h	出水 COD/(mg/L)	取样间隔时间/h	出水 COD/(mg/L)
1	8240	3	4710
2	6880	4	4890

注：由于本水样盐含量高，所以测试 COD 时采取稀释 10 倍，保证水样中 Cl^- 含量≤1000mg/L。

光催化剂吸附高难度印染零排放母液废水出水 COD 数据曲线图如图 4-9-1 所示。从结果来看，在吸附 3h 后，该批催化剂已经达到吸附饱和的效果，此时可以进行接下来的光催化氧化试验。

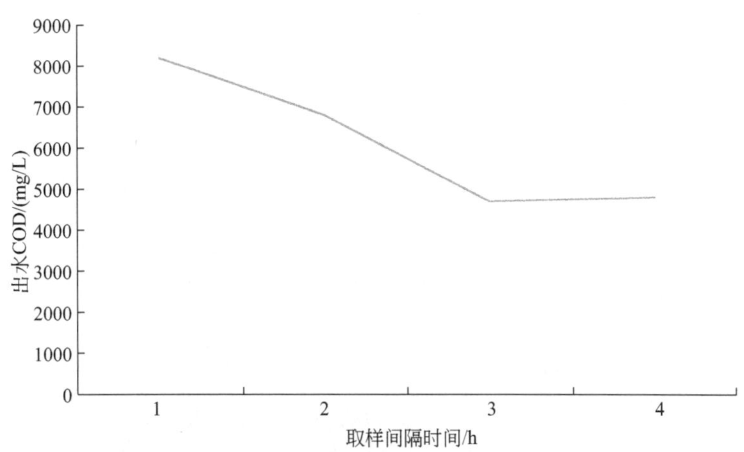

图 4-9-1 光催化剂吸附高难度印染零排放母液废水出水 COD 试验结果

摒除催化剂的吸附作用后，继续进行光解试验：首先调节废水 pH 为 3，加入 0.2g/L 的 TiO_2 粉末，充分混合 10min，投入 H_2O_2 试剂 10mL，插入紫外灯，打开光源及曝气装置。光催化氧化 10h，每隔 1h 取样，取样后调节 pH 到中性，经离心分离后测定水样 COD，如表 4-9-2 所示。

表 4-9-2　高难度印染零排放母液废水间歇式光催化氧化试验数据汇总表

试验批次	出水电导率/(mS/cm)	出水 pH	出水 COD/(mg/L)
1	63.52	7.6	7310
2	62.32	7.3	7230
3	66.20	7.9	7050
4	65.22	7.3	7120
5	63.33	7.6	7390
6	61.25	7.3	7040
7	64.52	7.3	6980
8	63.32	7.8	6620
9	66.20	7.0	7000
10	65.22	7.7	6810

注：由于本水样盐含量高，所以测试 COD 时采取稀释 10 倍，保证水样中 Cl^- 含量≤1000mg/L。

光催化处理高难度印染零排放母液废水出水 COD 试验结果如图 4-9-2 所示，光催化氧化处理高难度印染零排放母液废水出水外观如图 4-9-3 所示。

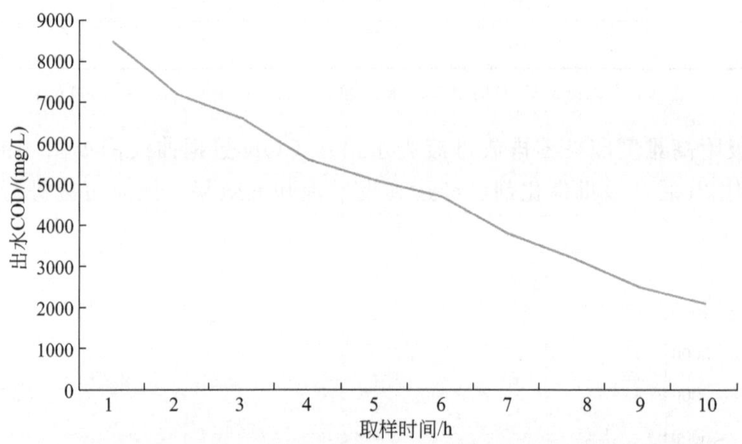

图 4-9-2　光催化处理高难度印染零排放母液废水出水 COD 试验数据曲线图

图 4-9-3 彩图

图 4-9-3　光催化氧化处理高难度印染零排放母液废水出水外观（左侧为出水，右侧为原水）

4.9.2 试验结果分析

首先，光催化氧化工艺对于该类废水的脱色效果一般，其次，从技术经济角度分析，以光催化氧化法处理该废水，需要投加 27.3%的 H_2O_2 溶液合计每吨水 20kg，折合投加量 20000mg/L，原水 COD 为 9230mg/L，出水 COD 最优值为 6600mg/L，合计去除 2630mg/L，折合投加双氧水量 7.60mg/L 时去除 1mg/L 的 COD，按照双氧水的市价分析，约合 2700 元/t，按照本试验结果分析，氧化剂成本 54 元，紫外光辐照电耗为 88kW·h/t，按照电价 0.75 元/(kW·h)，可知电耗为 66 元，综合评价光催化处理工艺的吨水电耗为 54+66=120（元），因此综合考虑，评定光催化氧化工艺并不适合处理高浓度印染零排放母液废水处理。

4.10 电催化氧化小试试验

4.10.1 试验条件和试验结果

本次试验采用的电催化氧化小试反应器为天津市环境保护技术开发中心设计所自制，型号 ECO-1L，详情见 3.6.3 所述，小试反应器所采用的特殊催化氧化电极型号为 DSA-01，该电极板以钛材质为基板，上面均匀涂覆 0.4～0.6μm 的钌铱氧化物涂层，实物如图 3-10-1 所示。

针对高浓度印染零排放母液废水实验室电催化氧化的小试试验的试验参数和条件如表 4-10-1 所示。

表 4-10-1 高难度印染零排放母液废水电催化氧化小试试验参数汇总表

参数	处理水量/L	停留时间/h	电流/A	电压/V	原水 COD/(mg/L)	原水氨氮/(mg/L)
数值	1	1～5	10	4.5	9230	575

针对电催化工艺的具体参数调整，需要通过不同的试验验证，主要在于电解能耗的比例，根据这个原则设置几组不同试验，并且电催化氧化工艺与其余高级氧化工艺不同，其对于氨氮同样有较高的去除效果，因此对于电催化氧化试验出水，分阶段测试其出水的 COD 和氨氮指标，试验结果如表 4-10-2 所示。

表 4-10-2 每隔 30min 电催化氧化取样 COD 和氨氮分析数据

序号	取样时间/min	折合吨水电耗/(kW·h)	出水 COD/(mg/L)	出水氨氮/(mg/L)
1	30	22.5	8610	422
2	60	45	8120	357
3	90	67.5	7880	302
4	120	90	7420	267
5	150	112.5	7010	223
6	180	135	6690	187

续表

序号	取样时间/min	折合吨水电耗/(kW·h)	出水 COD/(mg/L)	出水氨氮/(mg/L)
7	210	157.5	6220	134
8	240	180	5960	109
9	270	202.5	5530	67.2
10	300	225	5050	21.1
11	330	247.5	4510	0
12	360	270	4100	0
13	390	292.5	3830	0
14	420	315	3420	0
15	450	337.5	3040	0
16	480	360	2750	0
17	510	382.5	2360	0
18	540	405	1930	0
19	570	427.5	1410	0

注：由于本水样盐含量高，所以测试 COD 时采取稀释 10 倍，保证水样中 Cl^- 含量≤1000mg/L。

电催化处理高难度印染零排放母液废水出水 COD 数据曲线图如图 4-10-1 所示，电催化处理高难度印染零排放母液废水出水氨氮数据曲线图如图 4-10-2 所示，电催化氧化处理高难度印染零排放母液废水出水外观如图 4-10-3 所示。

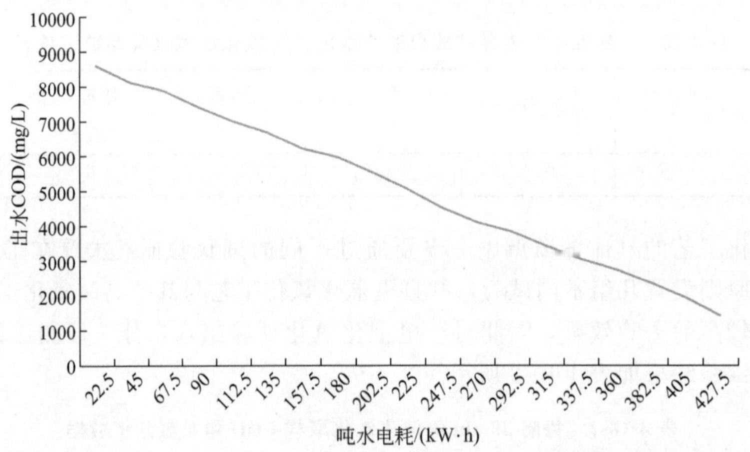

图 4-10-1　电催化氧化处理高难度印染零排放母液废水试验不同吨水电耗的出水 COD 曲线图

4.10.2　试验结果分析

首先，电催化氧化工艺对于该类废水的脱色效果很好，如图 4-10-3 所示，这主要是因为高难度印染零排放母液废水中含有大量的 Cl^-，Cl^- 在 DSA 阳极的催化电极表面会产生大量的 Cl_2，遇水会产生歧化反应生成 Cl^- 和 ClO^-，其中 ClO^- 具备较强的脱色效果，因此从外观脱色角度评价，电催化氧化工艺具备可行性。

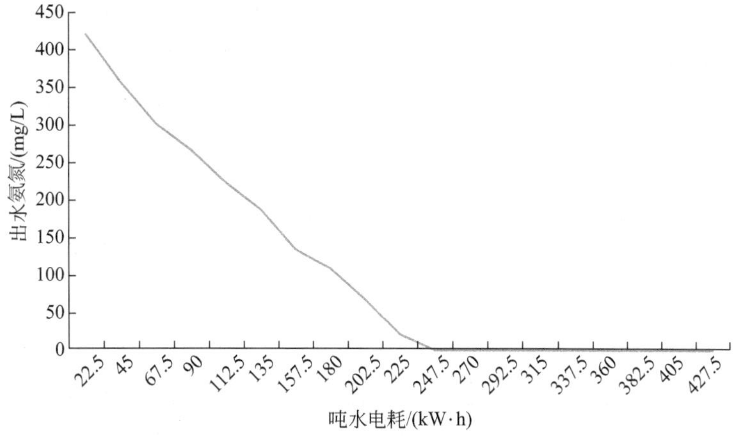

图 4-10-2　电催化氧化处理高难度印染零排放母液废水试验不同吨水电耗的出水氨氮曲线图

图 4-10-3 彩图

图 4-10-3　电催化氧化处理高难度印染零排放母液废水出水外观（几乎无色透明）

以电催化氧化法处理该废水，如图 4-10-2 所示，处理至 COD 在 1000mg/L 左右时，合计吨水电耗为 427.5kW・h，处理至氨氮为 0mg/L 时，合计吨水电耗为 247.5kW・h，考虑到后续工艺可以继续降低 COD，因此按照氨氮降为 0mg/L 考虑能耗，选取吨水电耗为 247.5kW・h，按照工业用电成本 0.75 元/(kW・h) 计算，处理吨水的成本在 185.63 元。

考虑到电催化氧化工艺较好的脱色效果和氨氮去除效果，但是单独使用处理 COD 的成本过高，因此建议把电催化氧化和其他工艺进行联合使用。

4.11　多相催化氧化小试试验

4.11.1　试验条件和试验结果

本次试验所采用的多相催化氧化小试反应器为天津市环境保护技术开发中心设计所自制，型号 DX-1L，详见 3.6.1 所述。

多相催化氧化工艺结合了电催化、臭氧催化氧化、芬顿催化氧化等工艺的优点，利用了高难度印染零排放母液废水的高盐的特点，可以克服单独应用电催化氧化工艺能耗较高的不足，一般常规电催化技术的吨水电耗在 1kW・h 时仅能够去除 20mg/L 左右的 COD，多相催化氧化技术则可以去除 100～300mg/L 的 COD，且无须添加任何药剂，甚至就连 pH 也可以通过消耗电能实现，因此不会产生任何固废物质，是传统高级氧化的理想替代工艺。

针对高难度印染零排放母液的实验室多相催化氧化的小试试验的试验参数和条件如表 4-11-1 所示。

表 4-11-1 多相催化氧化处理高难度印染零排放母液小试试验参数

参数	处理水量/L	停留时间/h	pH	曝气量/(L/min)	电压/V	电流/A
数值	1	1	7	0～10	5～10	0～10

针对多相催化氧化工艺的具体参数调整，需要通过不同的试验验证，主要在于曝气量、电压、电流的调整，根据这个原则设置几组不同试验，试验结果如表 4-11-2 所示。

表 4-11-2 多相催化氧化处理高难度印染零排放母液出水 COD 分析数据

序号	曝气量/(L/min)	电压/V	电流/A	处理时间/h	出水 COD/(mg/L)
1	1	6.2	2	1	6330
2		6.5	4		5520
3		7.7	6		4660
4		7.4	8		4140
5		8.2	10		3980
6	2	6.2	2	1	6010
7		6.5	4		5110
8		7.7	6		4030
9		7.4	8		3340
10		8.2	10		3130
11	3	6.2	2	1	5890
12		6.5	4		4940
13		7.7	6		3560
14		7.4	8		2720
15		8.2	10		2140
16	4	6.2	2	1	5780
17		6.5	4		4630
18		7.7	6		3350
19		7.4	8		2490
20		8.2	10		2010
21	5	6.2	2	1	5540
22		6.5	4		4350
23		7.7	6		3020
24		7.4	8		2250
25		8.2	10		1960

续表

序号	曝气量/(L/min)	电压/V	电流/A	处理时间/h	出水 COD/(mg/L)
26	6	6.2	2	1	5630
27		6.5	4		4260
28		7.7	6		3170
29		7.4	8		2020
30		8.2	10		2030
31	7	6.2	2	1	5240
32		6.5	4		4050
33		7.7	6		2860
34		7.4	8		2070
35		8.2	10		1730
36	8	6.2	2	1	5400
37		6.5	4		3810
38		7.7	6		2520
39		7.4	8		1810
40		8.2	10		1910
41	9	6.2	2	1	5510
42		6.5	4		3950
43		7.7	6		2340
44		7.4	8		1650
45		8.2	10		1930
46	10	6.2	2	1	5870
47		6.5	4		3930
48		7.7	6		2550
49		7.4	8		1970
50		8.2	10		1820

注：由于本水样盐含量高，所以测试 COD 时采取稀释 10 倍，保证水样中 Cl^- 含量≤1000mg/L。

分析表 4-11-2 试验数据，可以得知以下几个结论。

（1）多相催化氧化工艺处理高难度印染零排放母液废水，增加曝气强度从 1～10L/min 的效果并不明显，例如当处理时间 1h、电压 6.2V、电流 2A 时，出水 COD 仅从 6330mg/L 下降到 5870mg/L。分析原因主要是由于曝气强度的增加对于水中溶解氧浓度的增加并没有呈现线性关系，也就是说多余的曝气强度都是无效功，因此确定的曝气强度的值为 1L/min。

（2）虽然都有直流电场的加入，但多相催化氧化工艺中电流效率要强于电催化工艺，吨水电耗去除的 COD 数值，前者是后者的 10～20 倍，这主要是因为多相催化氧化体系中除了电流产生的氧化性外，向水中曝气的过程中提供的氧气能够在电场作用下的羟基化，这强化了两种工艺的协同效应，但是曝气的运行成本要大大低于电催化，因此其吨水单位电耗的降解效率高于单纯电催化。

（3）在处理时间和曝气强度一定的前提下，随着电流电压的增加，高难度印染零排放母液的 COD 去除率呈现缩减的态势，最高有 80%左右去除率，结合多相催化氧化工艺较低的能耗，因此可以将该工艺放在高难度印染零排放母液处理的前端，作为预处理工艺使用。

结合以上试验数据，确定多相催化氧化的运行工艺如表 4-11-3 所示。

表 4-11-3　高难度印染零排放母液废水间歇式多相催化氧化试验参数

参数	处理水量/L	停留时间/h	pH	曝气量/(L/min)	电压/V	电流/A	功耗/(kW·h/t)
数值	1	1	7	1	7.7	6	46.2

为确认多相催化氧化工艺处理该股废水的运行稳定性，采取间歇式运行的方式，重复试验 22 次，每次处理 1L 水样，共计消耗 22L 原高难度印染零排放母液水样，试验数据汇总如表 4-11-4 所示。

表 4-11-4　高难度印染零排放母液废水间歇式多相催化氧化试验数据汇总表

试验批次	出水氨氮/(mg/L)	出水 pH	出水 COD/(mg/L)
1	432	8.0	2550
2	451	7.6	2140
3	465	8.4	2520
4	433	8.4	2350
5	436	7.9	2010
6	455	8.4	2970
7	427	8.3	2540
8	421	7.9	2270
9	467	8.1	2330
10	435	8.6	2460
11	432	7.9	2130
12	401	7.9	2470
13	444	7.9	2130
14	476	8.2	2050
15	432	8.2	2130
16	467	8.1	2450
17	435	7.9	2530
18	432	8.0	2250
19	401	7.8	2520
20	444	8.2	2350
21	467	7.9	2970
22	430	8.3	2480

注：由于本水样盐含量高，所以测试 COD 时采取稀释 10 倍，保证水样中 Cl^- 含量≤1000mg/L。

多相催化处理高难度印染零排放母液出水 COD 试验数据曲线图如图 4-11-1 所示，多相催化处理高难度印染零排放母液出水氨氮试验结果如图 4-11-2 所示，多相催化氧化处理高难度印染零排放母液出水外观如图 4-11-3 所示。

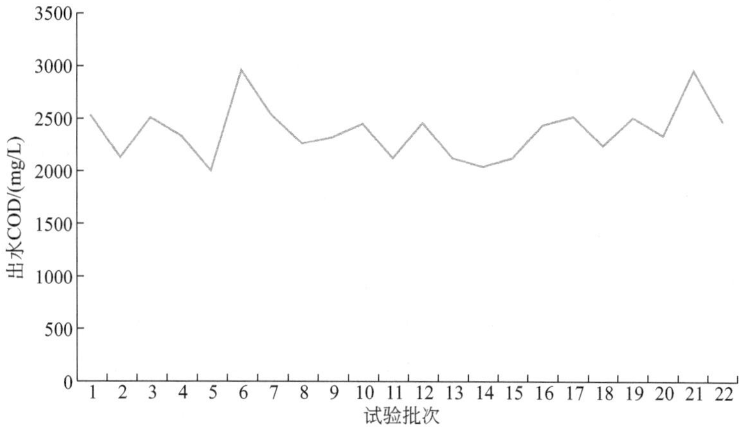

图 4-11-1 多相催化氧化处理高难度印染零排放母液间歇性出水 COD 试验结果

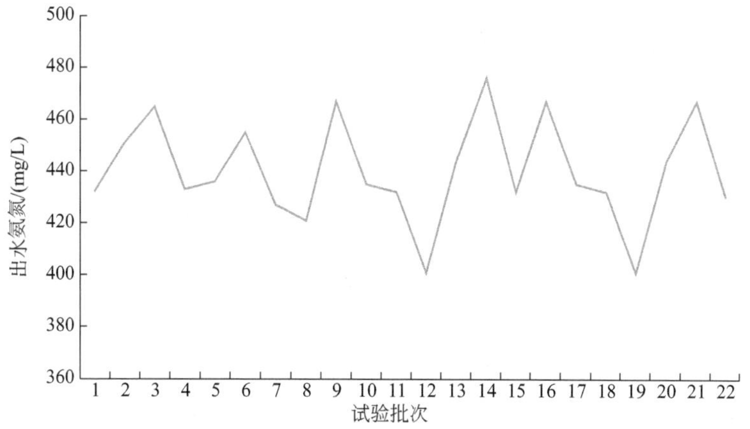

图 4-11-2 多相催化氧化处理高难度印染零排放母液间歇性出水氨氮试验结果

图 4-11-3 彩图

图 4-11-3 多相催化氧化处理高难度印染零排放母液外观

4.11.2 试验结果分析

从出水色度来看，多相催化氧化处理高难度印染零排放母液废水效果不算特别理想，出水呈现红褐色，如图 4-11-3 所示，且多相催化氧化工艺对于氨氮的去除效果一般，从图 4-11-2 可见，出水基本稳定在 400～500mg/L，去除率不到 20%，究其原因，是因为多相催化氧化体系中电催化所占的比例不高，而氨氮的去除需要氯系氧化物（典型代表为 HClO、NaClO），所以多相催化氧化工艺对于氨氮的去除效果一般，再考虑到多相催化氧化工艺处理高难度印染零排放母液废水 COD 的效率最高仅为 80%，采用单一工艺无法达标，因此可以把多相催化氧化技术作为高难度印染零排放母液的预处理工艺。

按照表 4-11-3、表 4-11-4 试验数据所示，处理 1L 废水，电压 7.7V，电流 6A，处理时间 1h，折合电耗 46.2kW·h，按照工业用电 0.75 元/(kW·h) 来计算，这部分的运行费用在吨水 34.65 元，可以实现 COD 的降解约 6000mg/L，折合每度电降解 173mg/L，与单纯的电催化氧化技术相比较，节能效果明显。

4.12 电芬顿催化氧化小试试验

4.12.1 试验条件和试验结果

本次试验所采用的电芬顿催化氧化试验小试反应器为天津市环境保护技术开发中心设计所自制，型号 EFenton-1L，详情见 3.6.6 所述，试验过程中采用的氧化剂为 H_2O_2（浓度 27.3%），Fe^{2+} 催化剂不单独投加，需要依靠电解铁阳极来产生，一般情况下，增加电流强度则 Fe^{2+} 的产量增大，反之则 Fe^{2+} 的产生量减小，一般按照 Fe^{2+} ∶ H_2O_2 ∶ COD＝1∶3∶3～1∶10∶10（质量比）确定电流强度的数值。

针对高难度印染零排放母液废水的实验室电芬顿催化氧化的小试试验的试验参数和条件如表 4-12-1 所示。

表 4-12-1　电芬顿催化氧化处理高难度印染零排放母液废水小试试验参数汇总

参数	处理水量/L	停留时间/h	pH	H_2O_2 ∶ COD	H_2O_2 ∶ $FeSO_4$ · $7H_2O$	原水 COD/(mg/L)
数值	0.5	1	3	1∶1	1∶3～1∶10	12400

针对电芬顿工艺的具体参数调整，需要通过不同的试验验证，主要在于电流、电解时间、H_2O_2 投加量的调整，根据这个原则设置几组不同试验，试验结果如表 4-12-2 所示，处理出水外观颜色如图 4-12-1 所示。

表 4-12-2　电芬顿处理高难度印染零排放母液出水 COD 数据汇总

序号	H_2O_2 ∶ COD	电压/V	电流/A	处理时间/h	出水 COD/(mg/L)
1	1	4.3	2	1	4340
2		4.8	4		3530
3		5.4	6		2680
4		6.0	8		2120
5		6.7	10		2470

续表

序号	H_2O_2 ∶ COD	电压/V	电流/A	处理时间/h	出水 COD/(mg/L)
6	2	4.3	2	1	4050
7		4.8	4		3130
8		5.4	6		2090
9		6.0	8		1310
10		6.7	10		1780
11	3	4.3	2	1	3820
12		4.8	4		2950
13		5.4	6		1540
14		6.0	8		1730
15		6.7	10		1620

注：由于本水样盐含量高，所以测试 COD 时采取稀释 10 倍，保证水样中 Cl^- 含量≤1000mg/L。

4.12.2　试验结果分析

根据以上试验数据分析，得出以下几点结论。

（1）电芬顿工艺的处理效果与 H_2O_2 的投加比例呈正相关，但是随着比例增长，其效果并没有线性增加，具体原因就如上面分析，所以定 H_2O_2 ∶ COD=1∶1 即可。

（2）电芬顿处理工艺当增加电流时，电压也会同步增加，从而导致整体电耗增加，并会导致进入水中的二价铁催化剂的增加，加速 COD 去除效率，效果优于单独的电催化工艺或者单独的芬顿工艺，所以电芬顿工艺对于 COD 物质的去除效果具备一定的协同效应，确定电芬顿的工艺条件如下：电流 10A，电压 6.7V，电解时间 1h。

图 4-12-1　电芬顿催化氧化处理高难度印染零排放出水外观

（3）对于高难度印染废水零排放母液来说，电芬顿的处理效果和电催化相当，但电催化工艺无须额外加入药剂，且没有大量铁泥产生，因此综合对比，对于该高难度印染零排放母液废水采用电催化工艺。

图 4-12-1 彩图

4.13　最终工艺路线确定

根据上述所有的试验数据分析，可以确定对于高难度印染零排放母液废水的最终处理工艺如图 4-13-1 所示。

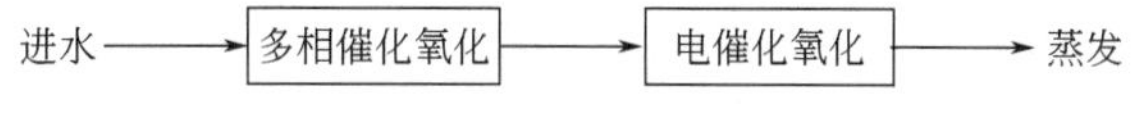

图 4-13-1　针对高难度印染零排放母液的最终处理方案

4.14　工艺确定后的连续试验

经过单项工艺试验，确定处理高难度印染零排放母液废水的最终组合工艺为多相催化氧化＋电催化氧化工艺，其中多相催化氧化工艺作为电催化氧化工艺的预处理工艺，负责去除80%左右的COD物质，然后利用电催化氧化工艺，除去剩余20%的COD物质和100%的氨氮，确保达标排放。

多相催化氧化工艺处理高难度印染零排放母液废水具体的运行参数为：处理量1L，电流6A，电压7.7V，停留时间1h，曝气流量1L/min。电催化氧化工艺具体的运行参数为：处理量1L，电流10A，电压4.5V，停留时间1h。

本次运行的方式采取连续运行，每天从上午8：00运行到下午5：00，每天采样1次，取样位置为多相催化氧化出水和电催化氧化出水，取样后稀释10倍测量COD和氨氮。连续运行时间30d，测试结果如表4-14-1所示。多相催化氧化＋电催化氧化处理高难度印染零排放母液出水COD、氨氮数据曲线图如图4-14-1、图4-14-2所示。

表4-14-1　高浓度印染零排放母液废水的连续流处理试验结果数据汇总

试验批次	多相出水COD/(mg/L)	多相出水氨氮/(mg/L)	电催化氧化出水COD/(mg/L)	电催化氧化出水氨氮/(mg/L)
1	4060	453	445	0.5
2	4120	433	431	0
3	4260	421	420	0.2
4	4310	445	422	0
5	4210	431	414	0
6	4030	420	443	0
7	4080	422	423	0.1
8	4120	414	453	0.2
9	4230	443	433	0
10	4180	423	423	0.5
11	3860	453	420	0.5
12	4030	433	426	0.5
13	4160	423	414	0
14	3800	445	441	0
15	4360	432	420	0
16	4140	420	453	0
17	4260	426	455	0
18	4320	414	458	0
19	4220	441	421	0.4
20	4540	420	422	0

续表

试验批次	多相出水 COD /(mg/L)	多相出水氨氮 /(mg/L)	电催化氧化出水 COD /(mg/L)	电催化氧化出水氨氮 /(mg/L)
21	4120	453	414	0
22	3810	455	443	0
23	3760	458	423	0.2
24	4060	421	453	0.1
25	4230	414	433	0
26	4210	424	423	0
27	4130	427	445	0
28	4150	441	432	0
29	4230	421	420	0
30	4210	450	457	0.2

注：由于本水样盐含量高，所以测试 COD 时采取稀释 10 倍，保证水样中 Cl^- 含量≤1000mg/L。

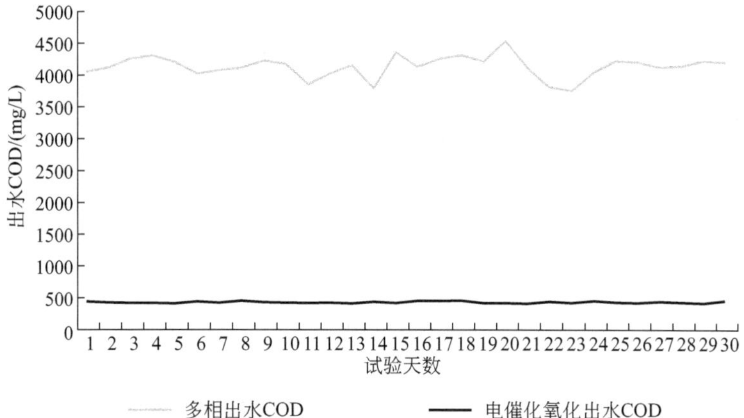

图 4-14-1　多相催化氧化＋电催化氧化处理高难度印染母液零排放母液废水出水 COD 曲线图

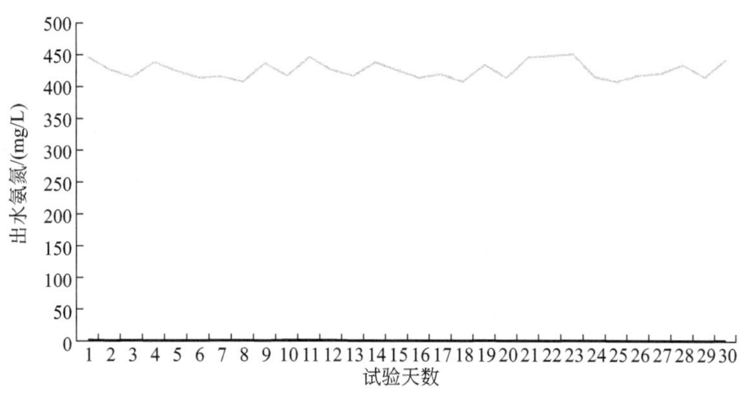

图 4-14-2　多相催化氧化＋电催化氧化处理高难度印染零排放母液废水出水氨氮曲线图

4.15　最终试验结果分析

(1) 对于高难度印染零排放母液废水来说，多相催化氧化工艺处理出水的COD和原水比较，去除率在70%～80%，这个结果与间歇试验结果基本一致，多相催化氧化工艺处理出水的氨氮与原水相比较，去除率在20%～30%，同样与间歇试验结果基本一致，可以表明多相催化氧化技术对于高难度印染零排放母液废水处理的稳定性。

(2) 多相催化氧化工艺出水继续经过电催化氧化工艺处理，其出水COD与多相催化氧化段出水相比，可以达到90%左右去除率，COD稳定小于500mg/L。电催化氧化工艺段出水氨氮基本为0mg/L，且连续出水试验数据较为稳定。

(3) 多相催化氧化＋电催化氧化工艺处理高难度印染零排放母液废水出水外观基本透明，且所剩余COD物质不多，大大减轻了后续蒸发分盐工艺压力，使其能够长期稳定运行。

(4) 按照连续性小试试验结果推算，多相催化氧化＋电催化氧化工艺电耗如下：(46.2＋45)×0.75＝68.4 (元/t)，并无药剂费用。

(5) 连续30d的运行后，效果基本稳定，具备中试、工业化放大的条件。

对于高难度印染零排放母液废水30d连续处理后的出水进行气-质分析，可以得知水中的主要成分如图4-15-1和表4-15-1所示。

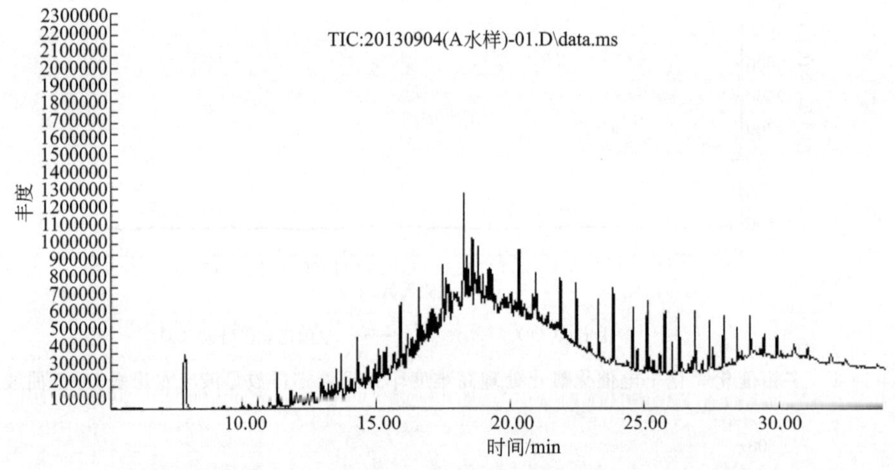

图4-15-1　多相催化氧化＋电催化氧化处理高难度印染零排放母液出水气-质联用结果

表4-15-1　多相催化氧化＋电催化氧化处理高难度印染零排放母液出水气相分析各成分占比

序号	时间/min	名称	结构	含量/%
1	11.304	$C_5H_7N_3O$ 1122-67-4	NH, N, N, OH	2.283
2	12.987	$C_7H_{10}O_2$ 34598-80-6	O, O	1.300
3	13.211	$C_5H_8N_2O$ 29636-87-1	OH, N, NH	1.447

续表

序号	时间/min	名称	结构	含量/%
4	13.494	$C_{10}H_{16}O$ 768-95-6	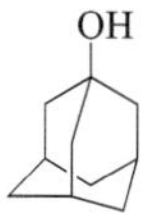 OH	1.702
5	13.689	$C_{11}H_{18}O$ 6221-74-5	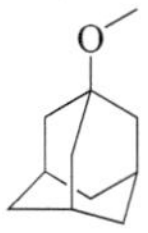 O	2.452
6	14.303	$C_{12}H_{36}O_6Si_6$ 540-97-6	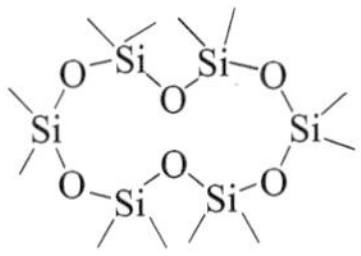 Si O Si O Si O Si O Si O Si O	3.255
7	14.929	$C_{11}H_{18}O$ 938-07-8	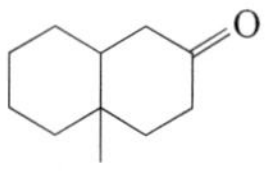 O	1.844
8	15.088	$C_7H_{13}N_3$ 5807-14-7	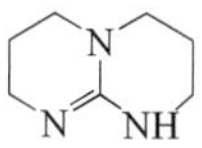 N N NH	1.642
9	15.277	$C_{10}H_{16}O$ 13351-29-6	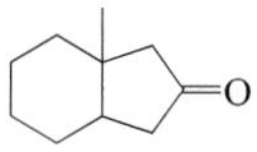 O	1.547
10	15.879	$C_9H_{13}NO_2$ 34967-24-3	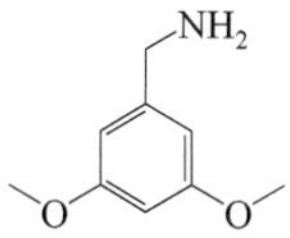 NH_2 O O	3.554
11	16.139	$C_{13}H_{24}$ 1000111-73-4		4.639
12	16.293	$C_{10}H_{20}O_2$ 1000185-44-6	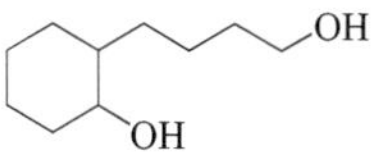 OH OH	1.351
13	16.558	$C_{14}H_{42}O_7Si_7$ 107-50-6	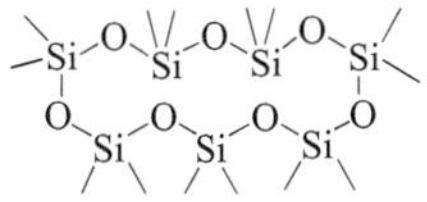 Si O Si O Si O Si O Si O Si O Si O	5.448
14	17.450	$C_{12}H_{19}F_3O_2$ 28587-51-1	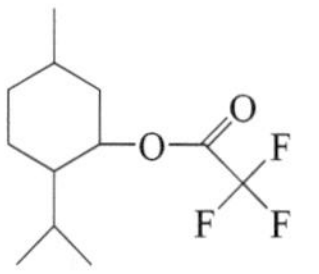 O O F F F	3.858
15	17.591	$C_{20}H_{30}O_4$ 146-50-9	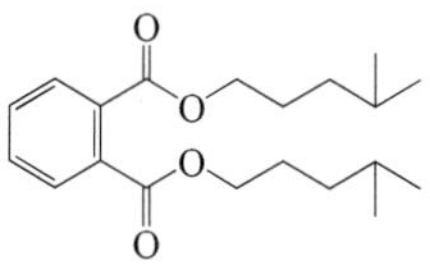 O O O O	3.223
16	18.229	$C_9H_{11}N_3$ 1000188-15-8	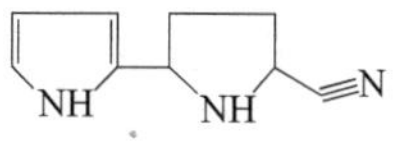 NH NH N	7.407

续表

序号	时间/min	名称	结构	含量/%
17	18.565	$C_{20}H_{42}O_4Si_4$ 56114-62-6	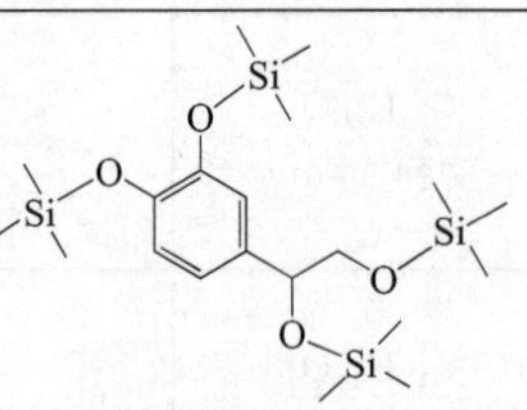	2.781
18	18.784	$C_8H_7N_3S$ 58758-95-5	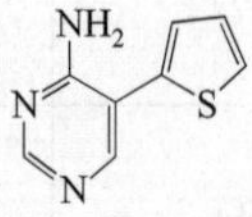	4.793
19	20.307	$C_{18}H_{54}O_9Si_9$ 556-71-8	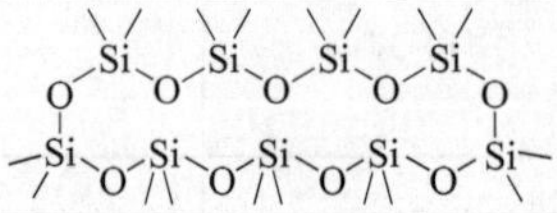	3.009
20	20.950	$C_{15}H_{24}O$ 87745-32-2	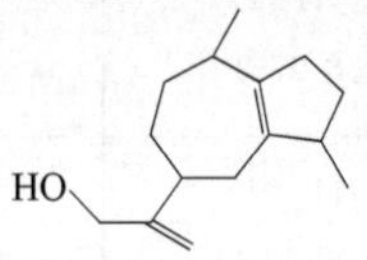	2.410
21	21.853	$C_{20}H_{60}O_{10}Si_{10}$ 18772-36-6	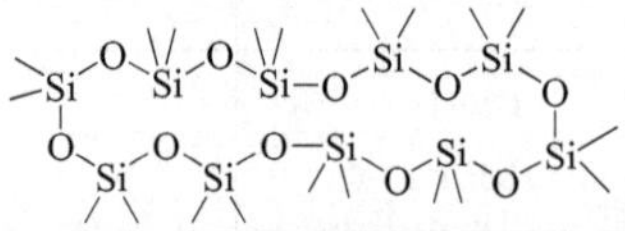	2.471
22	22.450	$C_{16}H_{48}O_6Si_7$ 541-01-5	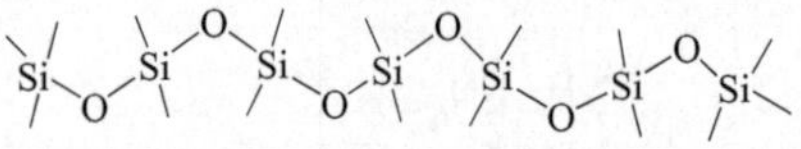	3.077
23	23.276	$C_{19}H_{36}O_5Si_3$ 1000071-70-2	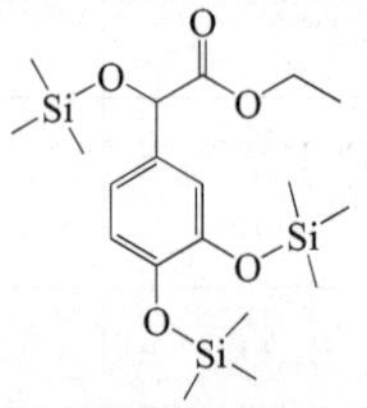	2.776
24	23.825	$C_{11}H_{11}NO_2$ 74579-34-3	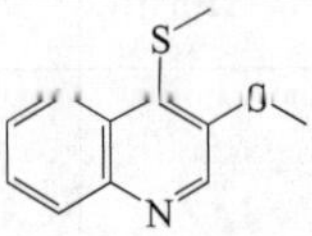	3.132
25	24.563	$C_{16}H_{30}O_4Si_3$ 10586-16-0	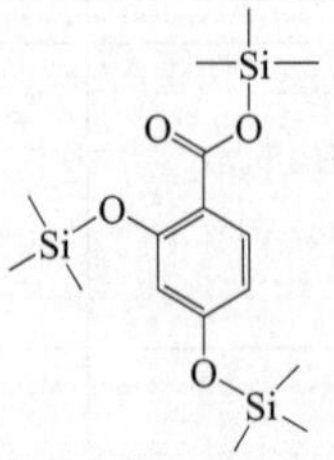	3.411
26	24.740	$C_{19}H_{39}Cl$ 62016-76-6	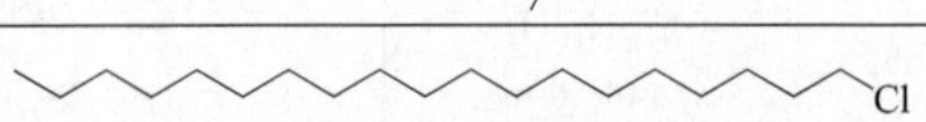	1.453
27	25.100	$C_{14}H_{18}NO_4P$ 107846-75-3	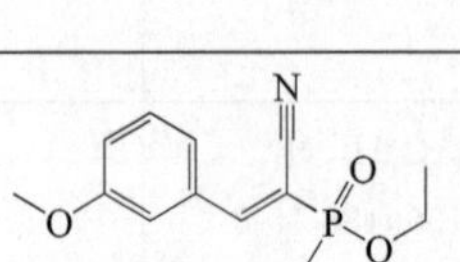	3.316

续表

序号	时间/min	名称	结构	含量/%
28	25.756	$C_{13}H_{10}F_3N_3O$ 288246-53-7	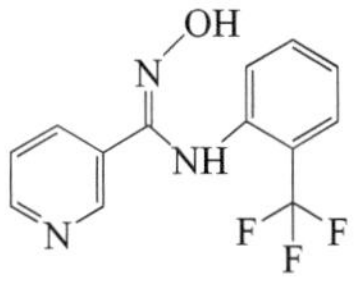	3.303
29	26.009	$C_{15}H_{307}$ 295-48-7	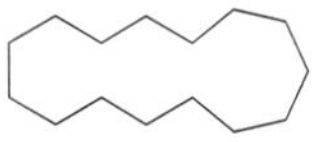	1.444
30	26.281	$C_{14}H_{42}O_5Si_6$ 107-52-8	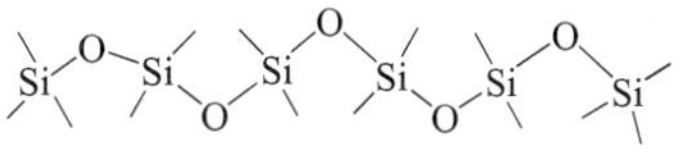	2.712
31	26.871	$C_{21}H_{27}ClN_2O_2Si_2$ 55319-93-2	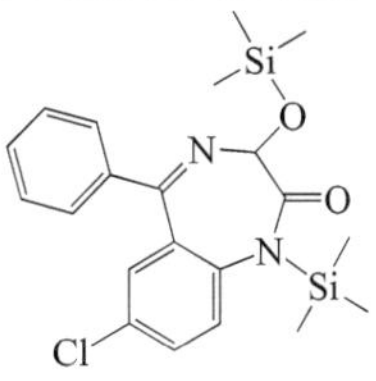	2.402
32	27.385	$C_{16}H_8Cl_2F_3NO_4$ 38635-54-0	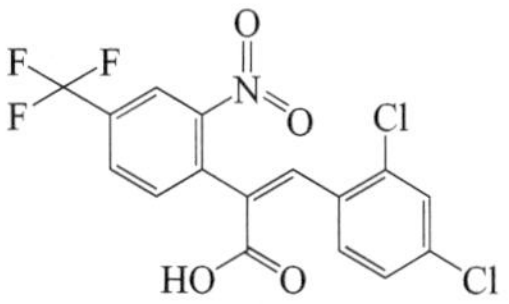	2.447
33	27.916	$C_{21}H_{15}N$ 3557-49-1	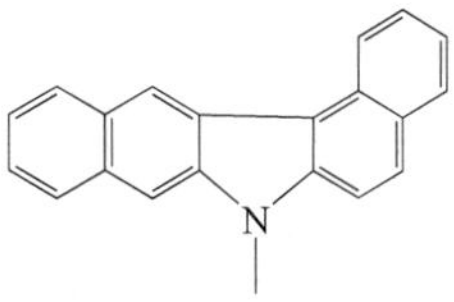	2.681
34	28.418	$C_{22}H_{27}NO_4$ 1000316-17-3	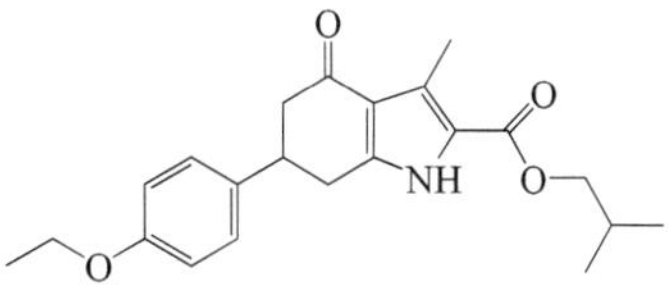	1.944
35	28.896	$C_{15}H_7NO_3S$ 1000110-33-6	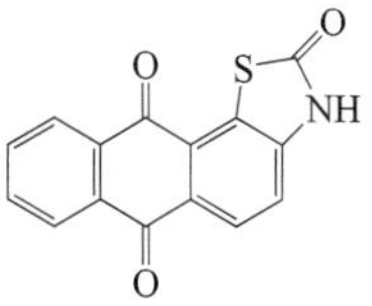	2.086
36	29.410	$C_{15}H_{29}NO_2Si_2$ 1000079-52-1	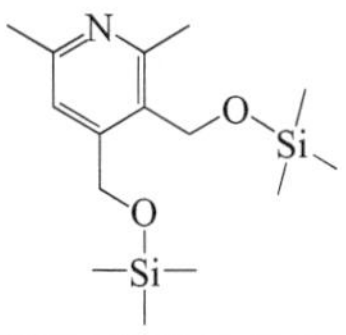	1.401

从图 4-15-1 和表 4-15-1 的分析结果可知，出水后水中的成分中没有发现印染废水中常见的组分，因此可以证明多相催化氧化+电催化氧化工艺的化学氧化效果比较强烈，基本能够把高难度印染零排放母液废水中的有机物成分降解。

4.16 项目主要技术要求

高难度印染零排放母液废水处理系统处理量为24m^3/d（2t/h），按照业主要求，技术方案处理规模已经充分考虑处理系统的抗水量负荷变化能力，可以保证系统在瞬时最大水量时仍能满足处理要求。污水处理成套设备占地面积≤50m^2，设备无须土建施工，整体系统结构紧凑、布局合理，所选用的工艺可以大大减少占地面积。

本技术方案针对该工业园区中水水质，主要采用“多相催化氧化＋电催化工艺”组合工艺方式。其工艺流程如图4-16-1所示。

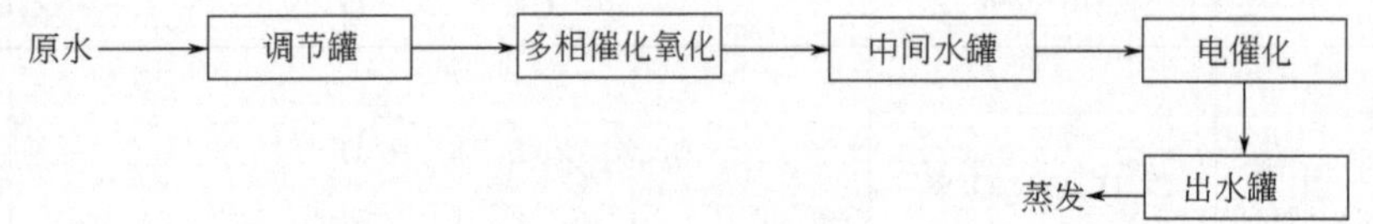

图4-16-1 本项目所用工艺流程图

技术方案的设计依据如下：首先该废水为高盐高浓度废水，极难生化，因此最适合的方式为化学氧化法，但是通过一系列的小试试验证明，该工艺采用单独工艺处理，极难达标，因此首选“多相催化氧化＋电催化氧化”组合工艺，经过试验验证，该组合工艺处理后的出水能够满足二次蒸发的进水要求。

按照以上工艺流程所示，原水首先进入调节罐均质均量，然后进入多相催化氧化设备进行初步处理，出水进入中间水罐后泵入电催化反应器进行反应，最终出水达到二次蒸发的要求。

4.17 处理工艺设施简要说明

4.17.1 原水调节罐

作用在调节原水来水水质水量，使整个系统具备一定的抗冲击负荷能力，鉴于本项目占地比较紧张，因此该调节水罐容积设定为2m^3，原水调节罐设置液位计，联动原水泵的启停操作。

4.17.2 多相催化氧化工艺

该设备为组合设备的第一步，主要目的是利用负载特殊组分碳基催化剂，同时通水曝气，形成三相接触流化床体系，以保证水中溶氧更大面积地在催化剂表面产生催化反应，产生羟基自由基物质，同时辅以微弱电场增强整个反应体系的电势差，强化氧在催化剂表面和水的三相催化过程，大大提高溶氧利用效率，进而去除水体中的有机物组分。

4.17.3 中间水罐

位于多相催化氧化和电催化氧化设备之间，起到均质多相催化氧化设备出水的目的。

4.17.4 电催化氧化工艺

电催化氧化工艺放在多相催化氧化工艺后段，目的有以下两个。

（1）继续降解部分COD。

（2）保证进二次蒸发水体色度达标。

4.18 设计依据及规范、标准

《城镇污水处理厂污染物排放标准》（GB 18918—2002）

《地表水环境质量标准》（GB 3838—2002）

《室外排水设计规范》（GB 50014—2006，2016年版）

《建筑给水排水设计规范》（GB 50015—2003，2009年版）

《混凝土结构设计规范》（GB 50010—2010）

《泵站设计规范》（GB 50265—2010）

《供配电系统设计规范》（GB 50052—2009）

《低压配电设计规范》（GB 50054—2011）

《通用用电设备配电设计规范》（GB 50055—2011）

《电力装置的继电保护和自动装置设计规范》（GB 50054—2008）

《电力工程电缆设计规范》（GB 50217—2007）

《建筑照明设计规范》（GB 50034—2013）

《交流电气装置的接地设计规范》（GB/T 50065—2011）

《建筑物防雷设计规范》（GB 50057—2010）

《水处理设备技术条件》（JB/T 2932—1999）

《水处理用滤料》（CJ/T 43—2005）

《水处理用滤砖》（CJ/T 47—2016）

《钢制焊接常压容器》（NB/T 47003.1—2009）

《平面、突面板式平焊钢制管法兰》（GB/T 9119—2010）

《给水排水管道施工及验收规范》（GB 50268—2008）

《工业自动化仪表工程施工及质量验收规范》（GB 50093—2013）

4.19 二次污染防止措施

4.19.1 臭气防治

本技术方案无臭气产生。

4.19.2 噪声控制

本技术方案可以确保周围环境噪声：白天≤60dB，晚上≤50dB。

4.19.3 污泥处理

本技术方案无污泥产生。

4.20　电气与控制管理

本技术方案自动控制系统为高难度印染零排放母液废水处理工程工艺所配置，自控专业主要涉及的内容为该污水处理系统中水泵与液位的连锁、报警、主备泵交替动作、电磁阀的定时工作等。

本技术方案中拟采用PLC程序控制。PLC控制柜无须专门设立控制室，放置现场即可。本工程装置内所有电动机均采用集中控制方式，电动机连锁由仪表专业的PLC实现。所有用电负荷均为380V低压用电负荷。

本技术方案中污水处理系统控制设备含一个就地PLC柜，完成对整个系统的控制，并预留接入和外传信号（4～20mA DC）的接线端子，就地PLC柜的防护等级应与PLC柜所处环境条件相适应。控制系统设计应满足工艺系统运行要求，并能实现无人值班情况下的正常运行，最终使收集并经过处理的生活污水满足排放要求。PLC控制柜内电气元件要求采用先进的优质产品。

4.20.1　自动控制逻辑

技术方案系统采用两种控制方式：就地手动控制、自动控制。

自动控制是在自动方式下，系统根据工艺要求按预设运行程序。当某一系统出现异常工况或某个设备故障，控制系统应有相对应的声光报警信息。

就地手动控制是当现场调试或控制设备检修时，可通过就地控制按钮实现对各设备的就地手动控制。

不论手动控制还是自动控制，均能实现对于主要设备的控制，包括自动控制原水进水泵的启停；直流电源的启停、曝气风机启停等，并设置1用1备设备的定期切换和故障切换等功能，并且可以在需要时（如维修状态下）切换到手动工作状态。

详细自动控制逻辑如下。

（1）多相催化氧化进水泵

多相催化氧化进水泵符合以下工况，水泵的启动受原水调节罐的高低液位控制。

① 高液位，报警（无声光），同时启动备用泵。

② 中液位，一台水泵工作，关闭备用泵。

③ 低液位，关闭所有水泵，停止系统运行。

④ 水泵中一台水泵出现故障，发出指示信号，另一台备用泵自动工作。

（2）电催化氧化进水泵

电催化氧化进水泵符合以下工况，水泵的启动受中间水罐的高低液位控制。

① 高液位，报警（无声光），同时启动备用泵。

② 中液位，一台水泵工作，关闭备用泵。

③ 低液位，关闭所有水泵，停止系统运行。

④ 水泵中一台水泵出现故障，发出指示信号，另一台备用泵自动工作。

（3）多相催化氧化装置直流电源

直流电源的启动与多相催化氧化进水泵联动，同步启停。

（4）多相催化氧化装置压缩机

压缩机的启动与多相催化氧化进水泵联动，同步启停。

（5）电催化氧化装置直流电源

直流电源的启动与电催化氧化进水泵联动，同步启停。

4.20.2 配电及装机容量

（1）设计原则

为确保安全，本技术方案设计中采用三相五线制线路（采用 TN-S 系统），电源进线接零线 N 与接地线 PE 相连。所有水处理系统的设备金属外壳均与 PE 线相连。

为使污水处理工程调试后正常工作，确保污水处理效果，本系统的低压供电系统采用双进线，即设置一路备用电源，采用人工切换。

（2）控制方式

根据技术方案工艺要求，对污水提升等系统中的主要环节可进行集中控制及现场控制，污水罐内的水位采用液位计传递信号，以达到液位自动控制的目的。

一旦自动控制失灵或变更使用工艺时，本系统可进行手动控制，工作状态以信号灯观察运行正常与否。

为了减少操作的劳动强度，并实现操作自动化、机械化，要求水泵能定时自动切换；当其中之一发生故障时，能进行声光报警，并自动切换另一台工作。当各水罐内水位达到最低水位以下时，水泵能自动停止工作；当水位达到最高水位时，进行声光报警，并自动启动备用泵工作。无备用设备的电机能根据确定的工艺时间按时启动和及时关闭，计量泵等设备可根据工作对象的工作情况确定是否工作、何时工作、怎样工作。

（3）装置及装机容量

① 动力线管采用镀锌管或焊接管。管道采用 PVC 管，所有配出线用 VV 电缆。信号线用 KVV 型电缆。

② 本技术方案设计动力装机总容量为 108.6kW，工艺额定容量为 54.3kW，配备动力设备如表 4-20-1 所示。

表 4-20-1 配备动力一览表

序号	用电设备名称	规格型号	数量/台	单机功率/kW	运行功率/kW	装机功率/kW	备注
1	多相催化氧化进水泵	TD32-21G/2	2	1.5	1.5	3	连续运行
2	电催化氧化进水泵	TD32-21G/2	2	1.5	1.5	3	连续运行
3	直流电源	ECO-Ⅱ-10	4	25	20	100	连续运行
4	压缩风机	YX-61D-2	2	1.3	1.3	2.6	连续运行

4.21 环境影响分析

4.21.1 污泥处理

本技术方案无污泥产生。

4.21.2　防渗措施

本技术方案极少有土建施工，全部采取碳钢支架安装，没有地下渗漏的风险。

4.21.3　防腐措施

本技术方案所有连接管均采用PVC管件，耐酸、碱、盐，所有金属材质也全部采取防腐措施，无须担心管件腐蚀问题。

4.21.4　除臭措施

本技术方案无任何产生臭味的来源。

4.21.5　降噪措施

本中水回用处理站最主要的噪声来源是直流电源冷却系统，且噪声可以控制在符合城市区域环境噪声标准（GB 3093—1997）中的二类标准，白天≤60dB，夜间≤50dB标准，无须额外降噪设施。

4.22　运行成本及效益分析

4.22.1　电力成本和药剂费用

计算用电负荷为动力装机总容量为108.6kW，工艺额定容量为54.3kW，电费0.75元/(kW·h)，折合每小时电费43.5元，折合吨水处理电耗为21.7元。

本技术方案无须任何药剂，因此无药剂费用。

4.22.2　每小时处理成本费用预测

(1) 动力费 E_1

$E_1(\max)=21.7$ 元/m^3。

(2) 药剂费 E_2

$E_2=0$ 元/m^3。

(3) 本技术方案处理 $1m^3$ 污水的运行成本

$E=E_1(\max)+E_2=21.7+0=21.7$（元/$m^3$）。

4.22.3　项目总成本分析

通过上述测算表明，本技术方案的单位运行成本为 $21.7\times2=43.4$（元/h）。

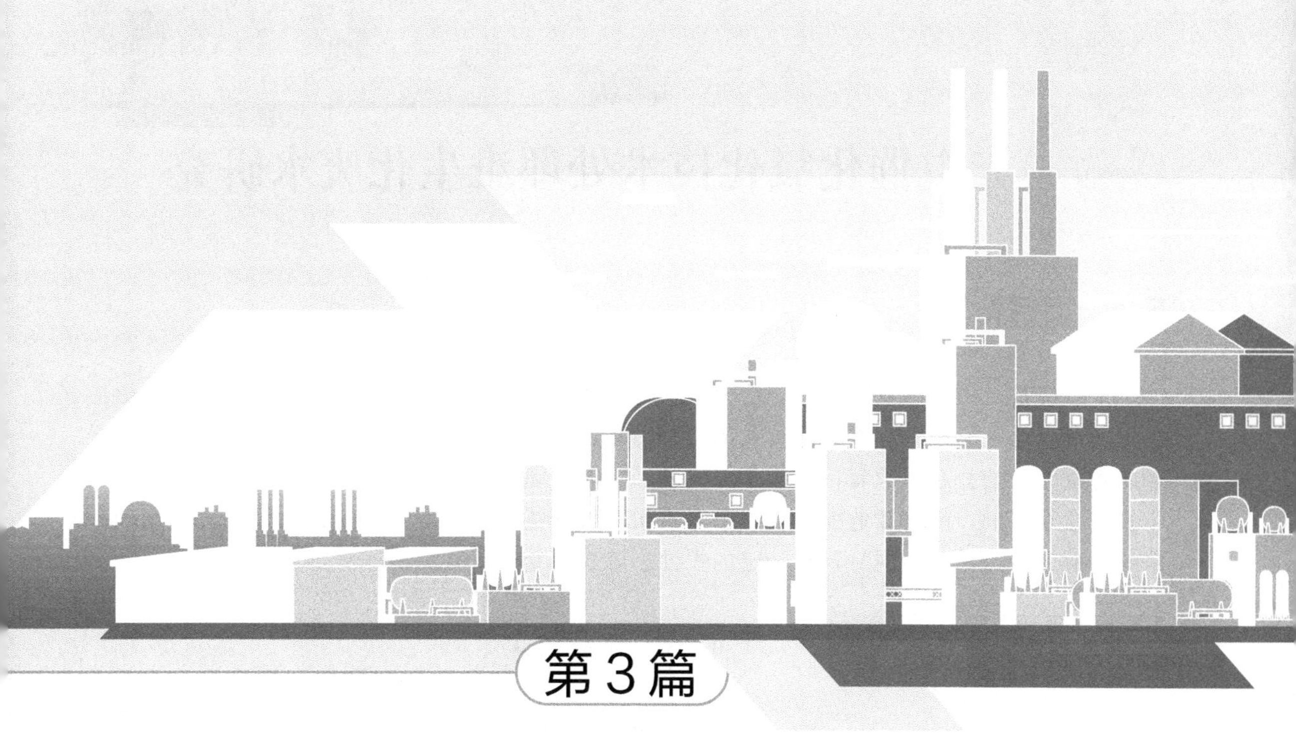

第3篇

高难度废水处理新技术研究与分析

5 光电催化氧化技术处理难生化废水研究

5.1 项目背景

十二烷基二甲基苄基氯化铵是迄今工业循环水处理中最常用的杀菌灭藻剂之一，广泛应用于石油、化工、电力、冶金等行业的循环冷却水系统中，用以控制循环冷却水系统菌藻滋生，对杀灭硫酸盐还原菌有特效。十二烷基二甲基苄基氯化铵是一种阳离子表面活性剂，属非氧化性杀菌剂，能有效地控制水中菌藻繁殖和黏泥生长，并具有良好的黏泥剥离作用和一定的分散、渗透作用，同时具有一定的去油、除臭和缓蚀作用。分子式如图 5-1-1 所示。

$$\left[C_{12}H_{25}-\overset{\overset{CH_3}{|}}{\underset{\underset{CH_3}{|}}{N^+}}-CH_2-C_6H_5 \right] Cl^-$$

图 5-1-1　十二烷基二甲基苄基氯化铵分子结构

非氧化性杀生剂多有一定的毒性，虽然微生物对杀生剂有微生物降解作用能使毒性降低，但在循环冷却水系统中使用之后，仍有一定的余毒，这些残余杀生剂通过排污进入江河后，会对自然水体造成污染。为保护环境，排污水中的含毒量需要符合国家标准的规定。同时含有杀菌剂十二烷基二甲基苄基氯化铵的废水不宜采用传统生化处理工艺处理，因为该类药剂对生化处理细菌有强抑制和毒害作用，所以必须经过预处理消除毒性后才能进行生化处理。本高难度杀菌剂废水主要所含成分即为十二烷基二甲基苄基氯化铵。

针对此种高难度杀菌剂废水，拟采用光催化、电催化和光电催化氧化三种高级氧化技术进行处理对比。

本次试验所采用的废水样为含有十二烷基二甲基苄基氯化铵的杀菌剂废水，废水水质指标如表 5-1-1 所示。

表 5-1-1　本次工艺试验所用水样水质指标

序号	指标名称	数值
1	电导率/(mS/cm)	4.58
2	pH	7.28
3	COD/(mg/L)	351
4	氨氮/(mg/L)	0.5
5	总氮/(mg/L)	7
6	总磷/(mg/L)	0.13

5.2　工艺设计试验药品及仪器

5.2.1　工艺设计试验药品

工艺设计试验中用到的药品及试剂如表 5-2-1 所示。

表 5-2-1　主要原料和试剂

药品名称	药品规格	药品产地
NaOH	分析纯	天津市化学试剂三厂
H_2SO_4	分析纯	天津市化学试剂三厂
HCl	分析纯	天津市化学试剂三厂
纳米 TiO_2 粉末	工业品	天津市澳大化工商贸有限公司
十二烷基二甲基苄基氯化铵	工业品	天津市澳大化工商贸有限公司
甲酸	色谱纯	天津市科密欧化学试剂有限公司
甲酸铵	色谱纯	天津市光复科技发展有限公司
36%乙酸	色谱纯	天津市科密欧化学试剂有限公司
乙腈	色谱纯	天津市科密欧化学试剂有限公司
四硼酸钠	分析纯	天津市科密欧化学试剂有限公司
磷酸二氢钠	分析纯	天津市科密欧化学试剂有限公司
次氯酸钠	分析纯	天津市光复科技发展有限公司
碘化钾	分析纯	天津市科密欧化学试剂有限公司
磷酸二氢钾	分析纯	天津市科密欧化学试剂有限公司
N,*N*-二乙基-1,4-苯二胺硫酸盐	分析纯	天津市风船化学试剂科技有限公司
乙二胺四乙酸二钠	分析纯	天津市光复科技发展有限公司
磷酸二氢钾	分析纯	天津市化学试剂三厂
磷酸氢二钠	分析纯	天津市化学试剂三厂
碘酸钾	优级纯	天津市科密欧化学试剂有限公司
硫代乙酰胺	分析纯	天津市化学试剂三厂

5.2.2　工艺设计试验仪器

工艺设计试验主要仪器如表 5-2-2 所示。

表 5-2-2　主要试验仪器设备及型号

仪器名称	仪器型号	仪器产地
COD 消解仪	DRB200	美国 HACH
分光光度计	DR/2800	美国 HACH
电子天平	AL204	梅特勒-托利多仪器(上海)有限公司
多组输出直流电源	GPC-3030DN	固纬电子苏州有限公司

续表

仪器名称	仪器型号	仪器产地
UV-VIS 分光光度计	UV-3600	日本岛津
傅里叶红外分光光度计	TENSOR 27	德国 BRUKER
TOC 分析仪	TOC-VCPN	岛津
液相色谱		安捷伦
pH 计	FE20	梅特勒-托利多
超声波清洗器	SB25-12DTD	宁波新芝生物科技股份有限公司
低速离心机	KDC-40	科大创新股份有限公司中佳分公司
鼓风式干燥箱	DHG-9123A	上海一恒科学仪器有限公司
真空干燥箱	DZF-6050	上海一恒科学仪器有限公司
蠕动泵	YZ1515	天津市协达电子有限责任公司
纯水机		MILLIPORE
紫外灯	365nm	天津市蓝水晶净化设备技术有限公司
石墨电极	$5\times6cm^2$	自制
DSA 电极	$5\times6cm^2$	自制

5.2.3　工艺设计试验装置

试验中所用到的光催化氧化反应装置原理如图 5-2-1 所示，电催化氧化反应装置原理如图 5-2-2 所示，光电催化氧化反应装置原理如图 5-2-3 所示。

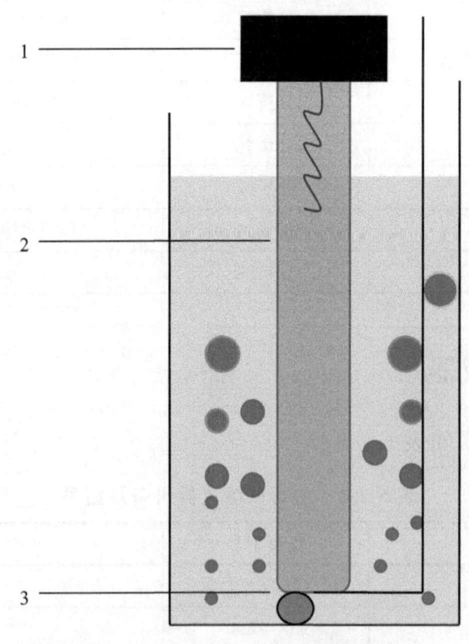

图 5-2-1　光催化反应器装置原理图

1—电子镇流器；2—紫外灯；3—曝气装置

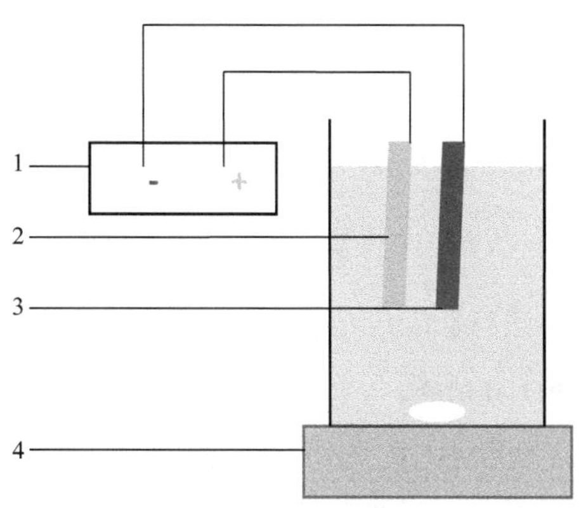

图 5-2-2 电催化氧化反应装置原理图
1—多组输出直流电源；2—DSA 阳极；
3—石墨阴极；4—磁力搅拌

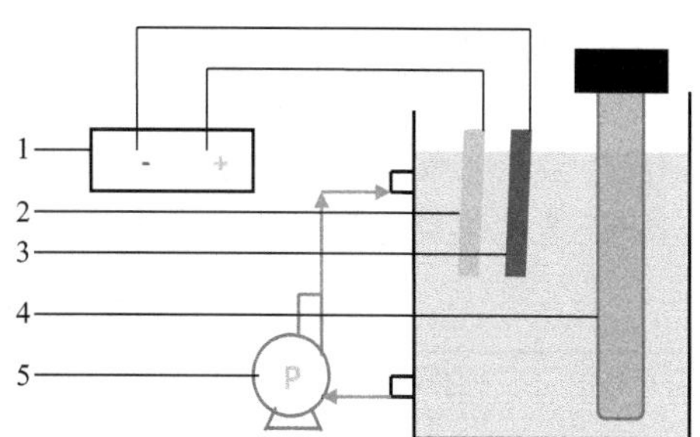

图 5-2-3 光电催化氧化反应装置原理图
1—直流稳压电源；2—DSA 阳极；
3—石墨阴极；4—紫外灯；5—蠕动泵

5.3 试验水质分析方法

试验中所用到的水质指标名称和监测方法如表 5-3-1 所示。

表 5-3-1 水质指标名称和测试方法

序号	指标名称	测试方法
1	COD	采用重铬酸钾分光光度法测定
2	TOC	在 TOC 分析仪上测定
3	十二烷基二甲基苄基氯化铵降解产物活性组分测定	采用四苯硼钠滴定法测定季铵盐结构
4	红外光谱分析(IR)	降解前后的样品进行减压蒸馏后，浓缩至有少量液体时于 50℃ 真空干燥箱中干燥至恒重进行红外检测
5	紫外-可见光谱分析(UV-VIS)	对处理后出水用 0.45μm 滤膜过滤后，用 UV3600 紫外可见分光光度计在 190～350nm 范围内进行扫描，分析降解过程中的产物结构
6	液相色谱分析(HPLC)	对处理后出水用 0.45μm 滤膜过滤后采用液相色谱法进行分析。中间产物的降解情况通过安捷伦液相色谱仪按照如下条件进行分析：C18 反相柱(安捷伦)，柱温：25℃，紫外检测器(检测波长为 262nm)，流动相为 A 为乙腈，B 为甲酸铵(甲酸调节 100mM 的甲酸铵至 pH 为 3.7)，其中 A 与 B 的体积比为 55∶45，流速为 1mL/min，进样量为 50μL
7	游离氯及总氯分析	当 pH 为 6.2～6.5 时，试样中的游离氯与 *N*，*N*-二乙基-1，4-苯二胺(DPD)直接反应，生成红色化合物，于 510nm 波长处，用分光光度法测定其吸光度，求得游离氯含量。当 pH 为 6.2～6.5 时，在过量碘化钾存在下，试样中总氯与 DPD 反应，生成红色化合物，于 510nm 波长处，用分光光度法测其吸光度，求得总氯含量
8	氯离子的测定	以铬酸钾为指示剂，在 pH 为 5～9 的范围内用硝酸银标准滴定溶液直接滴定。硝酸银与氯化物作用生成白色氯化银沉淀，当有过量的硝酸根存在时，则与铬酸钾指示剂反应，生成砖红色铬酸银，表示反应达到终点

5.4　光催化氧化法工艺试验研究

5.4.1　光催化处理工艺试验方法与过程

（1）验证光催化氧化效果的对照试验

验证光催化氧化效果的对照试验按照表 5-4-1 内容进行。

表 5-4-1　光催化氧化效果的对照试验

试验序号	试验名称	具体试验内容
1	光催化剂的吸附试验	初始 COD 约为 350mg/L 的十二烷基二甲基苄基氯化铵水溶液 1.5L，加入 0.2g/L 的 TiO_2 粉末，避光吸附 4h。每隔 1h 取样，经离心机（转速 3500r/min，时间 20min）离心后过滤测定废水的 COD
2	光解试验	将紫外灯放入初始 COD 约为 350mg/L 的十二烷基二甲基苄基氯化铵水溶液中，打开光源及曝气装置，紫外光解 4h。每隔 1h 取样，测定水样的 COD
3	光催化氧化试验	初始 COD 约为 350mg/L 的十二烷基二甲基苄基氯化铵水溶液 1.5L，加入 0.2g/L 的 TiO_2 粉末，充分混合 10min，插入紫外灯，打开光源及曝气装置。光催化氧化 4h，每隔 1h 取样，经离心分离后测定水样 COD

（2）反应时间对光催化氧化效果的影响

验证反应时间对光催化氧化效果影响试验按照表 5-4-2 内容进行。

表 5-4-2　反应时间对光催化氧化效果影响试验

操作步骤	操作内容
步骤 1	取初始 COD 约为 350mg/L 的十二烷基二甲基苄基氯化铵水溶液 1.5L，加入反应器
步骤 2	加入 0.2g/L 的 TiO_2 粉末作为催化剂
步骤 3	充分搅拌混合 10min
步骤 4	搅拌均匀后插入紫外灯
步骤 5	打开紫外灯光源
步骤 6	打开配套曝气装置
步骤 7	于反应 0.25h、0.5h、1h、2h、3h、4h、5h 及 6h 时分别取样
步骤 8	离心分离去除催化剂粉末后，测定水样 COD 并记录

（3）光催化剂用量对降解效果的影响

验证光催化剂用量对光催化氧化效果影响试验按照表 5-4-3 内容进行。

表 5-4-3　光催化剂用量对光催化氧化效果影响试验

操作步骤	操作内容
步骤 1	取初始 COD 约为 350mg/L 的十二烷基二甲基苄基氯化铵水溶液 1.5L，加入反应器
步骤 2	分别称取 0.05g/L、0.1g/L、0.2g/L、0.3g/L 及 0.4g/L 的 TiO_2 粉末溶于反应器中
步骤 3	充分搅拌混合 10min
步骤 4	搅拌均匀后插入紫外灯

续表

操作步骤	操作内容
步骤 5	打开紫外灯光源
步骤 6	打开配套曝气装置
步骤 7	于反应 0.5h、1h、2h、3h 时分别取样
步骤 8	离心分离去除催化剂粉末后，测定水样 COD 并记录

（4）初始 pH 对降解效果的影响

验证初始 pH 对光催化氧化降解效果影响试验按照表 5-4-4 内容进行。

表 5-4-4 初始 pH 对光催化氧化降解效果影响试验

操作步骤	操作内容
步骤 1	取初始 COD 约为 350mg/L 的十二烷基二甲基苄基氯化铵水溶液 1.5L，加入反应器
步骤 2	用 H_2SO_4(1+35)和 NaOH(1mol/L)调节原水初始 pH 为 2、4、7、9 及 11
步骤 3	称取 0.2g/L 的 TiO_2 粉末溶于反应器中
步骤 4	充分搅拌混合 10min
步骤 5	搅拌均匀后插入紫外灯
步骤 6	打开紫外灯光源
步骤 7	打开配套曝气装置
步骤 8	于反应 3h 时取样
步骤 9	离心分离去除催化剂粉末后，测定水样 COD 并记录

（5）光催化氧化过程中十二烷基二甲基苄基氯化铵降解机理研究

在最佳降解条件的基础上，当反应进行 0.5h、1h、1.5h、2h、3h 时取样，分析水样的 COD、TOC 及活性组分（含有季铵盐结构物质）含量。

5.4.2 光催化处理工艺分析

（1）验证光催化氧化效果的对照试验

光催化剂吸附试验、单纯光解试验和光催化氧化试验出水 COD 和相应去除率结果详见表 5-4-5～表 5-4-7。

表 5-4-5 光催化剂吸附试验出水 COD 及去除率数据汇总

取样时间/h	吸附出水 COD/(mg/L)	出水 COD 去除率/%
0	387.9	0
1	387.1	0.21
2	380.3	1.96
3	383.9	1.03
4	377.4	2.71

表 5-4-6 单纯光解试验出水 COD 及去除率数据汇总

时间/h	光解出水 COD/(mg/L)	出水 COD 去除率/%
0	387.9	0
1	386.9	0.26
2	384.9	0.77
3	372.1	4.07
4	374.8	3.38

表 5-4-7 光催化氧化试验出水 COD 及去除率数据汇总

时间/h	光催化出水 COD/(mg/L)	出水 COD 去除率/%
0	456.1	0
1	289.4	36.55
2	237.3	47.97
3	209.1	54.15
4	190.8	58.17

光催化剂吸附试验、单纯光解试验和光催化氧化试验出水 COD 去除率对比曲线图如图 5-4-1 所示。

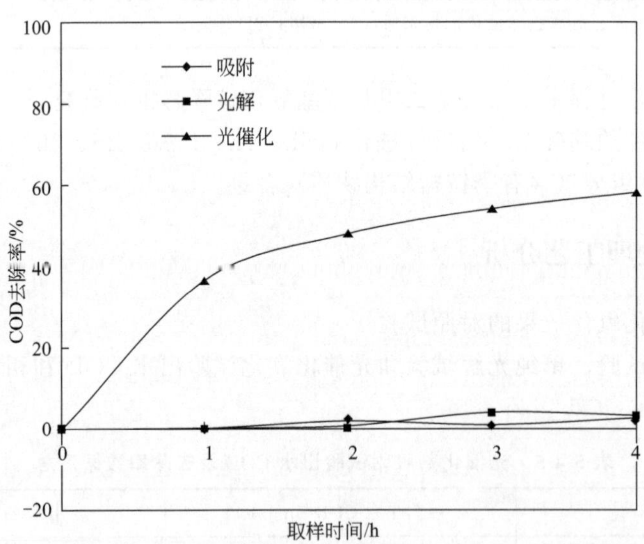

图 5-4-1 光催化剂吸附、单纯光解、光催化试验出水 COD 去除率对比曲线图

如图 5-4-1 所示，吸附、光解、光催化氧化法降解十二烷基二甲基苄基氯化铵反应进行 4h 后，光催化氧化法的 COD 去除率达到了 58%，而单纯的紫外光照及光催化剂的吸附试验在整个反应过程中均没有明显的降解反应发生。说明水中的有机物质只有在紫外光照及光催化剂同时存在的情况下才会发生降解。

(2) 反应时间对光催化氧化效果的影响

光催化氧化不同反应时间出水 COD 和相应去除率结果详见表 5-4-8。

表 5-4-8 光催化氧化不同反应时间出水 COD 及去除率数据汇总

取样时间/h	出水 COD/(mg/L)	出水 COD 去除率/%
0	418.9	0
0.25	317.4	24.23
0.5	250.3	40.24
1	241.3	42.39
2	215.9	48.46
3	184.7	55.91
4	172.1	58.92
5	170.4	59.32
6	169.1	59.63

光催化氧化不同反应时间下十二烷基二甲基苄基氯化铵的 COD 去除率曲线如图 5-4-2 所示。由图 5-4-2 可见，光催化反应的前半小时内有机物发生了显著的降解，去除率达到了 40%，反应继续到 3h 时，COD 去除率缓慢增加，达到 56%。但是当反应延长至 4h 时 COD 去除率为 58%，继续延长反应时间 COD 去除率都没有相应增大。

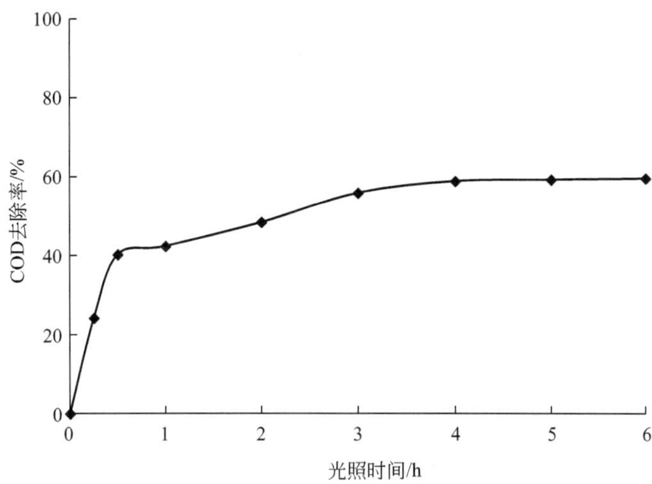

图 5-4-2 光催化氧化法降解十二烷基二甲基苄基氯化铵的 COD 去除率随时间的变化图

这可能是由于光催化反应进行到 3h 时，生成了较难被继续降解的物质，此时的反应体系不足以促使此类降解中间产物继续发生氧化降解，所以 3h 以后的 COD 去除率变化效果并不显著。因此确定最佳的降解时间为 3h。

(3) 光催化剂用量对降解效果的影响

催化剂的投加量会影响污染物的降解效果。表 5-4-9～表 5-4-14 为固定光照时间为 3h，催化剂投加量分别为 0g/L、0.05g/L、0.1g/L、0.2g/L、0.3g/L 及 0.4g/L 时十二烷基二甲基苄基氯化铵水溶液的 COD 及相应的 COD 去除率。

表 5-4-9 投加 0g/L 催化剂时不同反应时间出水 COD 及去除率数据汇总

取样时间/h	出水 COD/(mg/L)	出水 COD 去除率/%
0	387.9	0
0.5	387.1	0.21
1	387.6	0.08
2	378.7	2.37
3	383.7	1.08
4	377.1	2.78
6	379.2	2.24

表 5-4-10 投加 0.05g/L 催化剂时不同反应时间出水 COD 及去除率数据汇总

取样时间/h	出水 COD/(mg/L)	出水 COD 去除率/%
0	400.5	0
0.5	347.6	13.21
1	312.7	21.92
2	250	37.58
3	234.9	41.35
4	227.9	43.10

表 5-4-11 投加 0.1g/L 催化剂时不同反应时间出水 COD 及去除率数据汇总

取样时间/h	出水 COD/(mg/L)	出水 COD 去除率/%
0	428	0
0.5	352.9	17.55
1	297.3	30.54
2	250.4	41.50
3	227.9	46.75
4	216.9	49.32

表 5-4-12 投加 0.2g/L 催化剂时不同反应时间出水 COD 及去除率数据汇总

取样时间/h	出水 COD/(mg/L)	出水 COD 去除率/%
0	456.1	0
0.5	336.9	26.13
1	289.4	36.55
2	237.3	47.97
3	209.1	54.15
4	192.8	57.73

表 5-4-13 投加 0.3g/L 催化剂时不同反应时间出水 COD 及去除率数据汇总

取样时间/h	出水 COD/(mg/L)	出水 COD 去除率/%
0	399.7	0
0.5	299.6	25.04
1	258.4	35.35
2	216.9	45.73
3	190.4	52.36
4	174.6	56.32

表 5-4-14 投加 0.4g/L 催化剂时不同反应时间出水 COD 及去除率数据汇总

取样时间/h	出水 COD/(mg/L)	出水 COD 去除率/%
0	379.7	0
0.5	300.8	20.79
1	257.1	32.29
2	207.6	45.33
3	196.9	48.14
4	188.3	50.41

图 5-4-3 为固定光照时间为 3h，催化剂投加量分别为 0g/L、0.05g/L、0.1g/L、0.2g/L、0.3g/L 及 0.4g/L 时十二烷基二甲基苄基氯化铵水溶液的 COD 去除率随时间变化的曲线图。光催化反应 3h 后不同催化剂用量下的 COD 去除率如图 5-4-4 所示。

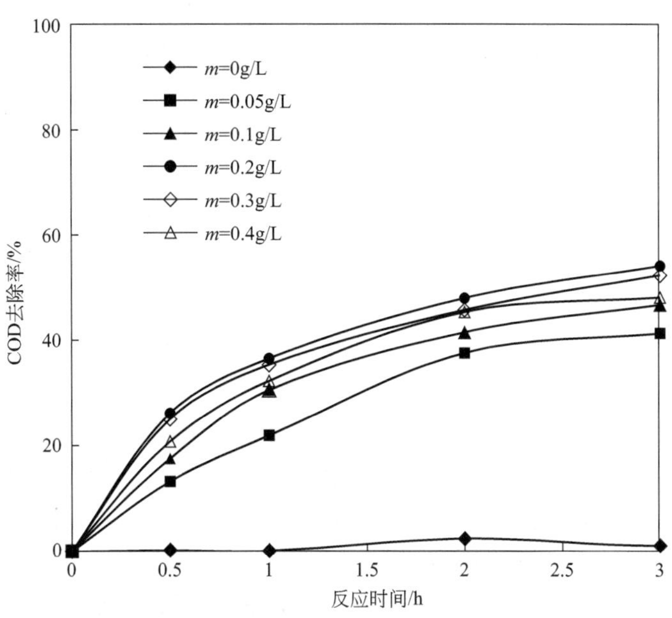

图 5-4-3 不同催化剂加入量下的 COD 去除率随时间变化的曲线图

由这两图可见，少量的催化剂投入就可以促使光催化氧化反应发生，并且有机物的 COD 去除率随着催化剂用量的增加而增加，当催化剂的加入量为 0.2g/L 时，COD 去除率达到最大值 58%，继续增加催化剂的用量反而会抑制光催化氧化反应的进行。

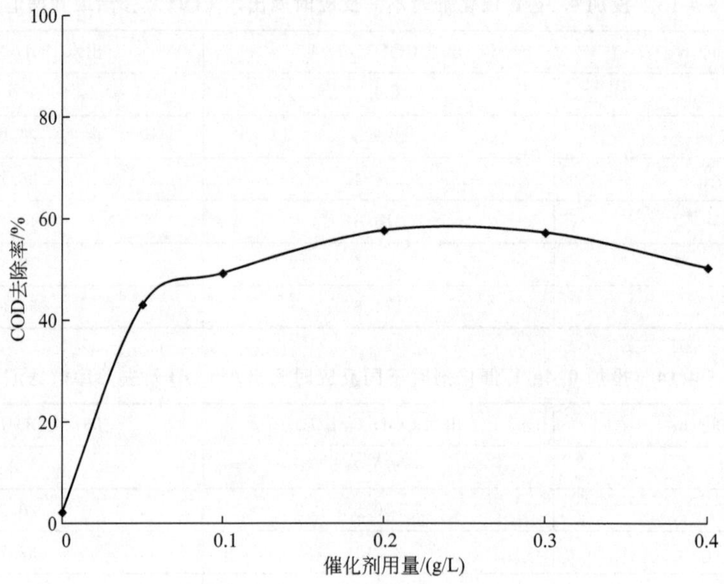

图 5-4-4 光催化反应 3h 时不同催化剂用量下的 COD 去除率

这是因为催化剂的量太少时，光源产生的光子能量不能被充分利用，反应速率较慢，而催化剂用量过多时，反应液中的悬浮颗粒增加到了一定的程度，TiO_2 颗粒对光的遮蔽作用影响了溶液的透光率，也将减慢反应速率。因此，反应速率最接近最高值时的最小催化剂用量为 0.2g/L。

(4) 初始 pH 对降解效果的影响

固定光照时间为 3h，催化剂加入量为 0.2g/L，通过 H_2SO_4（1＋35）和 NaOH（1mol/L）改变溶液的初始 pH，出水 COD 及其去除率数据如表 5-4-15 所示。

表 5-4-15 不同初始 pH 时光催化氧化出水 COD 及去除率数据汇总

进水 pH	出水 COD/(mg/L)	出水 COD 去除率/%
2.56	337.5	14.01
4.9	327.9	16.46
7.09	202.7	48.36
9.06	173.5	55.80
10.96	139.4	64.48

图 5-4-5 为不同起始 pH 对十二烷基二甲基苄基氯化铵水溶液的 COD 去除率的曲线图。由图 5-4-5 可知，随着初始 pH 的增加，十二烷基二甲基苄基氯化铵的降解率相应增大。碱性条件有利于降解反应的进行。当 pH＝10.96 时，COD 去除率达到了 64％。

光催化反应在碱性条件下处理效果较好。主要原因如下。

① TiO_2 颗粒的等电点是 6.8。在不同的 pH 条件下，TiO_2 上的—OH 基团存在着如下所示的 Lewis 酸碱平衡反应：

$$pH<pH_{pzc} \qquad TiOH+H^+ \rightleftharpoons TiOH_2^+ \tag{5-1}$$

$$pH>pH_{pzc} \qquad TiOH+OH^- \rightleftharpoons TiO^- +H_2O \tag{5-2}$$

TiO_2 在酸性溶液（pH＜6.8）中带正电荷，如式(5-1) 所示；在碱性溶液（pH＞6.8）

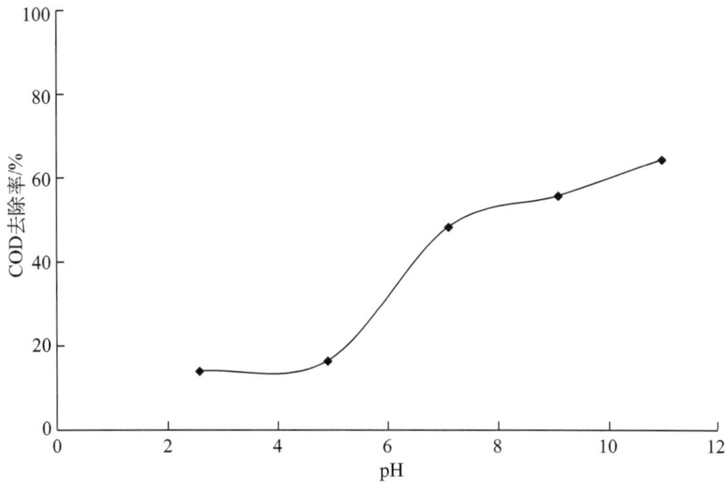

图 5-4-5 光催化反应 3h 后不同起始 pH 下的 COD 去除率

中带负电荷，如式(5-2) 所示。而十二烷基二甲基苄基氯化铵是一种阳离子表面活性剂，溶于水后为阳离子基团，与半导体 TiO_2 表面的 H^+ 排斥；而在碱性条件下，十二烷基二甲基苄基氯化铵易与荷负电的 TiO_2 结合，从而更易扩散到催化剂的表面而被吸附及降解。

② 由光催化氧化反应机理可知，在碱性条件下，过量的 OH^- 可捕获 TiO_2 中的空穴，有利于生成 · OH，因此碱性越强降解率也越高。因此选取 pH＝10.96 作为最佳的起始 pH。

(5) 光催化氧化过程中十二烷基二甲基苄基氯化铵降解机理研究

根据以上确定条件，进行最终光催化氧化试验，并针对出水 COD、TOC 和十二烷基二甲基苄基氯化铵活性组分进行分析，数据汇总详见表 5-4-16。

表 5-4-16 不同初始 pH 时光催化氧化出水 COD 及去除率数据汇总

反应时间 /h	出水 COD /(mg/L)	COD 去除率 /%	出水 TOC /(mg/L)	TOC 去除率 /%	活性组分 /(mg/L)
0	392.5	0	141.1	0	0.69
0.5	244.6	37.68	92.3	34.59	0.4
1	215.9	44.99	67.1	52.45	0
1.5	197.5	49.68	62.1	55.99	0
2	179.3	54.32	57.6	59.18	0
3	120.4	69.32	40.2	71.51	0

最终光催化氧化试验出水 COD、TOC 以及活性组分的去除率曲线图见图 5-4-6。

由图 5-4-6 可知，随着光催化氧化反应的进行，TOC 逐渐下降，在 0～1h 内降解效果明显。TOC 由 141.1mg/L 降至 67.1mg/L，反应 3h 后 TOC 去除率达到 67%。

TOC 去除率逐渐增加说明经过光催化反应后，部分有机物被矿化为无机小分子和 CO_2。采用四苯硼钠滴定的方法来检测各阶段水溶液中的活性组分季铵盐成分的含量，当光催化反应进行 1h 后，不再发生显色反应，说明十二烷基二甲基苄基氯化铵中的季铵盐结构全部被

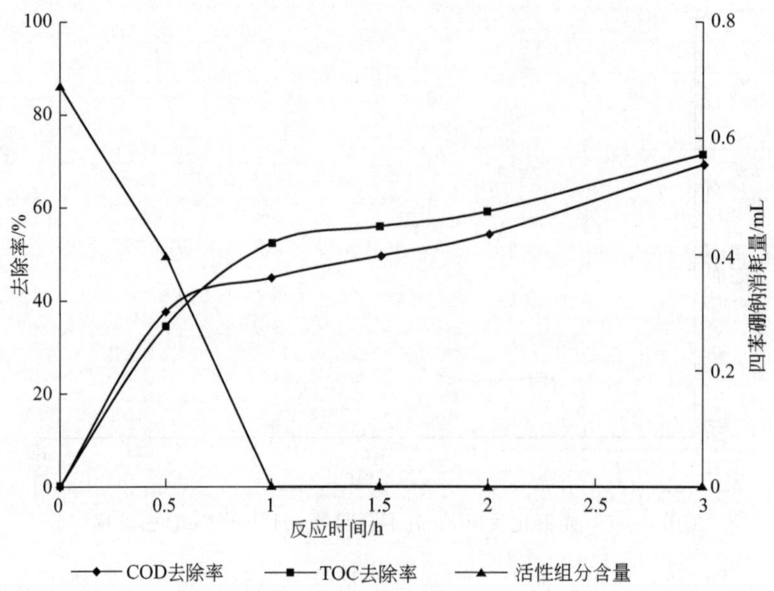

图 5-4-6 COD、TOC 去除率及活性组分含量随时间变化的曲线图

破坏。由此推测，在十二烷基二甲基苄基氯化铵的降解过程中，以季铵盐结构消失为标志的降解反应最容易进行。

通过以上试验，在光催化氧化过程中紫外光照引发半导体光催化剂产生了电子-空穴对，具有强氧化能力的光生空穴可以对催化剂表面上所吸附的有机物实现氧化降解，如下式所示：

$$TiO_2 + h\nu \longrightarrow TiO_2(e^- + h^+) \tag{5-3}$$

$$h^+ + RH \rightarrow \cdot RH^+ \longrightarrow \text{降解产物} \tag{5-4}$$

同时，在降解过程中还可能通过 H_2O 及 OH^- 的参与而生成高活性的羟基自由基（·OH）实现了对有机物质的氧化降解。如下式所示：

$$h^+ + H_2O \longrightarrow H^+ + \cdot OH \tag{5-5}$$

$$h^+ + OH^- \longrightarrow \cdot OH \tag{5-6}$$

$$\cdot OH + RH \longrightarrow \text{降解产物} \tag{5-7}$$

5.4.3 光催化处理工艺试验结论

试验以含有十二烷基二甲基苄基氯化铵的水样为处理目标，采用光催化氧化法，探索了最佳的降解条件，并且对十二烷基二甲基苄基氯化铵的降解机理进行了研究。

（1）使用光催化氧化的降解方法对十二烷基二甲基苄基氯化铵进行降解试验，对于初始 COD 为 350mg/L 的十二烷基二甲基苄基氯化铵水溶液而言，通过改变试验条件得出最佳的光催化降解试验条件为：TiO_2 的最佳投入量为 0.2g/L，初始 pH 为 10.96，经 3h 反应后，十二烷基二甲基苄基氯化铵的 COD 去除率可以达到 64%。

（2）随着光催化反应的进行，TOC 逐渐下降，在 0～1h 内降解效果明显。TOC 由 141.1mg/L 降至 67.1mg/L，反应 3h 后 TOC 去除率达到 67%。

（3）光催化反应进行 1h 后，十二烷基二甲基苄基氯化铵全部消失。

5.5　电催化氧化法工艺试验研究

5.5.1　电催化处理工艺试验方法与过程

（1）空白对照试验

电催化氧化处理十二烷基二甲基苄基氯化铵废水的空白对照试验采取芬顿试剂氧化法，并按照表 5-5-1 所述试验步骤进行。

表 5-5-1　芬顿氧化空白对照试验步骤

操作步骤	操作内容
步骤 1	取初始 COD 约为 350mg/L 的十二烷基二甲基苄基氯化铵水溶液 2L，加入反应器
步骤 2	选用 H_2SO_4(1＋35)调节初始 COD 约为 350mg/L 的十二烷基二甲基苄基氯化铵水溶液至 pH≈3
步骤 3	向 2L 的十二烷基二甲基苄基氯化铵水溶液中加入 1.112g $FeSO_4 \cdot 7H_2O$(Fe^{2+} 含量为 2mmol/L)
步骤 4	按照 H_2O_2：水样的体积比为 0.5mL/L 添加 1mL H_2O_2
步骤 5	搅拌反应 3h
步骤 6	用 NaOH 调整 pH 到 8 左右
步骤 7	待 $Fe(OH)_3$ 絮体沉降后取上清液
步骤 8	测试上清液 COD

（2）电催化降解试验

电催化氧化处理十二烷基二甲基苄基氯化铵废水试验方法及步骤按照表 5-5-2 所述试验步骤进行。

表 5-5-2　电催化氧化试验步骤

操作步骤	操作内容
步骤 1	取初始 COD 约为 350mg/L 的十二烷基二甲基苄基氯化铵水溶液 2L，加入反应器
步骤 2	选取石墨电极充当阴阳极材料，并考察不同电压、极间距、电解质、曝气、初始 pH 等因素对降解效果的影响
步骤 3	按照以上条件电解 3h，出水测量 COD
步骤 4	选取 DSA 阳极充当阴阳极材料，并考察不同电压、极间距、电解质、曝气、初始 pH 等因素对降解效果的影响
步骤 5	按照以上条件电解 3h，出水测量 COD
步骤 6	选取不锈钢电极充当阴阳极材料，并考察不同电压、极间距、电解质、曝气、初始 pH 等因素对降解效果的影响
步骤 7	按照以上条件电解 3h，出水测量 COD
步骤 8	确定最佳试验条件后，继续考察外加 $FeSO_4$ 或 H_2O_2 于电催化体系之中，形成电助芬顿体系，反应 3h 后测定水样 COD

5.5.2　电催化处理工艺分析

（1）空白对照试验

芬顿试剂氧化法 3h 后的 COD 去除率达到 57.6%。以此作为电催化氧化降解试验的对照试验。

（2）电催化降解试验

① 固定阴、阳极极板材料（阳极：DSA电极；阴极：石墨电极） 不同反应条件下反应3h后的COD去除率如表5-5-3所示。试验中当极板间距为10cm、外加电压为10V时，不能使有机物得到有效的去除，且反应中可能生成了某种难降解的物质而使得COD增大。

表5-5-3 DSA电极为阳极，石墨电极为阴极时不同反应条件下COD去除率

试验序号	间距/cm	电压/V	起始pH	曝气	$FeSO_4$/(g/L)	H_2O_2/(mL/L)	电解质 Na_2SO_4 含量/(g/L)	COD去除率/%
1	10	10						−53.2
2	10	10					2	−30.3
3	10	10				1	2	0.8
4	10	30					2	1.3
5	10	10			0.556	1		57.5
6	10	10			0.556	1	1	55.6
7	10	10			0.556			−24.3
8	10	10		√	0.556			−1.6
9	3	20					2	10
10	3	30					2	13.7
11	3	20	2.93				2	5.7
12	3	20	11.3				2	3.6
13	3	20					10	2.9
14	2	20					2	10.0
15	0.5	20					2	12.9
16	0.5	20			0.556	1	2	55
17	0.5	20						5.0

注：对勾就是代表这一个系列的试验中，加入了曝气这一个操作，没有对勾的就是没有加入曝气条件。

表5-5-1中，试验2在试验1的基础上外加了电解质于 Na_2SO_4 电催化氧化体系之中，反应3h后，COD增大。外加电解质的引入，使得溶液的导电能力增强，电解质对电催化氧化过程的影响体现在两个方面：一是电解质浓度增加，意味着导电能力增加，槽电压降低，电压效率提高；二是电化学过程会产生复杂的电化学反应，不同的电解质会发生不同的作用，一些电解质在电解过程中不参加反应，只起导电作用，如 Na_2SO_4，另外一些电解质在电解过程中可以参与电极反应，如NaCl，氯离子在阳极氧化成氯气，进而转变为次氯酸，这些活性氯物种均将参与到降解反应之中。试验2表明外加电解质于电催化氧化体系中也没有使COD得到有效的下降。

试验3外加氧化剂 H_2O_2 于试验2体系之中，但是水溶液中的有机物依旧没有得到有效的去除。

试验4在试验2的基础上通过提高外加电压，使得 $U=30V$，但是水溶液中的有机物也并没有得到有效的去除。

试验5在试验1的基础上通过外加芬顿试剂于电催化氧化体系之中，形成电助-芬顿降解体系，COD明显下降，COD去除率达到57.46%。但是，通过对照试验（芬顿试剂氧化法），同样使得COD的去除率达到57.6%。由此可见，电助-芬顿体系中的降解作用是由芬

顿试剂的氧化作用实现的。

试验 6 在试验 5 的基础上外加电解质于体系之中，试图通过外加电解质的方法提高导电能力，但是，水溶液中的十二烷基二甲基苄基氯化铵并没有在试验 5 的基础上得到明显的降解去除，试验已达到的 COD 去除率依旧是由芬顿试剂的氧化作用实现的。

由上述试验可知，芬顿试剂的氧化能力可使得水溶液中的十二烷基二甲基苄基氯化铵得到一定程度的降解去除，但是采用外加芬顿试剂的传统氧化方法由于芬顿试剂中的 H_2O_2 和 Fe^{2+} 需要一次加入，会随着反应的进行不断消耗减少，氧化能力将随之减弱而且无法循环使用，使得生产成本高，处理效率低。

试验 7 是在试验 1 的基础上通过外加 $FeSO_4 \cdot 7H_2O$ 于电解体系之中，依靠阴极的还原作用产生 H_2O_2，构成电芬顿体系，但是，可能由于双氧水的产生量较少，使得 $FeSO_4 \cdot 7H_2O$ 主要起到了外加电解质增强导电性的作用。水溶液中的有机物并没有得到有效的降解。

试验 8 在试验 7 的基础上于阴极曝气，以增加在阴极还原产生 H_2O_2 的能力，但是水溶液中的有机物也并没有因此而得到有效的降解去除。

由以上试验可以推测，电催化氧化作用并没有使有机物得到有效的降解去除，可能由于极板间距过大，影响了电场强度的大小。因此，以下试验对极板间距进行了调整。

试验 9 固定极板间距为 3cm，外加场强为 20V，外加 Na_2SO_4 作为支持电解质。

试验 11、试验 12 在试验 10 的基础上对溶液的初始 pH 进行了调节，酸性条件（pH＝2.93）和碱性条件（pH＝11.3）下，均未产生明显的降解效果。

试验 10 在试验 9 的基础上继续增加外加电压，相应的 COD 并没有在试验 9 的基础上发生显著减小。

试验 13 在试验 10 的基础上通过增加支持电解质的含量以提高导电能力，但是有机物也没有因此而得到有效的降解去除。

试验 14 继续缩小极板间距至 2cm，降解效果依旧不显著。

试验 15 继续缩小极板间距为 0.5cm，降解效果不显著。

试验 16 在极板间距为 0.5cm 的基础上，外加芬顿试剂氧化，COD 去除率仍维持在原来单纯的芬顿试剂氧化降解能力的基础上，没有进一步地降解去除。

试验 17 在极板间距为 0.5cm 的基础上，外加 20V 电压，反应 3h 后 COD 去除率仅为 5%。

② 固定阴、阳极极板材料（阳极：石墨；阴极：石墨） 不同反应条件下降解 3h 后的 COD 去除率如表 5-5-4 所示。

表 5-5-4 石墨电极为阳极，石墨电极为阴极时不同反应条件下 COD 去除率

试验序号	间距/cm	电压/V	曝气	$FeSO_4$/(g/L)	H_2O_2/mL	电解质 Na_2SO_4 含量/(g/L)	COD 去除率/%
1	10	10		0.556			7.2
2	10	10	√	0.556			16.9
3	10	10		0.556	1		49.5
4	10	10		0.556	1	1	50.9
5	10	10				2	2.5

注：对勾就是代表这一个系列的试验中，加入了曝气这一个操作，没有对勾的就是没有加入曝气条件。

以上5组试验表明，当阴阳两极均采用石墨时，水溶液中的有机物也并没有在芬顿试剂氧化的基础上得到降解去除。

而且当外加电压值较大时，选用石墨材料为阳极会发生阳极溶蚀。

③ 固定阴、阳极极板材料（阳极：DSA电极；阴极：不锈钢）不同反应条件下反应3h后的COD去除率如表5-5-5所示。

表 5-5-5　DSA电极为阳极、不锈钢电极为阴极时不同反应条件下COD去除率

试验序号	间距/cm	电压/V	曝气	$FeSO_4$/(g/L)	H_2O_2/mL	电解质 Na_2SO_4 含量/(g/L)	COD去除率/%
1	10	10				2	−7.3
2	0.5	20		0.556	1	2	55

注：对勾就是代表这一个系列的试验中，加入了曝气这一个操作，没有对勾的就是没有加入曝气条件。

通过上面两组试验，当阳极为DSA电极，阴极为不锈钢电极时，水溶液中的有机物也并没有在芬顿试剂氧化的基础上得到降解去除。

5.5.3　电催化处理工艺试验结论

试验以含有十二烷基二甲基苄基氯化铵的水样为处理目标，采用电催化氧化法，筛选了合适的电极材料。

（1）单纯的电催化氧化体系并不能有效地实现对十二烷基二甲基苄基氯化铵的降解去除。

（2）电助芬顿体系也并没有在芬顿试剂氧化的基础上得到进一步增强降解效果。

（3）通过以上试验可以确定，在电催化氧化的试验过程中，阴极的还原能力可以产生H_2O_2，而促进降解反应的进行，水中的溶解氧是直接产生H_2O_2的源泉，因此选取具有较大比表面积的石墨电极为阴极。

（4）当极板间距缩小到小于2cm时，可以产生较大的电流值，更有利于电催化氧化反应的实现。

5.6　光电催化氧化法工艺试验研究

5.6.1　光电催化处理工艺试验方法与过程

（1）紫外光辐射和外加电场协同作用的研究

① 吸附试验　针对光电催化氧化过程中所添加的催化剂TiO_2进行吸附性试验，试验步骤如表5-6-1所示。

表 5-6-1　光催化剂吸附试验步骤

操作步骤	操作内容
步骤1	取初始COD约为350mg/L的十二烷基二甲基苄基氯化铵水溶液1.5L,加入反应器
步骤2	加入0.2g/L的TiO_2粉末,避光吸附4h
步骤3	当反应0.25h、0.5h、1h、1.5h、2h、2.5h、3h时取样
步骤4	经过离心机离心分离后测试上清液COD

② 电催化氧化试验　针对光电催化氧化过程中单独电催化氧化试验进行效果评估，试验步骤如表 5-6-2 所示。

表 5-6-2　单独电催化氧化试验步骤

操作步骤	操作内容
步骤 1	取初始 COD 约为 350mg/L 的十二烷基二甲基苄基氯化铵水溶液 1.5L，加入反应器
步骤 2	反应器内插入表面积为 $40cm^2/L$ 的 DSA 阳极和石墨阴极，并固定其极板间距为 0.5cm
步骤 3	打开直流稳压电源，并保持电压为 20V
步骤 4	电解时间为 0.25h、0.5h、1h、1.5h、2h、2.5h、3h 后取样并测试其 COD

③ 光解试验　针对光电催化氧化过程中单独光解试验（不加催化剂 TiO_2）进行效果评估，试验步骤如表 5-6-3 所示。

表 5-6-3　单独光解试验步骤

操作步骤	操作内容
步骤 1	取初始 COD 约为 350mg/L 的十二烷基二甲基苄基氯化铵水溶液 1.5L，加入反应器
步骤 2	将紫外灯插入反应器中，并打开光源
步骤 3	打开同步曝气装置
步骤 4	电解时间为 0.25h、0.5h、1h、1.5h、2h、2.5h、3h 后取样
步骤 5	经过离心机离心分离后测试清液 COD

④ 光催化氧化试验　针对光电催化氧化过程中光催化（加催化剂 TiO_2）试验进行效果评估，试验步骤如表 5-6-4 所示。

表 5-6-4　单独光催化试验步骤

操作步骤	操作内容
步骤 1	取初始 COD 约为 350mg/L 的十二烷基二甲基苄基氯化铵水溶液 1.5L，加入反应器
步骤 2	向反应器中加入 0.2g/L 的 TiO_2 粉末，并充分搅拌 10min
步骤 3	将紫外灯插入反应器中，并打开光源
步骤 4	打开同步曝气装置
步骤 5	电解时间为 0.25h、0.5h、1h、1.5h、2h、2.5h、3h 后取样
步骤 6	经过离心机离心分离后测试清液 COD

⑤ 光电催化氧化试验　针对光电催化氧化试验进行效果评估，试验步骤如表 5-6-5 所示。

表 5-6-5　光电催化氧化试验步骤

操作步骤	操作内容
步骤 1	取初始 COD 值约为 350mg/L 的十二烷基二甲基苄基氯化铵水溶液 1.5L，加入反应器
步骤 2	向反应器中加入 0.2g/L 的 TiO_2 粉末，并充分搅拌 10min
步骤 3	反应器内插入表面积为 $40cm^2/L$ 的 DSA 阳极和石墨阴极，并固定其极板间距为 0.5cm
步骤 4	打开直流稳压电源，并保持电压为 20V

续表

操作步骤	操作内容
步骤5	将紫外灯插入反应器中,并打开光源
步骤6	打开同步曝气装置
步骤7	电解时间为0.25h、0.5h、1h、1.5h、2h、2.5h、3h后取样
步骤8	经过离心机离心分离后测试清液COD

(2) 阳极材料对降解的影响

针对光电催化氧化试验中不同阳极材料对降解效果进行评估,试验步骤如表5-6-6所示。

表5-6-6 光电催化氧化中不同阳极材料的试验步骤

操作步骤	操作内容
步骤1	取初始COD约为350mg/L的十二烷基二甲基苄基氯化铵水溶液1.5L,加入反应器
步骤2	向反应器中加入0.2g/L的TiO_2粉末,并充分搅拌10min
步骤3	反应器内分别插入表面积为40cm^2/L的DSA阳极+石墨阴极、不锈钢阳极+石墨阴极、石墨阳极+石墨阴极的组合,并固定其极板间距为0.5cm
步骤4	打开直流稳压电源,并保持电压为20V
步骤5	将紫外灯插入反应器中,并打开光源
步骤6	打开同步曝气装置
步骤7	电解时间为0.25h、0.5h、1h、1.5h、2h、2.5h、3h后取样
步骤8	经过离心机离心分离后测试清液COD

(3) 外加电压对降解的影响

针对光电催化氧化试验中不同外加电压对降解效果进行评估,试验步骤如表5-6-7所示。

表5-6-7 光电催化氧化中不同外加电压的试验步骤

操作步骤	操作内容
步骤1	取初始COD约为350mg/L的十二烷基二甲基苄基氯化铵水溶液1.5L,加入反应器
步骤2	向反应器中加入0.2g/L的TiO_2粉末,并充分搅拌10min
步骤3	反应器内分别插入表面积为40cm^2/L的DSA阳极+石墨阴极,并固定其极板间距为0.5cm
步骤4	打开直流稳压电源,并保持电压依次为5V、10V、20V、30V
步骤5	将紫外灯插入反应器中,并打开光源
步骤6	打开同步曝气装置
步骤7	电解时间为0.25h、0.5h、1h、1.5h、2h、2.5h、3h后取样
步骤8	经过离心机离心分离后测试清液COD

(4) 光催化剂用量对降解的影响

针对光电催化氧化试验中不同光催化剂用量对降解效果进行评估,试验步骤如表5-6-8所示。

表 5-6-8 光电催化氧化中不同光催化剂用量的试验步骤

操作步骤	操作内容
步骤 1	取初始 COD 约为 350mg/L 的十二烷基二甲基苄基氯化铵水溶液 1.5L,加入反应器
步骤 2	向反应器中分别加入 0.1g/L、0.2g/L、0.3g/L、0.4g/L、0.5g/L 的 TiO_2 粉末,并充分搅拌 10min
步骤 3	反应器内分别插入表面积为 $40cm^2/L$ 的 DSA 阳极+石墨阴极,并固定其极板间距为 0.5cm
步骤 4	打开直流稳压电源,并保持电压为 20V
步骤 5	将紫外灯插入反应器中,并打开光源
步骤 6	打开同步曝气装置
步骤 7	电解时间为 0.25h、0.5h、1h、1.5h、2h、2.5h、3h 后取样
步骤 8	经过离心机离心分离后测试清液 COD

(5) 极板间距对降解的影响

针对光电催化氧化试验中不同极板间距对降解效果进行评估，试验步骤如表 5-6-9 所示。

表 5-6-9 光电催化氧化中不同极板间距的试验步骤

操作步骤	操作内容
步骤 1	取初始 COD 约为 350mg/L 的十二烷基二甲基苄基氯化铵水溶液 1.5L,加入反应器
步骤 2	向反应器中加入 0.2g/L 的 TiO_2 粉末,并充分搅拌 10min
步骤 3	反应器内分别插入表面积为 $40cm^2/L$ 的 DSA 阳极+石墨阴极,并固定其极板间距分别为 0.5cm、1cm、1.5cm、3cm
步骤 4	打开直流稳压电源,并保持电压为 20V
步骤 5	将紫外灯插入反应器中,并打开光源
步骤 6	打开同步曝气装置
步骤 7	电解时间为 0.25h、0.5h、1h、1.5h、2h、2.5h、3h 后取样
步骤 8	经过离心机离心分离后测试清液 COD

(6) 初始 pH 对降解的影响

针对光电催化氧化试验中不同初始 pH 对降解效果进行评估，试验步骤如表 5-6-10 所示。

表 5-6-10 光电催化氧化中不同初始 pH 的试验步骤

操作步骤	操作内容
步骤 1	取初始 COD 约为 350mg/L 的十二烷基二甲基苄基氯化铵水溶液 1.5L,加入反应器
步骤 2	采用 H_2SO_4(1+35)和 NaOH(1mol/L)调节反应液初始 pH 至 2、5、8、10 及 12
步骤 3	向反应器中加入 0.2g/L 的 TiO_2 粉末,并充分搅拌 10min
步骤 4	反应器内分别插入表面积为 $40cm^2/L$ 的 DSA 阳极+石墨阴极,并固定其极板间距分别为 0.5cm
步骤 5	打开直流稳压电源,并保持电压为 20V
步骤 6	将紫外灯插入反应器中,并打开光源

续表

操作步骤	操作内容
步骤7	打开同步曝气装置
步骤8	电解时间为0.25h、0.5h、1h、1.5h、2h、2.5h、3h后取样
步骤9	经过离心机离心分离后测试清液COD

（7）盐含量对降解效果的影响

针对光电催化氧化试验中不同盐含量对降解效果进行评估，试验考察因素如表5-6-11所示。

表5-6-11 光电催化氧化中不同盐含量的试验考察因素

序号	考察因素	试验内容
1	外加电解质对降解十二烷基二甲基苄基氯化铵的影响	称取0.45g的TiO_2(0.3g/L)光催化剂于2L量筒中，添加1.5L初始COD约为350mg/L的十二烷基二甲基苄基氯化铵水溶液。分别添加0.4383g NaCl、0.53265g Na_2SO_4、0.6301g $NaHCO_3$、0.7353g柠檬酸钠(Na^+含量为0.005mol/L)于体系之中。插入紫外灯，选用DSA电极为阳极，石墨电极为阴极，极板表面积为40cm^2/L，固定外加电压为20V，极板间距为0.5cm，接通电源，开启紫外灯。当反应进行0.5h、1h、1.5h、2h、3h时取样，经离心机离心后过滤测定废水的COD
2	不同Na_2SO_4加入量对降解的影响	称取0.45g的TiO_2(0.3g/L)光催化剂于2L量筒中，添加1.5L初始COD约为350mg/L的十二烷基二甲基苄基氯化铵水溶液。选用Na_2SO_4作为外加电解质，分别添加1mmol/L、2.5mmol/L、5mmol/L、7.5mmol/L的Na_2SO_4于体系之中。插入紫外灯，选用DSA电极为阳极，石墨电极为阴极，极板表面积为40cm^2/L，固定外加电压为20V，极板间距为0.5cm，接通电源，开启紫外灯。当反应进行0.5h、1h、1.5h、2h、3h时取样，经离心机离心后过滤测定废水的COD
3	不同NaCl加入量对降解的影响	称取0.45g的TiO_2(0.3g/L)光催化剂于2L量筒中，添加1.5L初始COD约为350mg/L的十二烷基二甲基苄基氯化铵水溶液。选用NaCl作为外加电解质，分别添加1mmol/L、2.5mmol/L、5mmol/L、7.5mmol/L、10mmol/L、20mmol/L的NaCl于体系之中。插入紫外灯，选用DSA电极为阳极，石墨电极为阴极，极板表面积为40cm^2/L，固定外加电压为20V，极板间距为0.5cm，接通电源，开启紫外灯。当反应进行0.5h、1h、1.5h、2h、3h时取样，经离心机离心后过滤测定废水的COD。 确定最佳NaCl加入量后，分别采用光电催化氧化法、电催化氧化法、光催化氧化法对含有NaCl的十二烷基二甲基苄基氯化铵体系降解3h后，测定其活性氯及反应后COD。当光电催化氧化法降解十二烷基二甲基苄基氯化铵时，分别于0.5h、1h、1.5h、2h、2.5h、3h时取样，分析水样的pH、活性氯含量、总氯含量及氯离子含量
4	加入NaCl后不同初始pH对降解的影响	确定最佳NaCl加入量后，称取0.45g的TiO_2(0.3g/L)光催化剂于2L量筒中，添加1.5L初始COD约为350mg/L的十二烷基二甲基苄基氯化铵水溶液。通过添加磷酸二氢钠(0.5g/L)调节初始pH至5.5，添加四硼酸钠(0.5g/L)调节pH到9。插入紫外灯，选用DSA电极为阳极，石墨电极为阴极，极板表面积为40cm^2/L，固定外加电压为20V，极板间距为0.5cm，接通电源，开启紫外灯。当反应进行0.5h、1h、1.5h、2h、3h时取样，经离心机离心后过滤测定废水的COD。并将结果与同样初始pH下未加NaCl的反应体系进行对比。 分别采用H_2SO_4(1+35)调节pH至5.5，NaH_2PO_4调节pH至5.5，NaH_2PO_4调节pH至5.5并加入NaCl 7.5mmol/L，采用NaOH(1mol/L)调节起始pH至9，四硼酸钠调节pH至9，四硼酸钠调节pH至9后加入NaCl 7.5mmol/L，采用光电催化氧化法针对上述水样降解3h后测定水样的COD及反应后溶液的pH

5.6.2 光电催化处理工艺分析

（1）紫外光辐射和外加电压的协同作用

吸附试验、电催化氧化、光解、光催化氧化、光电催化氧化过程对十二烷基二甲基苄基氯化铵水溶液的COD去除率随时间变化的数据如表5-6-12～表5-6-16所示，曲线如图5-6-1所示。

表5-6-12 光催化剂单独吸附试验出水COD及去除率

反应时间/h	出水COD/(mg/L)	COD去除率/%
0	359.1	0
0.25	350.5	2.39
0.5	340.9	5.07
1	343.7	4.28
1.5	343	4.48
2	342.6	4.59
2.5	345.7	3.73
3	349	2.81

表5-6-13 单独电催化试验出水COD及去除率

反应时间/h	出水COD/(mg/L)	COD去除率/%
0	359.1	0
0.25	350	2.53
0.5	348.7	2.89
1	335.1	6.68
1.5	340.7	5.12
2	349.4	2.70
2.5	339.9	5.34
3	338.3	5.79

表5-6-14 单独光解试验出水COD及去除率

反应时间/h	出水COD/(mg/L)	COD去除率/%
0	359.1	0
0.25	347.8	3.14
0.5	340.2	5.26
1	339.5	5.45
1.5	340.7	5.12
2	342.4	4.65
2.5	349.1	2.78
3	354.3	1.33

表 5-6-15　光催化氧化试验出水 COD 及去除率

反应时间/h	出水 COD/(mg/L)	COD 去除率/%
0	359.1	0
0.25	289.4	19.40
0.5	238.6	33.55
1	218.7	39.09
1.5	215.7	39.93
2	213.8	40.46
2.5	209.2	41.74
3	199.9	44.33

表 5-6-16　光电催化氧化试验出水 COD 及去除率

反应时间/h	出水 COD/(mg/L)	COD 去除率/%
0	359	0
0.25	300.8	16.21
0.5	230.9	35.68
1	224.1	37.57
1.5	215.8	39.88
2	205	42.89
2.5	140.7	60.80
3	74.2	79.33

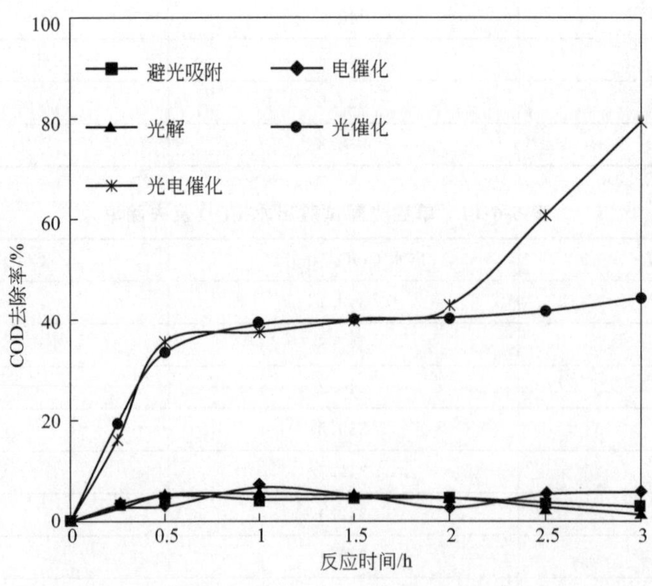

图 5-6-1　不同方式降解十二烷基二甲基苄基氯化铵的 COD 去除率随时间变化的曲线图

(外加电压：20V；极板间距：0.5cm；催化剂量：0.2g/L)

由图 5-6-1 可知，单纯通过吸附、电催化氧化、光解方法对十二烷基二甲基苄基氯化铵的降解效果并不显著。反应进行的前 2h 中，光催化氧化法和光电催化氧化法对十二烷基二甲基苄基氯化铵的去除效果相差不大，但反应 3h 后，光催化氧化的 COD 去除率仅为 44%，电催化氧化的去除率为 5%，而光电催化氧化法对 COD 的去除率高达到 79.3%，远远高于单纯光催化氧化法和电催化氧化法。

这说明在反应的初始阶段，降解过程以光催化氧化作用为主导，随着光电催化氧化反应的进行，光电协同的作用逐渐增强。由于在降解过程中，产生了某种结构稳定的物质，使得反应在 1～2h 的 COD 去除率变化并不显著。外加电压的引入一方面减少了光生电子-空穴对的复合概率，提高了电子-空穴对参与降解有机物的机会，另一方面由于析氧反应产生了高活性的中间产物如 O_2^{2-} 和 H_2O_2 等物种，也促进了降解反应的进行，反应体系中的阳极氧化作用、电生 H_2O_2 和 ·OH、光生空穴及光电协同效应共同促使反应 3h 后的 COD 去除率远好于其他方法。

分别采用吸附、电催化氧化、光解、光催化氧化及光电催化氧化降解十二烷基二甲基苄基氯化铵，3h 后 COD 去除率和 TOC 去除率的变化如表 5-6-17 所示。

表 5-6-17　不同方法降解 3h 后十二烷基二甲基苄基氯化铵的 COD 去除率和 TOC 去除率

处理工艺	出水 COD/(mg/L)	出水 COD 去除率/%	出水 TOC/(mg/L)	出水 TOC 去除率/%
吸附	349	2.81	106.91	6.95
电催化氧化	338.3	5.79	105.69	8.01
光解	354.3	1.33	100.25	12.75
光催化	256.5	44.33	58.32	49.24
光电催化氧化	199.9	79.33	21.02	81.70

分别采用吸附、电催化氧化、光解、光催化氧化及光电催化氧化降解十二烷基二甲基苄基氯化铵，3h 后 COD 去除率和 TOC 去除率的变化如图 5-6-2 所示。由图 5-6-2 可知，光电催化氧化 3h 后的 COD 去除率（79.3%）是单独光催化氧化（44%）与电催化氧化（5%）之和的 1.61 倍，光电催化氧化 TOC 去除率（81.7%）是单独光催化氧化（49%）与电催化氧化（8%）之和的 1.43 倍。

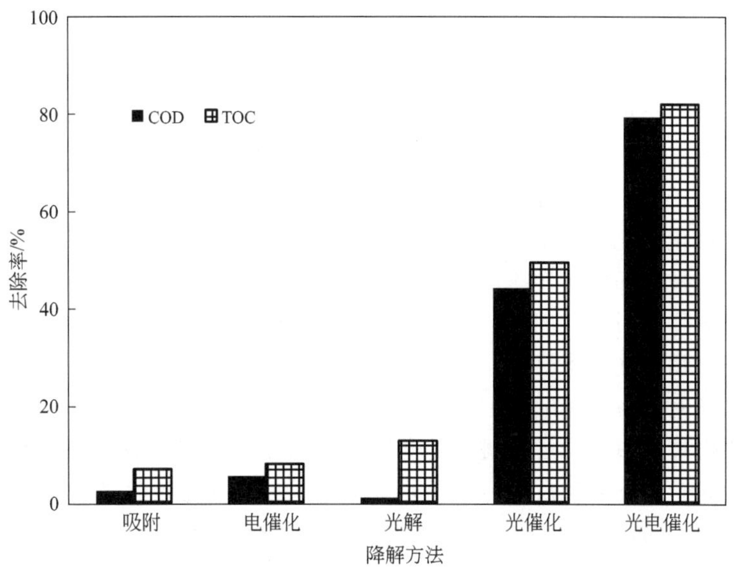

图 5-6-2　不同方法降解 3h 后十二烷基二甲基苄基氯化铵的 COD 去除率和 TOC 去除率

表明光催化氧化和电催化氧化过程的耦合产生了一定的协同作用，可以充分地降解并矿化有机物。采用光电催化氧化方法，与光解、光催化氧化技术相比，其降解有机物的能力有明显的增强，光解技术主要是利用光的能量使有机物直接光致降解；而光催化氧化是光照射到催化剂表面产生光生空穴，它可以将吸附在催化剂表面的 OH^- 和 H_2O 氧化成氧化性很强的羟基自由基（·OH），迅速降解有机物，因此其降解效率比光解法要高。但由于光催化氧化法存在着光生电子-空穴对的复合，因此任何减慢这种复合过程的因素都将提高光催化氧化活性。而光电催化氧化法在外加电压的引入下，促使光生电子-空穴对移向对电极，而且电解水副反应产生的大量活性氧充分提供了光生电子的捕获剂，大大降低了电子和空穴的复合，从而提高了光子效率。这种外加电压对光催化氧化过程的促进作用已经得到其他研究者的证实。

（2）阳极材料对降解的影响

电极是电化学反应的核心部分，废水的处理效率在很大程度上依赖于电极选择的合理程度。为了研究阳极材料对降解的影响，本试验分别选用 DSA 电极、石墨电极和不锈钢电极作阳极材料，光电催化氧化 3h 后的 COD 去除率如表 5-6-18 所示。

表 5-6-18　不同阳极材料光电催化氧化 3h 后 COD 去除率

阳极材料	DSA	金属钛	石墨	不锈钢
COD 去除率/%	79.5	33.6	溶蚀	溶蚀

由表 5-6-17 可知，在相同试验条件下 DSA 电极作阳极可以更好地实现对有机物质的降解去除。反应 3h 后有机污染物的 COD 去除率可以达到 79.5%，远远优于以金属钛作阳极时的降解效果。石墨电极虽价格低廉，但强度较差，在电流密度较高时电极损耗较大，而不锈钢电极为可溶性电极，均不是理想的阳极材料。

钛基金属氧化物涂层电极被称为 DSA（dimensionally stable anodes）电极，图 5-6-3 即为一种 DSA 不溶性阳极材料，1965 年 H. Beer 发明了 DSA 电极，即在金属基体上沉积一层几微米厚的金属氧化膜的电极，这种电极具有良好的稳定性（不溶出）和催化活性，迅速得到人们的青睐。采用 DSA 电极后，可使电解槽的工作电压显著降低，工作寿命大大延长，工作电流密度显著增大，同时达到节约能量、增大产量和降低成本几方面的显著效果。相对于金属钛阳极，DSA 电极因其表面附有稀有金属氧化物，使其具有更好的电催化性能。它与溶液的界面结构与金属电极不同，由于氧化物表面具有较高的能量，因此具有强烈的亲水性。当它和水或废水接触时将发生所谓“表面羟基化”过程，其表面为一层—OH 基团覆盖，取决于金属离子电负性的高低，电极表面将显示出不同的酸碱性。

电化学阳极催化氧化过程按大类可分为直接氧化过程和间接氧化过程。阳极直接氧化过程是指污染物在阳极表面氧化转化成毒性较低的物质或生成易降解物质，甚至无机化，从而达到降解去除污染物的目的。间接氧化过程是指利用电化学产生的氧化还原物质作为反应剂或催化剂，使污染物转化成毒性更小的物质。

（3）外加电压对降解的影响

在大多数光电催化氧化降解有机物的研究中，由于外加电压远低于有机物的分解电压，所以不会发生电化学催化氧化反应。但是，外加电压在光催化氧化降解有机物的过程中不仅能够抑制电子-空穴对的复合，而且能够发生直接或间接电化学氧化反应达到降解有机物质的目的。

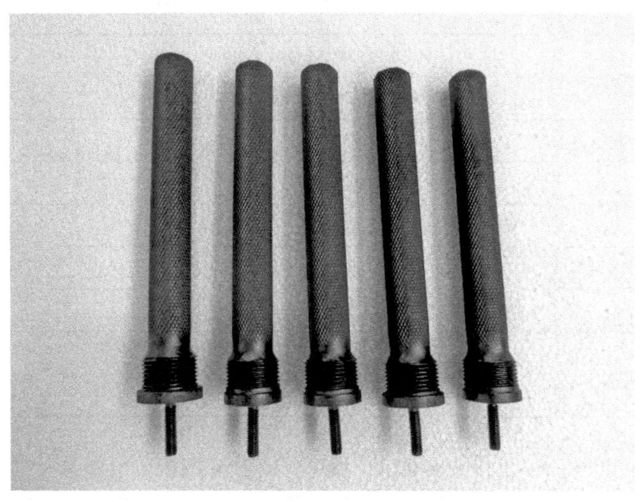

图 5-6-3 DSA 不溶性阳极

因此，我们对 0～30V 范围内外加电压对光电催化降解十二烷基二甲基苄基氯化铵的效果进行了研究。表 5-6-19～表 5-6-22 分别为当外加电压依次为 5V、10V、20V、30V 时的 COD 和去除率。

表 5-6-19 外加电压为 5V 时的出水 COD 和去除率

反应时间/h	出水 COD/(mg/L)	出水 COD 去除率/%
0	362.2	0
0.25	309.6	14.52
0.5	239.8	33.79
1	240.9	33.48
1.5	225.1	37.85
2	223.8	38.21
2.5	219.9	39.28
3	199.3	44.97

表 5-6-20 外加电压为 10V 时的出水 COD 和去除率

反应时间/h	出水 COD/(mg/L)	出水 COD 去除率/%
0	362.2	0
0.25	309	14.68
0.5	233.2	35.61
1	227.4	37.21
1.5	219.5	39.39
2	212.3	41.38
2.5	207.7	42.65
3	190.8	47.32

表 5-6-21 外加电压为 20V 时的出水 COD 和去除率

反应时间/h	出水 COD/(mg/L)	出水 COD 去除率/%
0	359	0.88
0.25	300.8	16.95
0.5	230.9	36.25
1	224.1	38.12
1.5	215.8	40.41
2	205	43.40
2.5	140.7	61.15
3	74.2	79.51

表 5-6-22 外加电压为 30V 时的出水 COD 和去除率

反应时间/h	出水 COD/(mg/L)	出水 COD 去除率/%
0	362.2	0
0.25	298.4	17.61
0.5	244.6	32.46
1	228.2	36.99
1.5	208.3	42.49
2	189.4	47.70
2.5	142.3	60.71
3	79.3	78.10

图 5-6-4 所示为当外加电压依次为 5V、10V、20V、30V 时的 COD 去除率随时间变化的曲线。

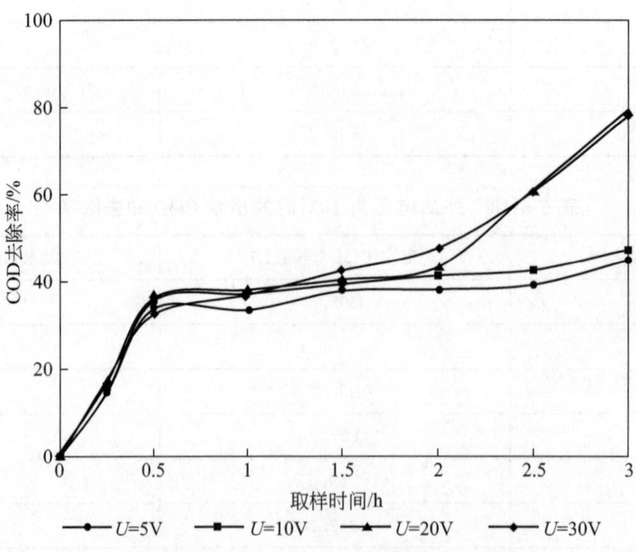

图 5-6-4 外加电压对光电催化降解十二烷基二甲基苄基氯化铵的 COD 去除率的影响
(催化剂量：0.2g/L；极板间距：0.5cm)

由图 5-6-4 可知，反应前 0.5h，降解效果显著，COD 去除率达到 35%，反应 2h 内，外加电压对十二烷基二甲基苄基氯化铵的去除率相差不大，随着反应的进行，3h 后外加电压为 20V 和 30V 的 COD 去除率远远大于外加电压为 10V 和 5V 的光电催化氧化反应。当外加电压为 20V 时，COD 去除率达到 79.5%，继续增加电压值，有机物去除率没有继续增加。

在光电催化氧化的过程中，外加电压的增加可以显著提高降解效率，这不但与电流密度有关，也源于外加电压可以显著增加光生电子和空穴的分离效率。外加电压的辅助作用不仅可以加速有机物质的降解，产生活性自由基，而且可以改变光电催化氧化反应对有机物质的降解机理。在特定的电化学反应条件下，外加电压的增加可以提高电化学反应的电流密度，促进氧化性物质的生成，进而改善对有机物的降解效果。但达到一定限度后很难再进一步加强。戴清、Dong 等、Vinodgopal 等分别用光电催化氧化体系对含氯苯酚、甲酸溶液、染料橙黄Ⅱ（AO7）溶液进行了研究。结果表明：外加电压可以抑制光生电子-空穴对的复合，提高 TiO_2 催化剂的催化效率。故选取 20V 作为最佳外加电压值。

（4）光催化剂用量对降解的影响

固定外加电压为 20V，按 0.1g/L、0.2g/L、0.3g/L、0.4g/L、0.5g/L、0.6g/L、0.7g/L 的用量依次加入催化剂 TiO_2，其出水 COD 以及去除率随时间变化的数据详见表 5-6-23～表 5-6-29。

表 5-6-23　外加光催化剂量为 0.1g/L 时的出水 COD 和去除率

反应时间/h	出水 COD/(mg/L)	出水 COD 去除率/%
0	356.8	0
0.25	310.9	12.86
0.5	219.4	38.50
1	218.6	38.73
1.5	211.2	40.80
2	199.9	43.97
2.5	174.3	51.1
3	158.2	55.66

表 5-6-24　外加光催化剂量为 0.2g/L 时的出水 COD 和去除率

反应时间/h	出水 COD/(mg/L)	出水 COD 去除率/%
0	359	0
0.25	300.6	16.26
0.5	230.9	35.68
1	224.1	37.57
1.5	215.8	39.88
2	205	42.89
2.5	140.7	60.80
3	74.2	79.33

表 5-6-25　外加光催化剂量为 0.3g/L 时的出水 COD 和去除率

反应时间/h	出水 COD/(mg/L)	出水 COD 去除率/%
0	359	0
0.25	299	16.71
0.5	239.2	33.37
1	215.1	40.08
1.5	214.5	40.25
2	190.3	46.99
2.5	130.8	63.56
3	47.8	86.68

表 5-6-26　外加光催化剂量为 0.4g/L 时的出水 COD 和去除率

反应时间/h	出水 COD/(mg/L)	出水 COD 去除率/%
0	359	0
0.25	287.9	19.80
0.5	234.4	34.70
1	217.9	39.30
1.5	200	44.28
2	174.9	51.28
2.5	130.1	63.76
3	59.4	83.45

表 5-6-27　外加光催化剂量为 0.5g/L 时的出水 COD 和去除率

反应时间/h	出水 COD/(mg/L)	出水 COD 去除率/%
0	359	0
0.25	287	20.05
0.5	218	39.27
1	224	37.60
1.5	193.4	46.12
2	153.5	57.24
2.5	100.9	71.89
3	49.6	86.18

表 5-6-28　外加光催化剂量为 0.6g/L 时的出水 COD 和去除率

反应时间/h	出水 COD/(mg/L)	出水 COD 去除率/%
0	359	0
0.5	232.5	35.23
1	211.6	41.05
1.5	209.9	41.53
2	193.4	46.12
3	63	82.45

表 5-6-29 外加光催化剂量为 0.7g/L 时的出水 COD 和去除率

反应时间/h	出水 COD/(mg/L)	出水 COD 去除率/%
0	372.2	0
0.5	231.9	37.69
1	226	39.27
1.5	209	43.84
2	173.8	53.30
3	50.8	86.35

固定外加电压为 20V，按 0.1g/L、0.2g/L、0.3g/L、0.4g/L、0.5g/L、0.6g/L、0.7g/L 的用量依次加入催化剂 TiO_2，其 COD 去除率随时间变化的曲线如图 5-6-5 所示。

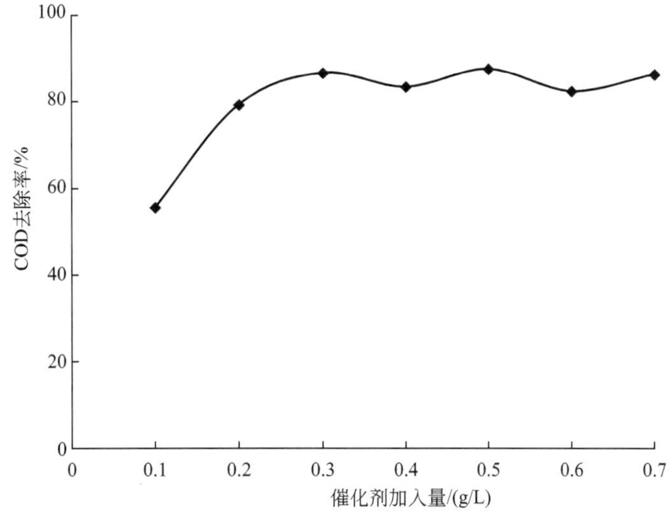

图 5-6-5 光催化剂用量对光电催化降解十二烷基二甲基苄基氯化铵的 COD 去除率的影响

（极板间距：0.5cm）

由图 5-6-5 可知，随着催化剂用量的增加，可以显著提高有机物的 COD 去除率，但当 TiO_2 用量达到 0.3g/L 时，反应 3h 后 COD 去除率达到 86.7%，继续增加催化剂用量，十二烷基二甲基苄基氯化铵的 COD 去除率没有发生显著增加。

这是因为随着催化剂用量的增加可以被吸附的有机物数量也相应增加，但是当溶液中的悬浮颗粒过多时，TiO_2 颗粒的屏蔽效应和散射效应会阻碍紫外光在体系中的投射，从而抑制了降解反应的进行。同时，在电场协助下溶液中产生的·OH 也随之增加，当 TiO_2 用量超过一定值时，溶液中产生的·OH 达到饱和，所以去除率不会继续随之增大。因此，选取 0.3g/L 作为最佳光催化剂添加量。

（5）极板间距对降解的影响

极板间距是影响光电催化反应的重要因素之一，它直接影响了降解反应进行的速率以及电化学处理效果的好坏。试验研究了极板间距依次为 0.5cm、1cm、1.5cm 及 3cm 时，十二烷基二甲基苄基氯化铵的降解情况。数据汇总见表 5-6-30～表 5-6-33。

表 5-6-30　极板间距为 0.5cm 时的出水 COD 和去除率

反应时间/h	出水 COD/(mg/L)	出水 COD 去除率/%
0	359	0
0.25	270.8	24.56
0.5	220.2	38.66
1	215.1	40.08
1.5	214.5	40.25
2	190.3	46.99
2.5	115.9	67.71
3	47.8	86.68

表 5-6-31　极板间距为 1cm 时的出水 COD 和去除率

反应时间/h	出水 COD/(mg/L)	出水 COD 去除率/%
0	372.2	0
0.25	290.6	21.92
0.5	237.8	36.10
1	234.1	37.10
1.5	215.6	42.07
2	214	42.50
2.5	187.9	49.51
3	143.3	61.49

表 5-6-32　极板间距为 1.5cm 时的出水 COD 和去除率

反应时间/h	出水 COD/(mg/L)	出水 COD 去除率/%
0	372.2	0
0.25	310.8	16.49
0.5	250.7	32.64
1	233.5	37.26
1.5	224.1	39.79
2	219	41.16
2.5	199.4	46.42
3	169.9	54.35

表 5-6-33　极板间距为 3cm 时的出水 COD 和去除率

反应时间/h	出水 COD/(mg/L)	出水 COD 去除率/%
0	359.1	0
0.25	290.4	19.13
0.5	247.6	31.04
1	228.7	36.31

续表

反应时间/h	出水 COD/(mg/L)	出水 COD 去除率/%
1.5	225.7	37.14
2	219.8	38.79
2.5	215.2	40.07
3	200.9	44.05

图 5-6-6 为十二烷基二甲基苄基氯化铵的 COD 去除率随时间变化的曲线图。由图 5-6-6 可知，随着极板间距的增加，COD 去除率迅速降低。根据实际应用需要，确定 0.5cm 为最佳极板间距。

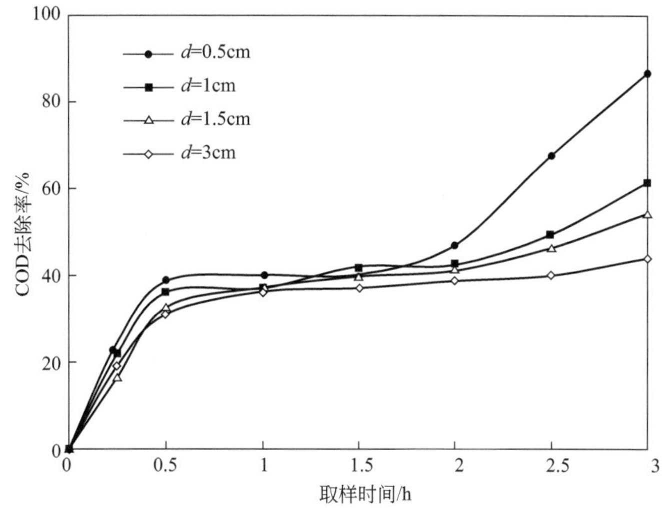

图 5-6-6 极板间距对光电催化降解十二烷基二甲基苄基氯化铵的 COD 去除率的影响

由图 5-6-6 可以明显地看出极板间距对于有机污染物的去除有着显著的影响。极板间距决定了反应体系中电场强度的大小。随着极板间距的减少，反应体系中的传质明显加强，阴阳两极的协同作用更加显著。随着外加电压的降低，由电能转化为热能的部分也能随之变少，这有利于减少电耗，节约成本。所以减少两极距离有利于电催化氧化处理废水的效果并缩短电化学反应历时，但是间距太小，在实际废水的处理中可能容易造成堵塞，另外，单位体积电极板太多，也会导致处理成本的提高。

(6) 初始 pH 对降解的影响

在悬浮态光催化氧化降解反应中，溶液初始 pH 将改变溶液中 TiO_2 界面的电荷性质，因而影响电解质在 TiO_2 表面上的吸附行为。

表 5-6-34～表 5-6-38 为 pH 2.09、5.64、8.38、10.04、11.67 时十二烷基二甲基苄基氯化铵的出水 COD 和降解率随时间变化的数据汇总。

表 5-6-34 初始 pH 为 2.09 时的出水 COD 和去除率

反应时间/h	出水 COD/(mg/L)	出水 COD 去除率/%
0	372.2	0
0.5	315.4	15.26

续表

反应时间/h	出水 COD/(mg/L)	出水 COD 去除率/%
1	292.3	21.46
1.5	270.3	27.37
2	281.6	24.34
3	30.4	91.83

表 5-6-35 初始 pH 为 5.64 时的出水 COD 和去除率

反应时间/h	出水 COD/(mg/L)	出水 COD 去除率/%
0	355.2	0
0.5	285.6	19.59
1	273.4	23.02
1.5	274.1	22.83
2	255	28.20
3	9.8	97.24

表 5-6-36 初始 pH 为 8.38 时的出水 COD 和去除率

反应时间/h	出水 COD/(mg/L)	出水 COD 去除率/%
0	359	0
0.5	239.2	33.37
1	215.1	40.08
1.5	214.5	40.25
2	190.3	46.99
3	47.8	86.68

表 5-6-37 初始 pH 为 10.04 时的出水 COD 和去除率

反应时间/h	出水 COD/(mg/L)	出水 COD 去除率/%
0	355.2	0
0.5	147.5	58.47
1	150.4	57.05
1.5	140.9	60.33
2	129.5	63.54
3	66.3	81.33

表 5-6-38 初始 pH 为 11.67 时的出水 COD 和去除率

反应时间/h	出水 COD/(mg/L)	出水 COD 去除率/%
0	355.2	0
0.5	167.9	52.73
1	156.8	55.85
1.5	149.7	57.85
2	137.2	61.37
3	72.6	79.56

图 5-6-7 为 pH 为 2.09、5.64、8.38、10.04、11.67 时十二烷基二甲基苄基氯化铵的降解随时间变化的曲线图。

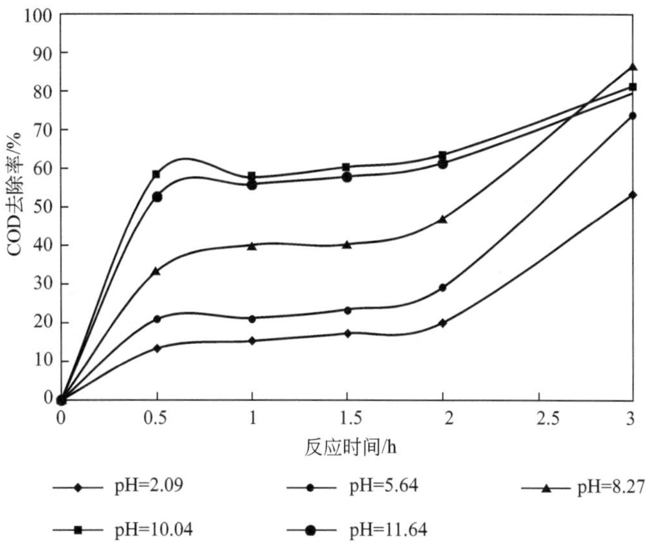

图 5-6-7 pH 对光电催化降解十二烷基二甲基苄基氯化铵 COD 去除率的影响

由图 5-6-7 可知，中性条件是最佳的反应条件，其 COD 去除率达到 87%。选取 pH=8.27 作为最佳条件。

产生上述现象的原因可能是由于，TiO_2 的等电点约为 6.8。在酸性溶液（pH<6.8）中带正电荷，在碱性溶液（pH>6.8）中带负电荷。十二烷基二甲基苄基氯化铵是一种阳离子表面活性剂，溶于水后为阳离子基团，与半导体 TiO_2 表面的 H^+ 排斥，所以酸性条件不利于降解，而碱性条件下可以加速降解反应的进行。但当反应 3h 后，碱性条件与中性条件下（即 pH=8.27）的 COD 去除率差别不大，因此选取最佳 pH 为 8.27。

（7）外加电解质对降解效果的影响

① 外加电解质种类对降解十二烷基二甲基苄基氯化铵的影响　在光电催化氧化的过程中，外加电压的引入会影响到水中带电离子和 TiO_2 表面电荷间的静电引力。因为水体中普遍存在 Cl^-、SO_4^{2-}、HCO_3^-，所以分别采用 NaCl、Na_2SO_4、$NaHCO_3$ 和柠檬酸钠（Na^+ 含量为 5.0mmol/L）为外加电解质，对十二烷基二甲基苄基氯化铵的降解情况进行了研究。试验数据汇总如表 5-6-39～表 5-6-43 所示。

表 5-6-39　无外加无机盐时的出水 COD 和去除率

反应时间/h	出水 COD/(mg/L)	出水 COD 去除率/%
0	389.2	0
0.5	250.3	35.68
1	198.7	48.94
1.5	180.9	53.52
2	166.1	57.32
3	52.3	86.56

表 5-6-40　外加无机盐 NaCl 时的出水 COD 和去除率

反应时间/h	出水 COD/(mg/L)	出水 COD 去除率/%
0	389.2	0
0.5	150.7	61.27
1	87.4	77.54
1.5	63.9	83.58
2	43.2	88.90
3	9.3	97.6

表 5-6-41　外加无机盐 Na_2SO_4 时的出水 COD 和去除率

反应时间/h	出水 COD/(mg/L)	出水 COD 去除率/%
0	389.2	0
0.5	229.2	41.10
1	185.1	52.44
1.5	164.5	57.73
2	112.1	71.19
3	40.3	89.64

表 5-6-42　外加无机盐 $NaHCO_3$ 时的出水 COD 和去除率

反应时间/h	出水 COD/(mg/L)	出水 COD 去除率/%
0	389.2	0
0.5	259.2	33.40
1	224.1	42.42
1.5	194.5	50.02
2	180.3	53.67
3	79.8	79.49

表 5-6-43　外加有机盐柠檬酸钠时的出水 COD 和去除率

反应时间/h	出水 COD/(mg/L)	出水 COD 去除率/%
0	389.2	0
0.5	369.7	5.01
1	337.4	13.30
1.5	329.1	15.44
2	320.6	17.62
3	182.7	53.05

十二烷基二甲基苄基氯化铵的 COD 去除率随时间变化的曲线如图 5-6-8 所示。从图 5-6-8 中可以看出，电解质种类的不同，对有机物的降解效果差别很大，这是因为各种不同的无机离子在光电催化氧化的作用下发生了不同反应造成的。以 NaCl 为电解质时的 COD 去除率明显高于其他三种物质作电解质及不加电解质时的降解效果。

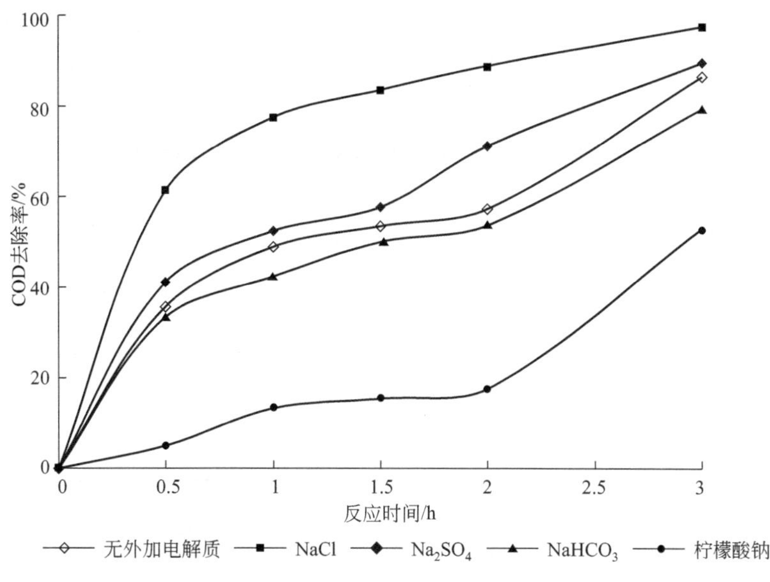

图 5-6-8　不同电解质对 COD 去除率随时间的变化曲线

产生上述现象的原因可能是因为以 NaCl 作为电解质时，Cl^- 在光电催化的作用下会产生活性氯（又称游离氯、游离余氯、活性游离氯：以次氯酸、次氯酸盐离子和溶解的单质氯形式存在的氯），活性氯又会生成·HO、O^- 和 Cl·等对有机物降解有显著作用的物质，这些强氧化性物种与光电的共同作用使有机物得到快速的降解去除。

在以 $NaHCO_3$ 作为电解质的光电催化体系中，HCO_3^- 及 CO_3^{2-} 可以作为羟基自由基的捕获剂，产生 CO_3^-·，如式(5-8) 及式(5-9) 所示：

$$HCO_3^- + HO\cdot \longrightarrow H_2O + CO_3^-\cdot \tag{5-8}$$

$$CO_3^{2-} + HO\cdot \longrightarrow OH^- + CO_3^-\cdot \tag{5-9}$$

由于 CO_3^-·的氧化能力较弱，并且会同有机物及·OH 参与催化剂表面活性位置的吸附，因此阻碍了降解反应的进行。

当加入柠檬酸钠后，由于柠檬酸钠是一种有机盐，水解后的阴离子部分就是一种有机物，其自身就会产生 COD。因此，抑制了降解反应的进行。为了验证上述说法做了如下试验，如表 5-6-43 所示。

由表 5-6-44 可见，柠檬酸钠的加入增加了十二烷基二甲基苄基氯化铵水溶液的初始 COD，光电催化氧化反应在降解十二烷基二甲基苄基氯化铵的同时还要对加入的有机盐柠檬酸钠进行降解处理，因此阻碍了降解反应的进行。

表 5-6-44　加入柠檬酸钠后十二烷基二甲基苄基氯化铵水溶液的 COD

水样	COD/(mg/L)
十二烷基二甲基苄基氯化铵水溶液	389.2
十二烷基二甲基苄基氯化铵水溶液＋柠檬酸钠(Na^+ 含量为 5.0mmol/L)	503
去离子水＋柠檬酸钠(Na^+ 含量为 5.0mmol/L)	111.7

② 不同 Na_2SO_4 加入量对降解的影响　在 Na_2SO_4 体系中，十二烷基二甲基苄基氯化铵的降解效果远远低于以 NaCl 为电解质时的降解效果，但是好于未加电解质的降解体系。

表 5-6-45～表 5-6-48 即为加入 Na_2SO_4 为 0.001mol/L、0.0025mol/L、0.005mol/L、0.0075mol/L 时的出水 COD 和去除率数据汇总表。

表 5-6-45　加入 0.001mol/L 的 Na_2SO_4 时出水 COD 和去除率

反应时间/h	出水 COD/(mg/L)	出水 COD 去除率/%
0	389.2	0
0.5	240.2	38.28
1	194.1	50.12
1.5	174.5	55.16
2	142.1	63.48
3	50.3	87.07

表 5-6-46　加入 0.0025mol/L 的 Na_2SO_4 时出水 COD 和去除率

反应时间/h	出水 COD/(mg/L)	出水 COD 去除率/%
0	389.2	0
0.5	229.2	41.10
1	185.1	52.44
1.5	164.5	57.73
2	135.1	65.28
3	52.3	86.56

表 5-6-47　加入 0.005mol/L 的 Na_2SO_4 时出水 COD 和去除率

反应时间/h	出水 COD/(mg/L)	出水 COD 去除率/%
0	389.2	0
0.5	220.2	43.42
1	167.1	57.06
1.5	148.5	61.84
2	112.1	71.19
3	40.3	89.64

表 5-6-48　加入 0.0075mol/L 的 Na_2SO_4 时出水 COD 和去除率

反应时间/h	出水 COD/(mg/L)	出水 COD 去除率/%
0	389.2	0
0.5	220.2	43.42
1	172.1	55.78
1.5	150.5	61.33
2	119.1	69.39
3	47.3	87.84

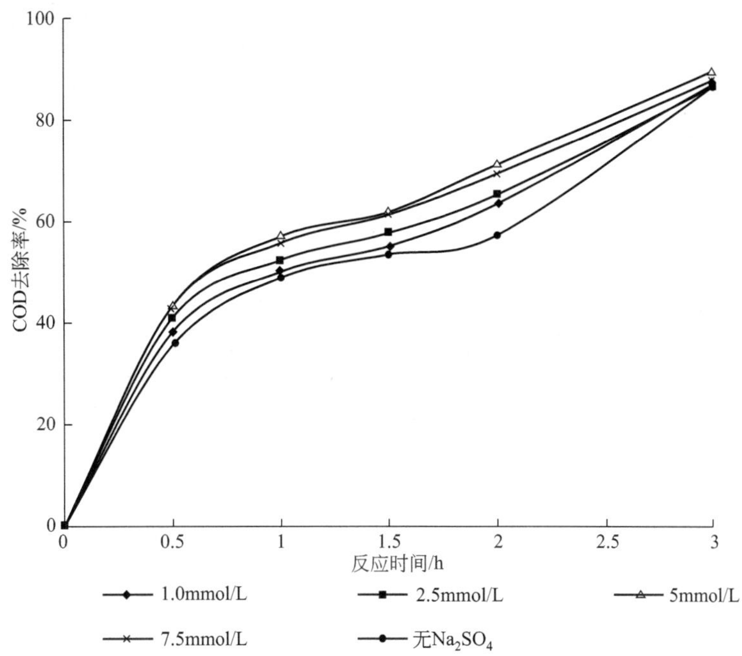

图 5-6-9　不同 Na_2SO_4 用量下 COD 去除率随时间的变化曲线

（外加电压：20V；极板间距：0.5cm）

由图 5-6-9 可知，随着 Na_2SO_4 的加入，COD 去除率随着 Na_2SO_4 含量的增加而增大，当 Na_2SO_4 含量达到 5.0mmol/L 时，降解 3h 后 COD 去除率达到 89%，继续增加 Na_2SO_4 含量 COD 去除率并没有继续增加。

不少文献认为，以 Na_2SO_4 为电解质时，发生以下两个反应：

$$2SO_4^{2-} + h\nu \longrightarrow S_2O_8^{2-} \tag{5-10}$$

$$S_2O_8^{2-} + 2H_2O \longrightarrow 2HSO_4^- + H_2O_2 \tag{5-11}$$

由于双氧水的产生而促进了降解反应的进行。同时，随着 Na_2SO_4 含量的增加，体系中的 SO_4^{2-} 含量逐渐增加，过量的 SO_4^{2-} 能捕获光生空穴 h^+ 和 ·OH，反应生成 SO_4^-，即发生如下两个反应，如式(5-12) 和式(5-13) 所示的两个反应：

$$\cdot OH + SO_4^{2-} \longrightarrow SO_4^- + OH^- \tag{5-12}$$

$$h^+ + SO_4^{2-} \longrightarrow SO_4^- \tag{5-13}$$

SO_4^- 的氧化性较弱，所以不能对有机物起到很好的降解作用。这就说明 SO_4^{2-} 对光电催化起到一定的抑制作用，一定范围内，溶液中 SO_4^{2-} 越多，就会有越多的 SO_4^{2-} 与 h^+ 及 ·OH 反应，因此，十二烷基二甲基苄基氯化铵的降解速度随着 Na_2SO_4 浓度的增大而下降。

③ 不同 NaCl 加入量对降解的影响　以 NaCl 为电解质，研究了 NaCl 含量对十二烷基二甲基苄基氯化铵的降解情况。当电解质浓度分别为 1.0mmol/L、2.5mmol/L、5.0mmol/L、7.5mmol/L、10mmol/L、20mmol/L 时，其出水 COD 和去除率如表 5-6-49～表 5-6-54 所示，出水 COD 随时间变化的曲线如图 5-6-10 所示。

表 5-6-49　加入 0.001mol/L 的 NaCl 时出水 COD 和去除率

反应时间/h	出水 COD/(mg/L)	出水 COD 去除率/%
0	389.2	0
0.5	210.6	45.88
1	179.2	53.95
1.5	149	61.71
2	102.8	73.58
3	27.4	92.95

表 5-6-50　加入 0.0025mol/L 的 NaCl 时出水 COD 和去除率

反应时间/h	出水 COD/(mg/L)	出水 COD 去除率/%
0	389.2	0
0.5	188.6	51.541
1	110.7	71.55
1.5	89.4	77.02
2	56.4	85.50
3	7.5	98.07

表 5-6-51　加入 0.005mol/L 的 NaCl 时出水 COD 和去除率

反应时间/h	出水 COD/(mg/L)	出水 COD 去除率/%
0	389.2	0
0.5	150.7	61.27
1	87.4	77.54
1.5	63.9	83.58
2	43.2	88.90
3	9.3	97.61

表 5-6-52　加入 0.0075mol/L 的 NaCl 时出水 COD 和去除率

反应时间/h	出水 COD/(mg/L)	出水 COD 去除率/%
0	389.2	0
0.5	134.2	65.51
1	67.9	82.55
1.5	43.3	88.87
2	35	91.00
3	9.7	97.50

表 5-6-53　加入 0.01mol/L 的 NaCl 时出水 COD 和去除率

反应时间/h	出水 COD/(mg/L)	出水 COD 去除率/%
0	389.2	0
0.5	126.7	67.44

续表

反应时间/h	出水 COD/(mg/L)	出水 COD 去除率/%
1	59.3	84.76
1.5	40.3	89.64
2	30.9	92.06
3	8.7	97.76

表 5-6-54 加入 0.02mol/L 的 NaCl 时出水 COD 和去除率

反应时间/h	出水 COD/(mg/L)	出水 COD 去除率/%
0	389.2	0
0.5	156.9	59.68
1	99.7	74.38
1.5	68.8	82.32
2	50.4	87.05
3	25.1	93.55

由图 5-6-10 可知，外加电解质 NaCl 加入后可以显著促进降解反应的进行，COD 去除率明显增加。当外加 NaCl 含量为 7.5mmol/L 时，反应 1.5h 后，COD 去除率就达到 88%，反应 3h 后，COD 去除率达到 97%，继续增加 NaCl 含量，COD 去除率没有发生显著的变化。

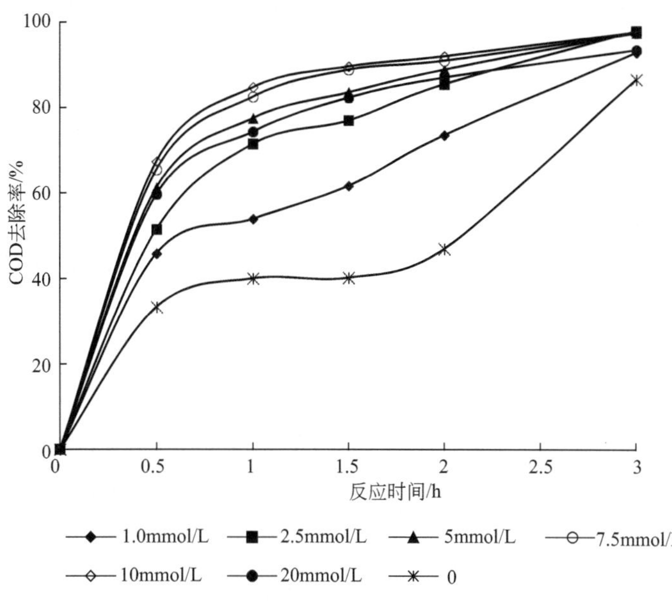

图 5-6-10 NaCl 含量对 COD 去除率的影响

（外加电压：20V；极板间距：0.5cm）

这是因为，以 NaCl 为电解质时，Cl^- 在光电催化氧化的降解过程中扮演着空穴捕获剂的重要角色，在抑制光生电子-空穴对发生复合反应的同时也可以生成活性氯物种以实现对有机物的降解去除，如式(5-15) 所示。带负电荷的 Cl^- 吸附在催化剂表面上及电极表面上会同带正电荷的光生空穴或在电场的作用下发生氧化反应生成 Cl_2，如式(5-16)、式(5-17)所示。Cl_2 会自发与水反应产生活性氯，如式(5-18)、式(5-19)所示。活性氯又会生成 ·OH、O^- 和 Cl· 等对有机物降解有显著作用的物质，如式(5-20)、式(5-21)所示，这些强氧化性物种与光电催化氧化作用共同使得加入 NaCl 后的反应体系具有更强的降解效果，如式(5-22)～式(5-24)所示。

$$2TiO_2 + h\nu \longrightarrow TiO_2\text{-}e^- + TiO_2\text{-}h^+ \tag{5-14}$$

$$TiO_2\text{-}h^+ + Cl^- \longrightarrow TiO_2\text{-}Cl\cdot \tag{5-15}$$

$$Cl\cdot + Cl\cdot \longrightarrow Cl_2 \tag{5-16}$$

$$2Cl^- \longrightarrow Cl_2 + 2e^- \tag{5-17}$$

$$Cl_2 + H_2O \longrightarrow HOCl + Cl^- + H^+ \tag{5-18}$$

$$HOCl \longrightarrow ClO^- + H^+ \tag{5-19}$$

$$HOCl + h\nu \longrightarrow HO\cdot + Cl\cdot \tag{5-20}$$

$$OCl^- + h\nu \longrightarrow O^- + Cl\cdot \tag{5-21}$$

$$HO\cdot + \text{有机物} \longrightarrow \text{产物} \tag{5-22}$$

$$O^- + \text{有机物} \longrightarrow \text{产物} \tag{5-23}$$

$$Cl\cdot + \text{有机物} \longrightarrow \text{产物} \tag{5-24}$$

由于 Cl^- 在光电催化氧化的作用下形成活性氯物种促进降解反应进行的同时，还会与水中的有机物在催化剂及电极表面的活性位置发生竞争吸附，抑制有机物的降解。当氯离子含量较低时，吸附在光催化剂及电极表面上的 Cl^- 较少，所生成的活性氯与光电催化氧化作用共同使有机物得到快速的降解去除。因此，向反应体系中加入少量的 NaCl 即可显著提高降解效率。随着 NaCl 含量的增加，氯离子浓度相应增加，吸附反应达到了平衡，当 NaCl 加入量为 7.5mmol/L 时，为最佳用量。继续增加电解质含量，COD 去除率并未继续增加，当 NaCl 含量为 20mmol/L 时，COD 去除率明显下降，说明当体系中的 Cl^- 含量较多时，阻碍了有机物在催化剂表面上吸附反应的发生，抑制了有机物在光催化剂及电极界面处光电催化氧化反应的发生，所以 NaCl 含量较高时降解效果较差。

为进一步证实上述观点，验证光电催化氧化作用下形成的活性氯物种可以促进降解反应的进行。在加入 7.5mmol/L NaCl 后分别采用光电催化氧化法，电催化氧化法及光催化氧化法降解十二烷基二甲基苄基氯化铵，反应 3h 后，活性氯含量如表 5-6-55 所示，三种工艺的对比如图 5-6-11 所示。

表 5-6-55　电催化、光催化、光电催化三种工艺出水活性氯和总氯数据

处理工艺	出水 COD/(mg/L)	出水 COD 去除率/%	活性氯/(mg/L)	总氯/(mg/L)
光电催化	9.7	97.45	98.8	168.6
电催化	200.8	47.26	56.2	157.6
光催化	229.3	39.78	4.6	10.3

由图 5-6-11 可知，在电催化氧化体系中，通过电极反应产生活性氯，3h 后活性氯含量达到 56.2mg/L。光催化氧化体系中，在光生空穴 h^+ 及 ·OH 的作用下也产生了活性氯 4.6mg/L。而在光电催化氧化体系中，由于光电的协同作用使得降解反应行 3h 后的活性氯含量达到 98.8mg/L，远远高于其他方法产生活性氯的量。这说明加入 NaCl 的光电催化氧

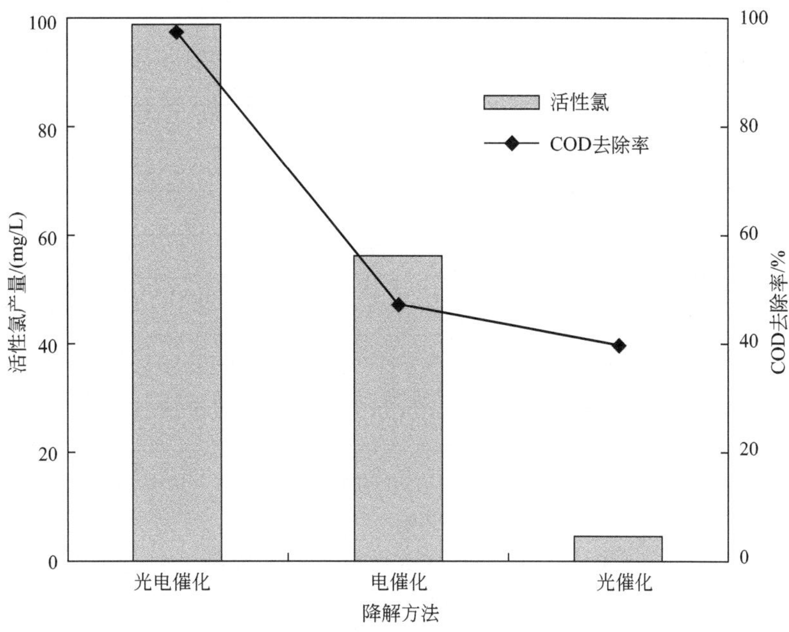

图 5-6-11 不同方法降解 3h 后活性氯含量及 COD 去除率

化降解体系具有更强的能力产生活性氯物种，活性氯会继续反应生成·OH、O^-和 Cl·等强氧化性物质，伴随光电协同作用共同实现有机物质的降解去除，使得加入 NaCl 后的光电催化氧化体系降解有机物的能力远远高于其他方法。

以 7.5mmol/L NaCl 为电解质时，光电催化氧化降解 3h 后的活性氯含量及 pH 随反应时间的变化情况、出水数据汇总如表 5-6-56 所示，曲线图如图 5-6-12 所示。

表 5-6-56 光电催化氧化降解 3h 后活性氯及 pH 数值汇总

反应时间/h	COD/(mg/L)	COD 去除率/%	活性氯/(mg/L)	总氯/(mg/L)	pH	Cl^-/(mg/L)
0	389.2	0	0	286	8.26	286
0.5	134.2	65.51	2.6	274.6	7.81	272
1	67.9	82.55	4.8	268.6	7.09	263.8
1.5	43.3	88.87	26.8	250.6	5.12	223.8
2	35	91.00	68.2	248.4	3.98	180.2
2.5	12	96.91	96.9	239.6	3.5	142.7
3	9.7	97.50	98.8	218.2	3.17	119.4

由图 5-6-12 可知，随着光电催化氧化反应的进行，pH 逐渐下降而活性氯含量逐渐增多。降解反应进行 1h 后，反应体系的 pH 降至 7，此时活性氯的产量较少，随着光电催化氧化反应的进行，反应体系的 pH 逐渐下降，在 pH 由 5 下降至 4 的过程中，活性氯的产量急剧上升。降解反应进行 3h 后，pH 下降至 3.17，活性氯产量为 98.8mg/L。

活性氯的存在也验证了反应式(5-16)～式(5-19) 的发生。同时，随着反应的进行 pH 逐渐下降，这表明，在光电催化氧化反应过程中，阴极区进行着析氧反应，如式(5-25) 所示。另外，Huseyin Selcuk 认为：在降解反应进行的过程中 OCl^- 和 HClO 被氧化产生氯酸盐，

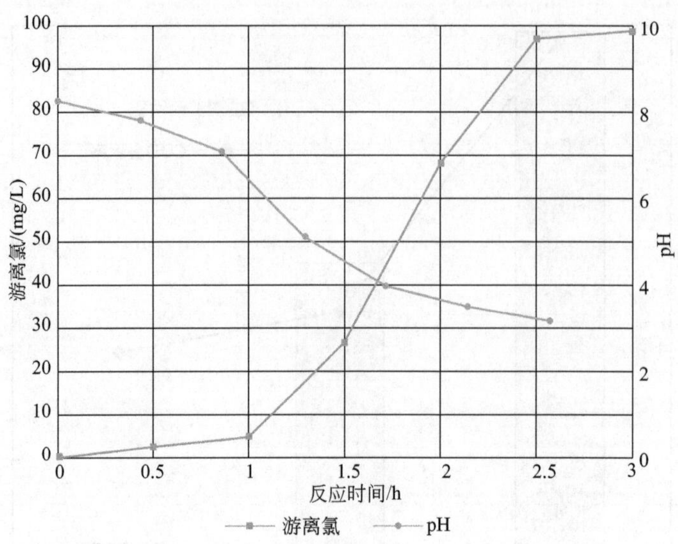

图 5-6-12 光电反应 3h 后活性氯含量及 pH 随反应时间变化的曲线图

(NaCl 含量为 7.5mmol/L)

如式(5-26)、式(5-27) 所示，也导致了 pH 的下降。

$$4OH^- \longrightarrow O_2 + 2H_2O + 4e^- \tag{5-25}$$

$$6HClO + 3H_2O \longrightarrow 2ClO_3^- + 4Cl^- + 12H^+ + 1.5O_2 + 6e^- \tag{5-26}$$

$$6ClO^- + 3H_2O \longrightarrow 2ClO_3^- + 4Cl^- + 6H^+ + 1.5O_2 + 6e^- \tag{5-27}$$

以上试验数据表明：酸性条件下有利于活性氯物种的产生。这与 Maria Valnice B. 等的研究结果相一致。

在加入 7.5mmol/L NaCl 的光电催化氧化体系中，活性氯（HClO、ClO^-、Cl_2）、氯离子（Cl^-）及总氯含量随时间的变化如表 5-6-57 所示，对比如图 5-6-13 所示。

表 5-6-57 光电催化氧化过程中活性氯、总氯、Cl^- 数据汇总

反应时间/h	活性氯/(mg/L)	总氯/(mg/L)	pH	Cl^-/(mg/L)
0	0	286	8.26	286
0.5	2.6	274.6	7.81	272
1	4.8	268.6	7.09	263.8
1.5	26.8	250.6	5.12	223.8
2	68.2	248.4	3.98	180.2
2.5	96.9	239.6	3.5	142.7
3	98.8	218.2	3.17	119.4

反应初始阶段由于体系中仅存在 NaCl，故初始活性氯含量为 0mg/L，总氯含量等于氯根含量 286mg/L。随着降解反应的进行，不断发生着式(5-16)～式(5-19) 所示的反应，故活性氯含量随着反应的进行不断增加，产生的 Cl_2 一部分会逸出所以总氯含量逐渐下降，反应 3h 后活性氯含量为 98.8mg/L，总氯含量为 218.2mg/L。因为 Cl^- 在光电催化氧化的过程中不断地转化成为活性氯物种或形成 Cl_2 而逸出，所以反应 3h 后 Cl^- 含量减少至 118.4mg/L。

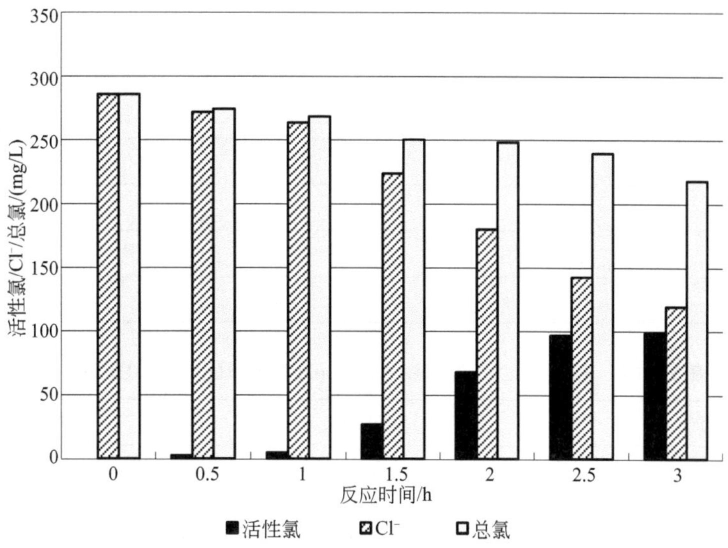

图 5-6-13　光电催化氧化反应中活性氯、氯离子及总氯随反应时间的变化

④ 加入 NaCl 后不同初始 pH 对降解的影响　为了研究 pH 对有机物降解的影响，以 7.5mmol/L NaCl 为电解质，考察不同初始 pH 下十二烷基二甲基苄基氯化铵的 COD 去除率随时间的变化。选取具有缓冲能力的 NaH_2PO_4 和四硼酸钠调节起始 pH 至 5.5 和 9。不同降解时间下的 COD 去除率如表 5-6-58～表 5-6-62 所示，对比如图 5-6-14 所示。

表 5-6-58　不加 NaCl、磷酸二氢钠调节 pH 到 6.51 出水 COD 和去除率

反应时间/h	出水 COD/(mg/L)	COD 去除率/%
0	370	0
0.5	259.3	29.91
1	208.2	43.72
1.5	188.8	48.97
2	169.9	54.08
3	151.9	58.94

表 5-6-59　加 NaCl、磷酸二氢钠调节 pH 到 6.51 出水 COD 和去除率

反应时间/h	出水 COD/(mg/L)	COD 去除率/%
0	370	0
0.5	249.3	32.62
1	181.3	51.00
1.5	151.8	58.97
2	139.7	62.24
3	135.9	63.27

表 5-6-60 不加盐不调节 pH 出水 COD 和去除率

反应时间/h	出水 COD/(mg/L)	COD 去除率/%
0	389.2	0
0.5	250.3	35.68
1	198.7	48.94
1.5	180.9	53.52
2	166.1	57.32
3	52.3	86.56

表 5-6-61 不加 NaCl、四硼酸钠调节 pH 到 9.01 出水 COD 和去除率

反应时间/h	出水 COD/(mg/L)	COD 去除率/%
0	370	0
0.5	209.9	43.27
1	150.6	59.29
1.5	110.3	70.18
2	89.4	75.83
3	45.1	87.81

表 5-6-62 加 NaCl、四硼酸钠调节 pH 到 9.01 出水 COD 和去除率

反应时间/h	出水 COD/(mg/L)	COD 去除率/%
0	370	0
0.5	104.3	71.81
1	50.4	86.37
1.5	30.7	91.70
2	15.9	95.70
3	1.1	99.70

由图 5-6-14 可以看出无 NaCl 添加时，通过磷酸二氢钠调节 pH 至 5.51，反应 3h 后 COD 去除率为 59%。通过四硼酸钠调节溶液的起始 pH 至 9.01，反应 3h 后 COD 去除率为 87%，而采用四硼酸钠调节起始 pH 至 9.01 后再加 NaCl 于体系之中，反应 3h 后 COD 去除率可以达到 99.9%，有机物几乎被完全降解去除。

产生上述现象的原因可能是由于当加入电解质 NaCl 以后，NaCl 在增加导电能力的同时，在光电的协同作用下会发生复杂的化学反应，Cl^- 在阳极氧化成 Cl_2，进而转变为活性氯及氯自由基，这些物种将共同参与降解反应的进行。同时，碱性环境使得 TiO_2 催化剂表面荷负电，更有益于带正电荷的十二烷基二甲基苄基氯化铵分子吸附于催化剂表面处，使得发生在界面处的降解反应更易进行。

分别采用 H_2SO_4（1＋35）、NaH_2PO_4（0.5g/L）调节起始 pH 至 5.5，采用 NaOH（1mol/L）、四硼酸钠（0.5g/L）调节起始 pH 至 9，光电催化氧化反应 3h 后 COD 去除率及反应后的 pH 如表 5-6-63 所示。

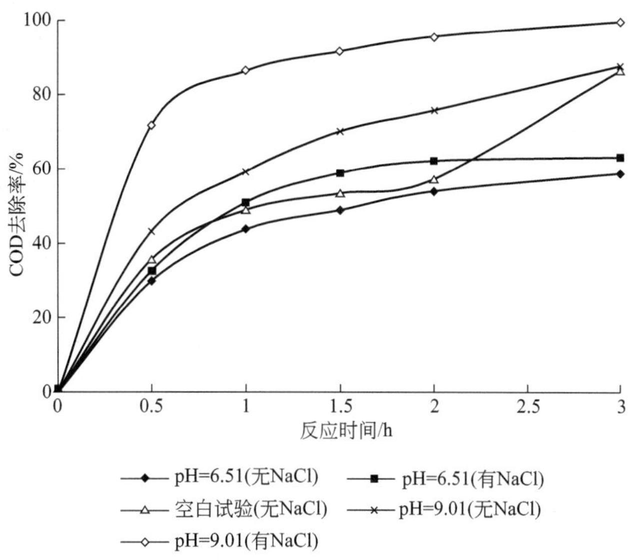

图 5-6-14　加入 NaCl 后初始 pH 对降解的影响

表 5-6-63　不同 pH 条件下反应 3h 后 COD 去除率及反应后 pH

试验	外加试剂	起始 pH	COD 去除率/%	反应后 pH
1	无外加试剂(空白)	7.80	86	6.31
2	H_2SO_4(1+35)	5.51	53	4.30
3	NaH_2PO_4	5.51	59	4.71
4	NaH_2PO_4+NaCl	5.51	63	5.12
5	NaOH(1mol/L)	9.01	86	4.0
6	四硼酸钠	9.01	87	4.8
7	NaOH(1mol/L)+NaCl	9.01	99	3.96
8	四硼酸钠+NaCl	9.01	99.9	7.15

注：四硼酸钠及 NaH_2PO_3 加入量为 0.5g/L，NaCl 加入量为 7.5mmol/L。

pH 的下降可以推测，反应中光生空穴在与 H_2O 反应的同时也产生了 H^+，如式(5-29)、式(5-30) 所示。

$$TiO_2\text{-}h^+ + H_2O \longrightarrow TiO_2\text{-}OH\cdot + H^+ \tag{5-28}$$

$$TiO_2\text{-}h^+ + OH^- \longrightarrow TiO_2\text{-}OH\cdot \tag{5-29}$$

由表 5-6-63 可知，在加入 NaCl 的光电催化氧化体系中，碱性条件可以促进降解反应的进行，当采用 NaOH (1mol/L) 调节 pH 至 9.01 时，反应 3h 后 COD 去除率达 99%；由于碱性条件下有利于十二烷基二甲基苄基氯化铵降解反应的发生，为维持碱性环境，采用四硼酸钠调节 pH 至 9.01 时，反应 3h 后 COD 去除率达 99.9%。以上试验表明，只要使反应的初始阶段维持碱性条件，就可以促使十二烷基二甲基苄基氯化铵降解。

5.6.3　光电催化降解机理研究

(1) COD、TOC 和活性组分的测定

通过以上试验确定最佳降解条件为：外加电压 20V，催化剂投加量为 0.3g/L，极板间

距为 0.5cm，pH 为 8.27，降解时间为 3h。在最佳制备条件的基础上，定时取样分析，试验数据如表 5-6-64 所示。

表 5-6-64　确定最佳条件后的验证试验数据汇总

反应时间/h	COD/(mg/L)	COD 去除率/%	TOC/(mg/L)	TOC 去除率/%	四苯硼钠滴定十二烷基二甲基苄基氯化铵用量/mL
0	359	0	114.9	0	0.59
0.5	239.2	33.37	63.73	43.26	0.3
1	215.1	40.08	50.18	53.87	0
1.5	214.5	40.25	29.28	57.55	0
2	201.3	43.92	29.02	63.26	0
2.5	127.7	64.42	18.9	73.87	0
3	47.8	86.68	9.02	81.63	0

水样的 COD、TOC 及活性组分含量随反应时间的变化如图 5-6-15 所示。

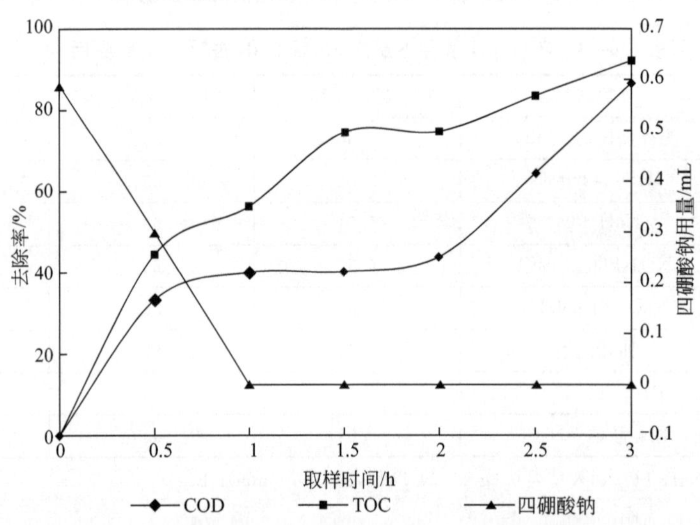

图 5-6-15　COD、TOC 去除率和活性组分含量随时间的变化

反应进行的前 0.5h 内，水样的 COD、TOC 均有不同程度的下降。光电反应进行 3h 后，COD 去除率达到 87%，TOC 去除率达到 92%。由图 5-6-15 可知，随着光电催化氧化反应的进行，TOC 逐渐下降说明经过降解反应后，有机物被矿化成无机离子和 CO_2。当光电反应进行 1h 后，采用四苯硼钠滴定法检测活性组分含量（即含季铵盐结构的物质），不再发生显色反应，说明十二烷基二甲基苄基氯化铵分子中的季铵盐结构已经被破坏。

（2）UV-VIS 的测定

光电催化氧化反应进行 0h、0.5h、1h、2h、3h 后十二烷基二甲基苄基氯化铵的紫外-可见光谱如图 5-6-16 所示。

如图 5-6-16 所示，降解前在波长为 262nm 附近处产生的吸收带随着降解反应的进行逐渐向左偏移，这种蓝移现象可能是在降解过程中产生了含有苯环母体结构的不同降解中间产物，从而在 254nm 处产生了吸收，反应 2h 后此处的吸收消失，这说明十二烷基二甲基苄基氯化铵分子中的芳香环结构被彻底破坏，有机物分子得到了氧化降解。

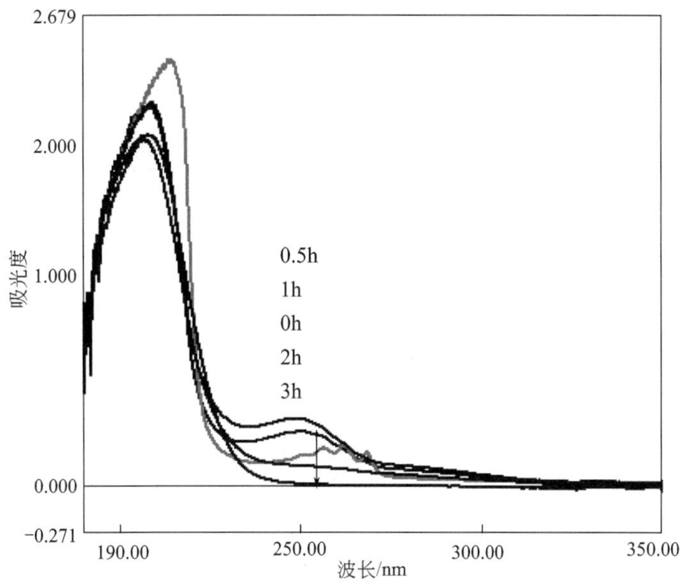

图 5-6-16 光电催化氧化法降解十二烷基二甲基苄基氯化铵不同时间下的紫外-可见光谱变化图

(3) HPLC 的测定

光电催化氧化反应 0h、1h、2h、3h 后的产物经过 0.45μm 的滤膜过滤后，采用液相色谱法对样品进行分析，得到主要产物组成随着反应时间变化的色谱图，如图 5-6-17 所示。

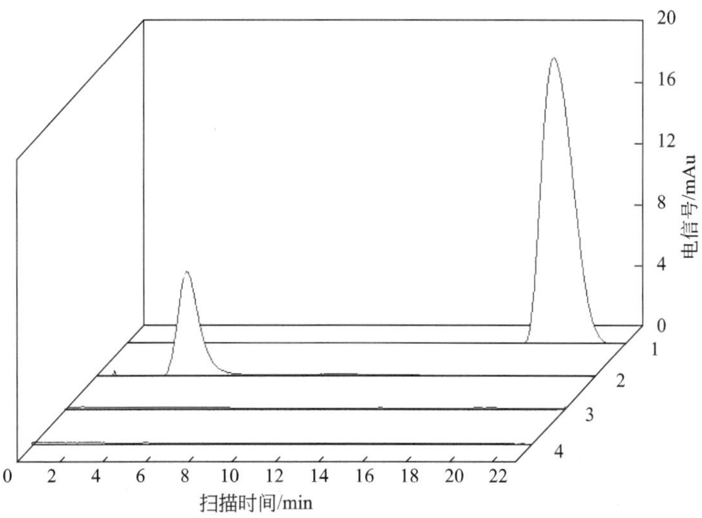

图 5-6-17 不同降解时间下十二烷基二甲基苄基氯化铵水溶液的液相色谱图

1—光电催化氧化降解前十二烷基二甲基苄基氯化铵水溶液的液相色谱图；2—降解 1h 后十二烷基二甲基苄基氯化铵的液相色谱图；3—降解 2h 后十二烷基二甲基苄基氯化铵的液相色谱图；4—降解 3h 后的液相色谱图

从中观察到有明显不同于目标反应物十二烷基二甲基苄基氯化铵的色谱峰出现。从图中各峰的变化可以看出，目标反应物十二烷基二甲基苄基氯化铵对应的峰随着光电催化反应的进行 1h 后已消失，但随之产生了新的色谱峰，说明有中间产物生成。随着降解反应继续进行，中间产物的降解速度超过了其生成的速度，在反应 2h 后，在 262nm 处可以产生吸收的物质已经全部消失。进一步证明十二烷基二甲基苄基氯化铵分子中芳环结构得到了破坏。

(4) 红外光谱的测定

光电催化氧化反应前后物质的红外光谱如图 5-6-18 所示。由图 5-6-18 可知，光电催化反应前十二烷基二甲基苄基氯化铵结构中的特征峰为：$2924cm^{-1}$ 和 $2853cm^{-1}$（长碳链结构），$1450\sim1600cm^{-1}$（芳香环中 C ═C 骨架伸缩振动峰），$781cm^{-1}$ 和 $704cm^{-1}$（芳环 C—H 弯曲振动峰）。

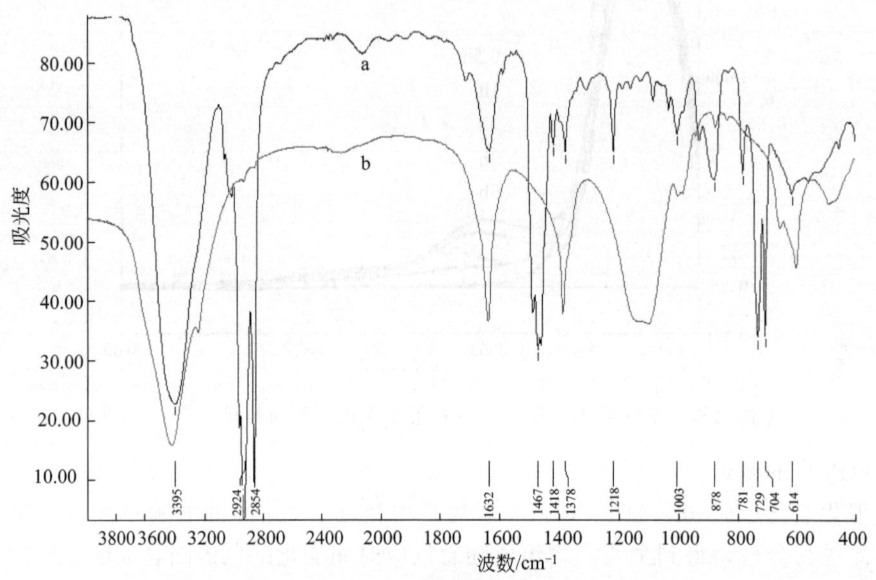

图 5-6-18　降解前后物质的 FTIR 光谱图

a—降解前；b—降解后

光电催化反应 3h 后，峰数比反应前明显减少，十二烷基二甲基苄基氯化铵结构中 $2924cm^{-1}$、$2853cm^{-1}$ 处的吸收峰消失，说明十二烷基结构发生了破坏，长碳链结构已断裂成小分子物质。$781cm^{-1}$、$704cm^{-1}$ 的吸收峰消失表明芳环结构被破坏。硝酸根的反对称振动峰在 $1310\sim1405cm^{-1}$，推测 $1384cm^{-1}$ 处产生的新峰可能是 NO_3^-。

由以上试验可知，光电催化 1h 后季铵盐结构全部消失，可以推测，在十二烷基二甲基苄基氯化铵的降解过程中，以季铵盐结构消失为标志的降解反应最容易进行，其次是芳香环的开环反应，最难以进行的是开环后产物的矿化过程，这需要大量高级氧化过程中所产生的羟基自由基。

光电催化氧化过程集成了光催化氧化和电催化氧化过程，根本目的是达到羟基自由基的高效产生和利用，但其综合作用却是复杂的。具体来说是通过产生一系列含氧的氧化性物种（reactive oxygen species，ROS），如超氧自由基（$\cdot O_2$）、过氧化氢（H_2O_2）和羟基自由基（$\cdot OH$）等，来实现有机污染物的分解和矿化。

5.6.4　光电催化处理工艺试验结论

(1) 分别采用光催化氧化法、电催化氧化法以及光电催化氧化法降解初始 COD 约为 350mg/L 的十二烷基二甲基苄基氯化铵水溶液，反应 3h 后，光电催化氧化过程的 COD 去除率（79.3%）是单独光催化氧化（44%）与电催化氧化（5%）之和的 1.61 倍，光电催化氧化过程的 TOC 去除率（81.7%）是单独光催化氧化（49%）与电催化氧化（8%）之和

的 1.43 倍，光电催化降解过程具有更高的降解效率，而且光催化氧化与电催化氧化过程的耦合产生了一定的协同作用。

（2）通过改变试验条件得出最佳的光电催化氧化降解的试验条件为：外加电压 20V，催化剂投加量为 0.3g/L，极板间距为 0.5cm，pH 为 8.27，反应 3h 后 COD 去除率达到 87%，TOC 去除率达到 92%。

（3）以 Na_2SO_4 为电解质时，COD 去除率随着 Na_2SO_4 含量的增加而增大，当 Na_2SO_4 含量达到 5.0mmol/L 时，降解 3h 后 COD 去除率达到 89%，继续增加 Na_2SO_4 含量，COD 去除率并没有继续增加。SO_4^{2-} 在光电的作用下将发生两类反应，一部分 SO_4^{2-} 捕获光生空穴和 HO·，对光电催化降解有机物起抑制作用，另一部分 SO_4^{2-} 将发生反应生成 H_2O_2，对有机物的降解起促进作用。

（4）以 $NaHCO_3$ 为电解质时，HCO_3^- 作为羟基自由基的捕获剂也会抑制降解反应的进行。柠檬酸钠自身就是一种有机盐，它的加入会增加初始 COD。

（5）以 NaCl 为电解质时，Cl^- 在光电催化氧化的作用下生成了氧化性很强的活性氯物种（以次氯酸、次氯酸盐离子和溶解的单质氯），从而促进降解反应的进行，当 NaCl 用量为 7.5mmol/L 时，反应 1.5h 后，COD 去除率已达到 88%，反应 3h 后其 COD 去除率达 97%。加入 NaCl 后并调节溶液起始 pH 至 9.01，反应 3h 后 COD 去除率达到 99%，有机物被完全降解去除。

（6）经过光电催化氧化降解后，十二烷基二甲基苄基氯化铵结构中的季铵盐结构、十二烷基的长碳链结构及芳环结构得到破坏，说明有机物质得到充分降解。

6 多级串联粒子电极技术处理含酚废水研究

6.1 多级串联粒子电极技术背景

电催化氧化技术由于其产生强氧化物羟基自由基的能力，对有机污染物降解较为彻底，很少或一般不产生二次污染，反应条件温和，可控性强等优点而得到了广泛的应用。

目前电催化氧化技术主要分为二维平板电极电催化技术和三维粒子电极电催化技术，其中三维粒子电极电催化技术是通过在二维平板电极中间添加粒子电极，构成三维体系，通过在反应器两侧二维平板电极间施加直流电压，粒子电极会在电场中感生出若干微小原电池来降解水体中 COD。

三维粒子电极多选择颗粒活性炭等活性粒子和陶瓷等绝缘粒子按照一定比例混合，绝缘粒子的作用是保持活性粒子之间不直接接触。三维粒子电极电催化技术弊端在于活性粒子电极容易结垢板结，并且由于粒子电极间不可避免地存在相互接触现象，因此总有一部分电流通过相互接触的粒子电极流失，俗称短路电流，从而降低了电流利用效率。

另外不论是二维平板电极电催化技术还是三维粒子电极电催化技术，其和外部直流电源连接的均是最外侧的平板电极，由于平板电极面积较大，且电极间距较小，因此在保持一定电流密度的同时就必须使用大电流小电压模式，其运行电压一般会在 2～380V 之间。而电流越大，其造成的热损也就越大，这也进一步降低了反应过程中的电流利用效率，这也是目前电催化氧化技术在实际应用过程中能耗较高，影响其大范围推广的主要原因。

本研究采用一种多级串联粒子电极电催化技术，该技术中所采用的粒子电极为球形，表层涂覆具有电催化活性的 SnO_2 涂层，并根据该技术自制多级串联粒子电极反应器，通过和相同处理条件的二维平板电极反应器以及三维粒子电极反应器降解苯酚的横向对比试验，验证多级串联粒子电极电催化技术是否能够解决上述两种传统电催化氧化技术中电流利用率较低、吨水处理能耗大的弊端。

6.2 工艺设计试验药品及仪器

6.2.1 工艺设计试验药品

工艺设计试验中用到的药品及试剂如表 6-2-1 所示。

表 6-2-1 主要原料和试剂

药品名称	药品规格	药品产地
NaOH	分析纯	天津市化学试剂三厂
H_2SO_4	分析纯	天津市化学试剂三厂
HCl	分析纯	天津市化学试剂三厂
苯酚	分析纯	天津市化学试剂三厂
草酸	分析纯	天津市化学试剂三厂
硝酸镍	分析纯	天津市科密欧化学试剂有限公司
柠檬酸	分析纯	天津市光复科技发展有限公司
乙二醇	分析纯	天津市科密欧化学试剂有限公司
硝酸铜	分析纯	天津市科密欧化学试剂有限公司
对二氯苯	分析纯	天津市科密欧化学试剂有限公司
硝酸铋	分析纯	天津市科密欧化学试剂有限公司
结晶四氯化锡	分析纯	天津市光复科技发展有限公司
$NaHCO_3$	分析纯	天津市科密欧化学试剂有限公司

6.2.2 工艺设计试验仪器

工艺设计试验主要仪器如表 6-2-2 所示。

表 6-2-2 主要试验仪器设备及型号

仪器名称	仪器型号	仪器产地
COD 消解仪	DRB200	美国 HACH
分光光度计	DR/2800	美国 HACH
电子天平	AL204	梅特勒-托利多仪器(上海)有限公司
UV-VIS 分光光度计	UV-3600	日本岛津
扫描电镜	EVO-18	德国蔡司公司
直流稳压电源	SKX10020D	天津斯姆德电气设备有限公司
高压直流电源	WYK-3KV2A	扬州裕红电源制造厂
pH 计	FE20	梅特勒-托利多
超声波清洗器	SB25-12DTD	宁波新芝生物科技股份有限公司
低速离心机	KDC-40	科大创新股份有限公司中佳分公司
鼓风式干燥箱	DHG-9123A	上海一恒科学仪器有限公司
真空干燥箱	DZF-6050	上海一恒科学仪器有限公司
蠕动泵	YZ1515	天津市协达电子有限责任公司
电化学工作站	RST-5100F	郑州世瑞思仪器科技有限公司
X 射线衍射仪	DMAXⅢA 型	日本 Rigaku 公司

6.2.3 工艺设计试验装置

自制二维平板电极反应器、三维粒子电极反应器和多级串联粒子电极反应器，三种反应器长×宽×高尺寸均为200mm×100mm×300mm，材质均为有机玻璃；钛板和球形钛粒子采用无锡市佳业钛金属材料厂，钛板尺寸为80mm×100mm×2mm，球形钛粒子直径为10mm；球形玻璃珠采用东莞市富强玻璃珠有限公司，直径为10mm。

多级串联粒子电极反应器内部包含10行、5列、10层球形粒子电极，每个球形粒子电极中间有三条过球心且相互垂直的孔道，每条孔道中分别穿有定位绝缘尼龙丝线，将所有球形粒子电极固定成间距10mm等距离的10行、5列、10层，保证任何一个粒子电极与相邻电极间保持相同距离，其中第一个球形粒子电极连接外加高压直流电源的正极，第500个球形粒子活性电极连接外加高压直流电源的负极，保证电流能够流经所有的球形粒子电极。

根据二维平板电极电催化技术、三维粒子电极电催化技术和多级串联粒子电极电催化技术开发三种反应器，其中二维平板电极反应器采用复极式，设置10片80mm×100mm×2mm自制Ti/SnO_2板式电极，极板间距10mm，有效阳极面积为720cm^2；三维粒子电极反应器两端平板电极采用2块80mm×100mm×2mm自制Ti/SnO_2板式电极，中间均匀填充450个直径10mm自制Ti/SnO_2球形粒子电极和450个直径10mm玻璃球，填充方式为每一个球形粒子电极与一个玻璃球紧密相邻，即保证任意相邻两个球形粒子电极之间都有一个玻璃球间隔开来，避免形成短路电流，其中有效阳极面积为786.5cm^2；多级串联粒子电极反应器采用直径10mm的自制Ti/SnO_2球形粒子电极，任意两个电极间距10mm，每5个电极为1行，每10行为1排，一共10排，共500个，其有效阳极面积为785cm^2，多级串联粒子电极反应器如图6-2-1所示。

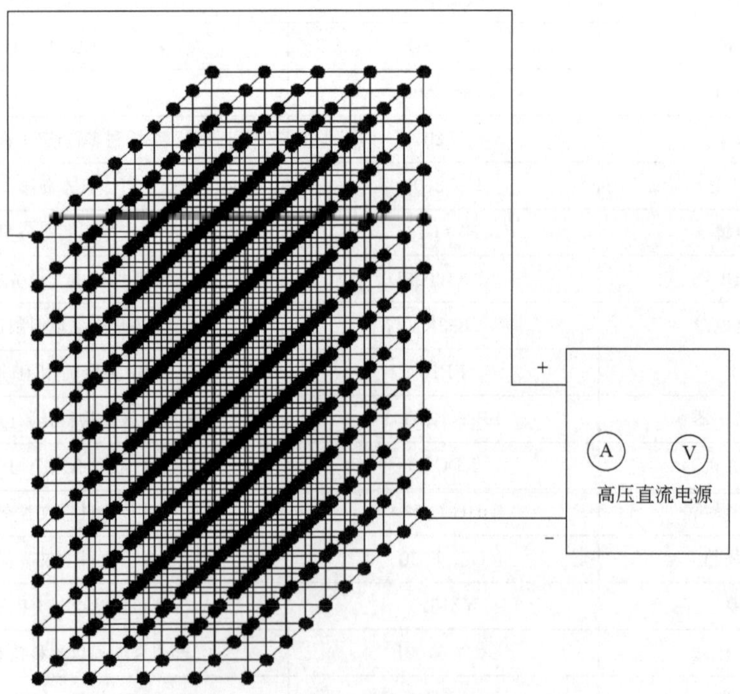

图6-2-1　多级串联粒子电极装置示意图

6.3 试验过程分析方法

试验中所用到的测试指标名称和监测方法如表 6-3-1 所示。

表 6-3-1 水质指标名称和测试方法

序号	指标名称	测试方法
1	COD	采用重铬酸钾分光光度法测定
2	TOC	在 TOC 分析仪上测定
3	电极结构评价	采用扫描电镜法
4	电极活性评价	采用电化学工作站循环伏安法
5	电极晶体分析	采用 X 射线衍射法

6.4 工艺评价试验过程

6.4.1 电极的制备

所用钛片尺寸为 80mm×100mm×2mm，所用钛球粒子直径为 10mm，先用 320 目的粗砂纸将钛片和钛粒子打磨抛光，初步去除钛片和钛粒子表面致密的氧化膜使其表面粗糙化，然后放入 40%的 NaOH 溶液中除油 30min，接着放入 1∶1 的 H_2SO_4、HNO_3 混合溶液（60℃）中酸洗，最后用蒸馏水冲洗。处理过的钛片用 15%草酸溶液于 80℃下浸泡 3h 以进一步除去表面氧化膜，使之成为有均匀麻面的钛基体以增加涂层氧化物与基体之间的结合力。处理过的钛片和钛粒子用蒸馏水清洗后保存在无水乙醇中以避免表面再次生成致密的氧化膜。

钛片和钛粒子预制完成后，采用聚合前驱体法。在 65℃水浴搅拌下，使乙二醇和柠檬酸反应制得乙二醇柠檬酸酯，加入一定量的结晶四氯化锡（$SnCl_4$-5H_2O），并升温至 90℃促进螯合和凝脂化，将溶液在 80Hz 下超声 20min，即制得涂层溶液。最后，将涂液均匀涂覆在钛板上，将钛粒子置于涂液中利用超声处理 40min 后静置 3h，然后将钛板和钛粒子于 130℃的烘箱中干燥 10min，随后转入充入氮气保护的 600℃的马弗炉焙烧 10min，取出冷却。上述步骤重复 3 遍，最后 1 次焙烧 1h 并随炉冷却。

6.4.2 电极结构表征

利用扫描电子显微镜（SEM）观察自制 Ti/SnO_2 电极表面涂层形貌，如图 6-4-1 所示；利用 X 射线衍射仪（XRD）对自制 Ti/SnO_2 电极进行结构分析，确定涂层物相，如图 6-4-2 所示。

6.4.3 电极循环伏安测试

利用 RST-5100F 电化学工作站测试自制 Ti/SnO_2 电极的电化学性能，如图 6-4-3 所示。

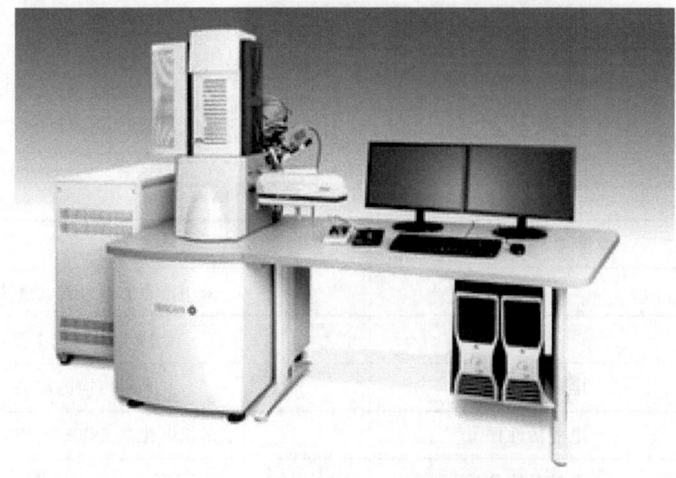

图 6-4-1　扫描电子显微镜（SEM）

图 6-4-2　X 射线衍射仪（XRD）

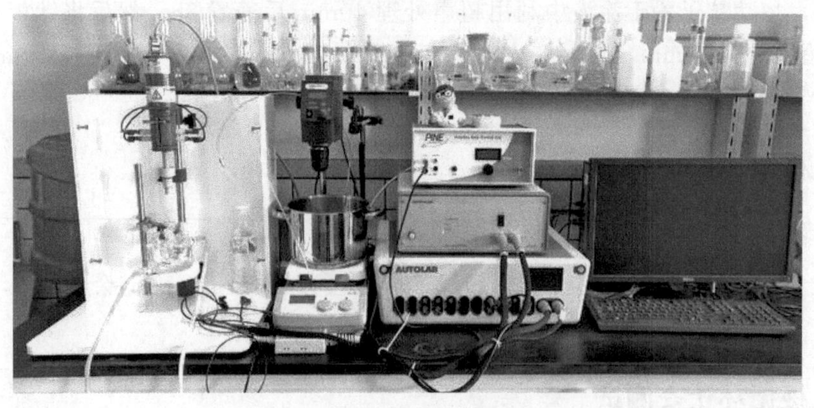

图 6-4-3　电化学工作站

根据循环伏安曲线考察自制 Ti/SnO_2 电极在苯酚溶液中的氧化电位，采用三电极体系，自制 Ti/SnO_2 电极为工作电极，铂片为辅助电极，Ag/AgCl 为参比电极，在常温 25℃条件下，在 1mol/L Na_2SO_4 溶液和 1mol/L Na_2SO_4 +500mg/L 苯酚溶液中对自制 Ti/SnO_2 电极进行循环伏安测定，循环伏安测试扫速为 100mV/s。

6.4.4 电极降解苯酚机理探索试验

本步骤试验主要考察自制 Ti/SnO_2 电极在电催化降解苯酚的过程中，是否产生强氧化物 ·OH，利用多级串联粒子电极反应器分别处理 3.9L 以下两种溶液：1mol/L Na_2SO_4 + 500mg/L 苯酚溶液和 1mol/L Na_2SO_4 +500mg/L 苯酚+0.1mol/L $NaHCO_3$ 溶液。反应条件为电流密度 $100mA/cm^2$，水板比为 $5mL/cm^2$，本试验以 COD 作为测量指标，每隔 10min 测量出水 COD，每种溶液共检测 12 组出水 COD。COD 测试采用哈希快速消解-分光光度法。

6.4.5 三种电催化技术对比试验

本试验主要考察依据三种不同电催化技术制作的反应器去除苯酚的能力，为确保三种反应器对于 COD 负荷量的一致，必须保证三种反应器在相同的极间距、电流密度以及水板比条件下进行去除苯酚的试验。

本试验以 COD 作为测量指标，三种反应器的水板比均为 $5mL/cm^2$，因此二维平板电极反应器处理水量为 3.6L；三维粒子电极反应器处理水量为 3.9L；多级串联粒子电极反应器处理水量为 3.9L。并设定电流密度为 $100mA/cm^2$。二维平板电极反应器运行电流为 8A，槽电压为 39.6V；三维粒子电极反应器运行电流为 8A，槽电压为 47.5V；多级串联粒子电极反应器运行电流为 0.157A，槽电压为 2005.6V。

在常温 25℃ 条件下，配制 500mg/L 苯酚溶液，并加入 Na_2SO_4 作为电解质，使 Na_2SO_4 浓度为 1mol/L，在电流密度为 $100mA/cm^2$ 条件下，每种反应器每隔 10min 测量出水 COD，每种反应器共检测 12 组出水 COD，并分析在出水相同 COD 条件下，三种电催化技术的吨水电耗和电流效率以及对应的反应动力学方程。COD 测试采用哈希快速消解-分光光度法。

6.5 工艺试验的结果与分析

6.5.1 电极表面形貌分析

自制 Ti/SnO_2 电极表面 SEM 扫描形貌如图 6-5-1 所示，放大倍数是 5000 倍。

从图 6-5-1 中能够得出以下两点结论。

(1) 涂覆的涂层没有任何裂纹，这说明涂层能很好地覆盖钛基体，这有利于延长电极的使用寿命，理由是在电催化反应过程中能够避免产生新生态氧等强氧化物向内部钛基体渗透，从而生成高阻抗的 TiO_2，导致影响电极的催化活性，也会避免涂层过快脱落，延长电极的使用寿命。

(2) 图中电极表面涂层凹凸不平，有许多的不规则凸起和凹陷，基本呈蜂窝状结构，这

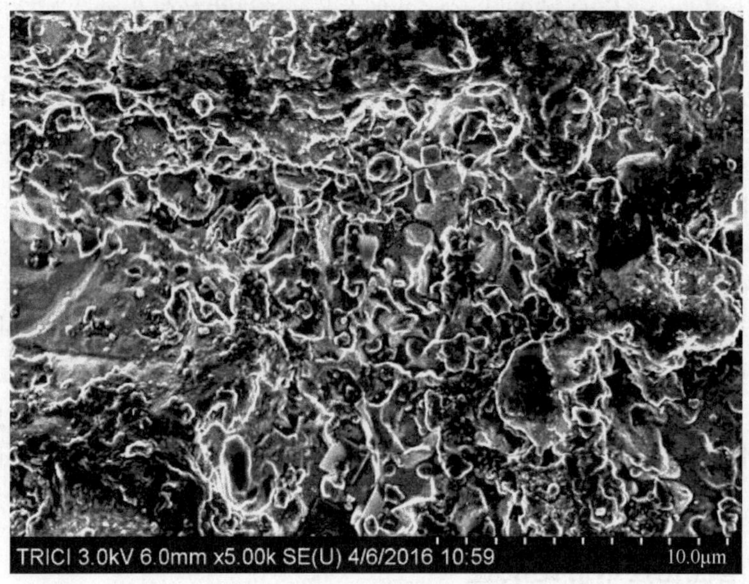

图 6-5-1　Ti/SnO_2 电极 SEM 图

种表面细小的蜂窝状小孔能够使电极的表面活性涂层具备更大的比表面积，增加电催化的活性点位数，有效提升电极的催化活性。

6.5.2　电极晶体分析

对自制 Ti/SnO_2 电极进行 XRD 分析，分析结果如图 6-5-2 所示。

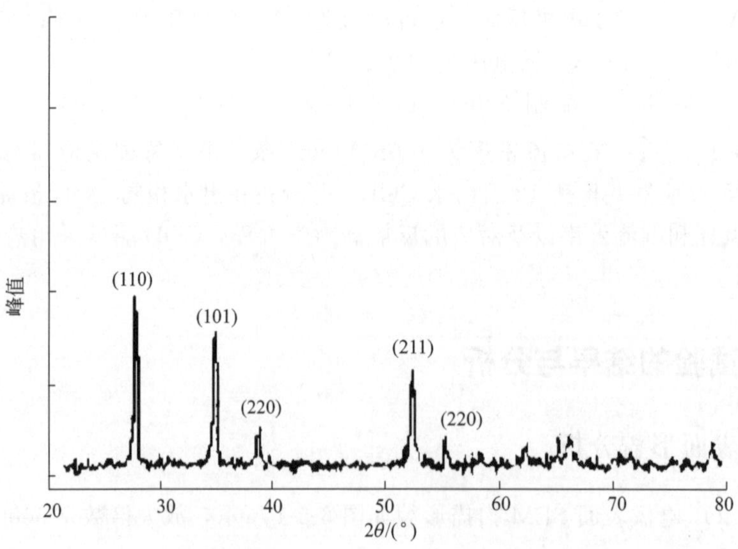

图 6-5-2　Ti/SnO_2 电极 XRD 图

从图 6-5-2 数据可以看出，电极的 X 衍射峰的位置与四方形金红石型的 SnO_2 晶体结构的标准卡片（00-041-1445）的峰数据基本一致，未检测到 Ti 的衍射峰，表明所制备的电极表面已经完全被涂层微粒所覆盖，这与 SEM 扫描图片得到的结论一致，说明自制 Ti/SnO_2 电极在电催化过程中不会有氧渗透到钛基体，避免了涂层脱落和电极催化活性降低。

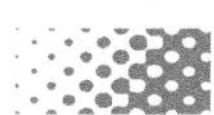

6.5.3 电极循环伏安曲线分析

自制 Ti/SnO_2 电极在 1mol/L Na_2SO_4 溶液和 1mol/L Na_2SO_4 +500mg/L 苯酚溶液中循环伏安测试结果分别如图 6-5-3 和图 6-5-4 所示。

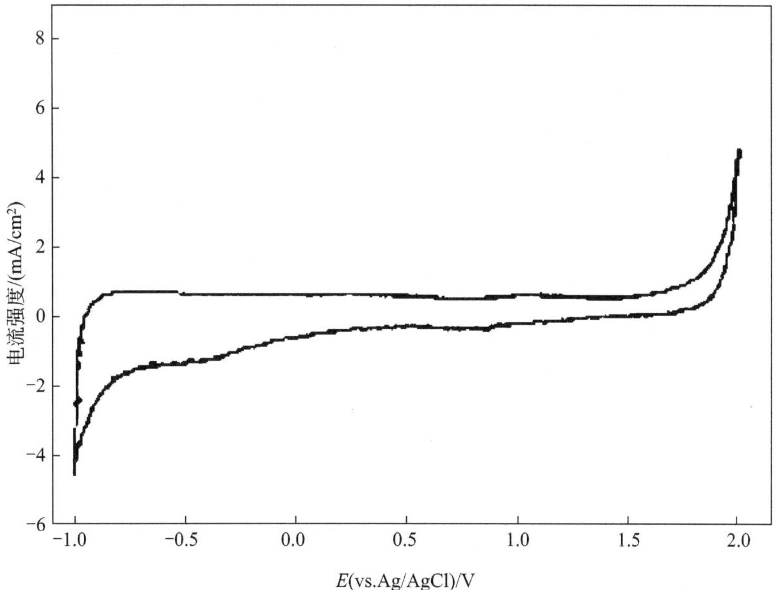

图 6-5-3 Ti/SnO_2 电极在 1mol/L Na_2SO_4 溶液中 CV 曲线

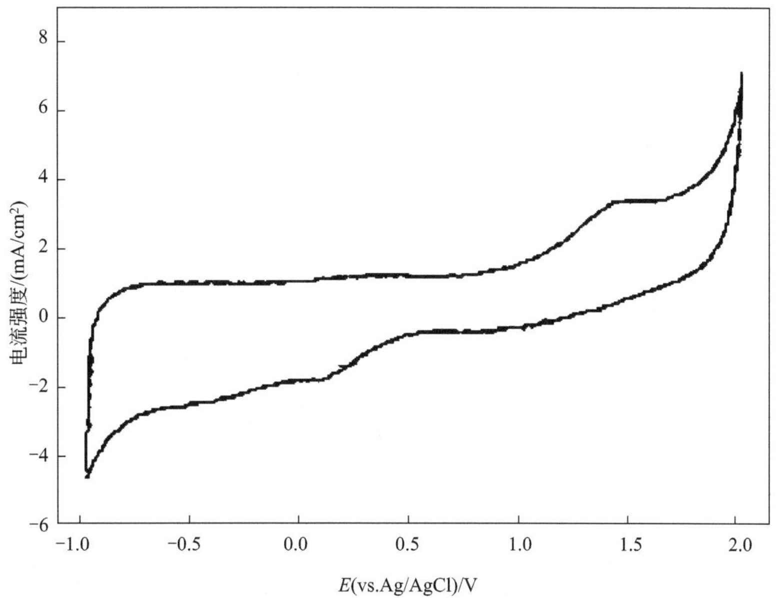

图 6-5-4 Ti/SnO_2 电极在 1mol/L Na_2SO_4 +500mg/L 苯酚溶液中 CV 曲线

由图 6-5-3 和图 6-5-4 比较可知，苯酚在自制 Ti/SnO_2 电极表面可以发生不可逆电催化反应，并且其氧化峰位置为 1.41V（vs. Ag/AgCl），峰值电流为 3.40mA/cm^2。说明苯酚在自制 Ti/SnO_2 电极上能够发生部分直接电催化过程。

6.5.4　电极降解苯酚机理分析

多级串联粒子电极反应器处理两种溶液结果如图 6-5-5 和图 6-5-6 所示。

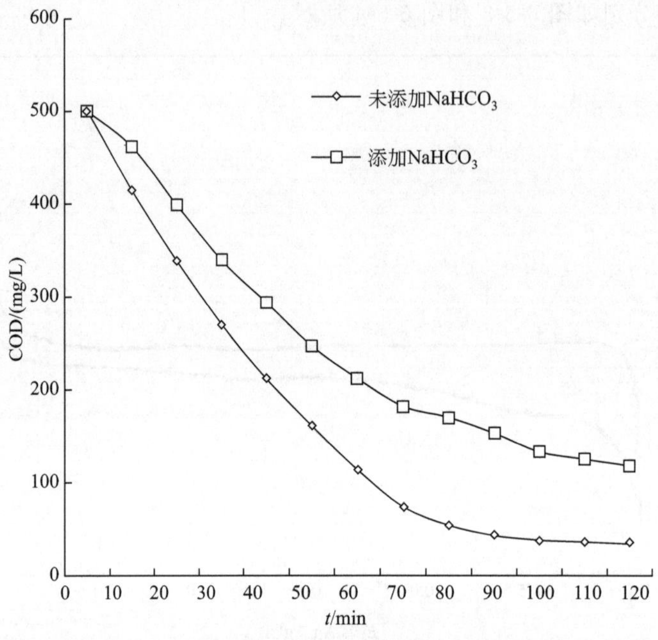

图 6-5-5　相同条件下两种溶液出水 COD

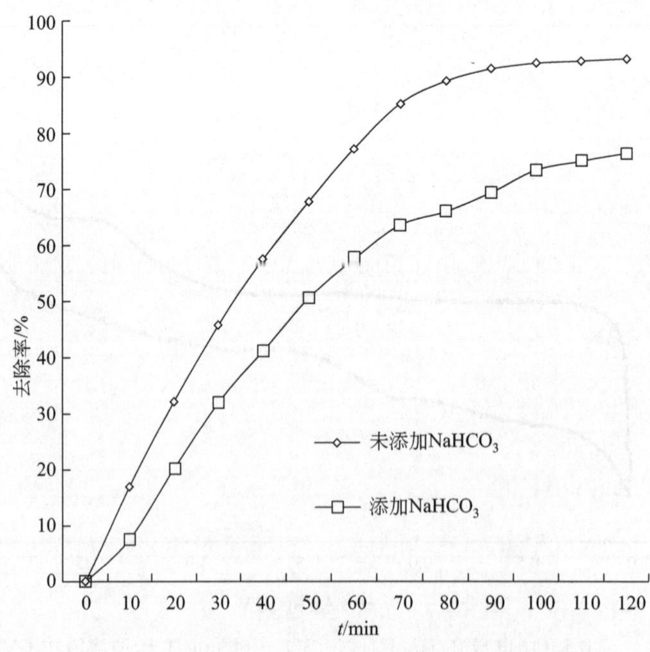

图 6-5-6　相同条件下两种溶液出水 COD 去除率

$NaHCO_3$ 可以作为・OH 的清除剂，能够阻止其对苯酚的氧化降解，使电催化效率降低，通过添加 $NaHCO_3$ 来清除电催化过程中产生的羟基自由基后出水 COD 与不添加 $NaHCO_3$ 时

的出水 COD 对比，可以间接说明该电极对于苯酚降解是直接作用还是间接作用。

如图 6-5-5 和图 6-5-6 所示，在反应 120min 后，未添加 $NaHCO_3$ 的体系中 COD 为 34mg/L，添加 $NaHCO_3$ 的体系中 COD 为 118mg/L，COD 降解效率由 93.2%降低至 76.4%，因此可以推断出，自制 Ti/SnO_2 电极在电催化反应过程中不但能够直接氧化降解苯酚，而且通过产生大量的强氧化物·OH 加速苯酚的氧化降解进程。

6.6 三种电催化技术对比试验分析

6.6.1 三种电催化技术对苯酚去除率分析

在极间距 10mm、电流密度 100mA/cm^2、水板比 5mL/cm^2 条件下，三种反应器每隔 10min 出水 COD 测试结果如图 6-6-1 和图 6-6-2 所示。

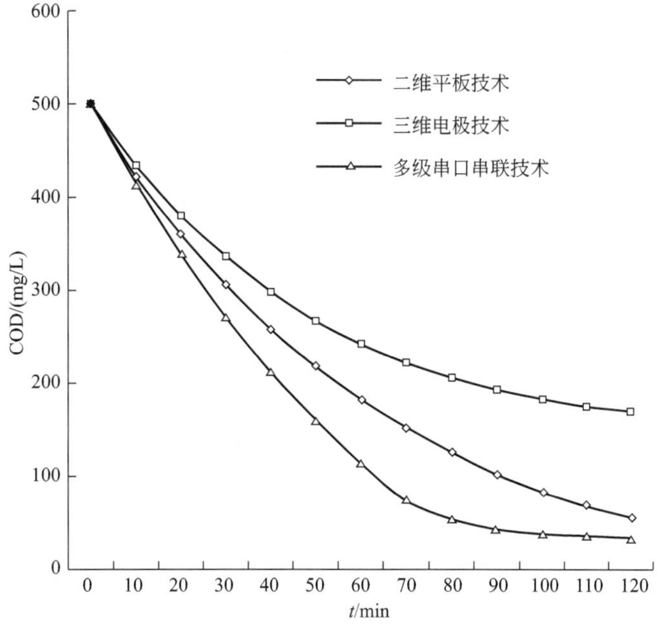

图 6-6-1 三种电催化反应器出水 COD

由以上试验结果可知，在三种反应器的反应初始阶段，COD 下降较快，特别是多级串联粒子电极反应器，在反应 70min 时，其出水 COD 已经下降至 74mg/L，去除效率达到 85.2%；二维平板电极反应器和三维粒子电极反应器出水 COD 分别为 153mg/L 和 222mg/L，去除率分别为 69.4%和 55.6%。随着反应时间的延长，COD 下降较慢，在反应 120min 以后，多级串联粒子电极反应器、二维平板电极反应器和三维粒子电极反应器出水 COD 分别为 34mg/L、56mg/L 和 170mg/L，去除率分别为 93.2%、88.8%和 66.0%。

这是因为在电催化刚开始阶段，苯酚的浓度值较高，溶液和电极表面存在较高的浓度梯度，传质作用也较强，因此在三种反应器中电极上苯酚降解速率很快，体现为 COD 下降较快，但是随着反应的进行，体系中的苯酚浓度大大下降，同时在电催化过程中产生的中间体产物也会对苯酚的氧化降解有一定的竞争作用，因此在反应 70min 后 COD 下降速率变缓，去除率降低。

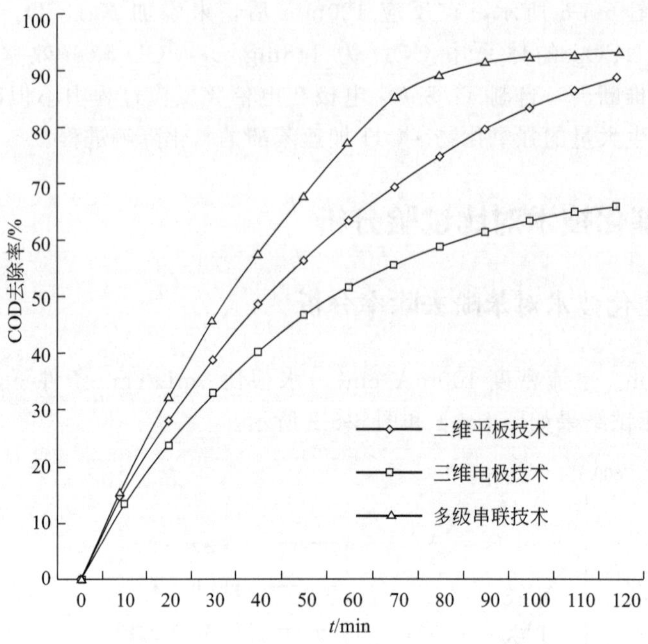

图 6-6-2　三种电催化反应器出水 COD 去除率

6.6.2　三种电催化技术吨水电耗和电流效率分析

（1）关于多级串联粒子电极反应器大电压小电流运行模式的解释：由于本试验中连接球形粒子电极的是尼龙塑料丝，不能直接导电，因此，电流只能通过两个粒子电极之间的水体导通，这是大前提。取除去边缘外的任意一个球形粒子电极为研究对象，单独分析任一粒子电极时，该粒子电极与其余粒子电极间为并联关系，因此电压相同而电流不同。与该粒子电极距离最近的粒子电极有 6 个：分别位于前后左右上下部位，取其距离为 x，而距离该粒子电极稍远的 6 个电极距离为 $1.414x$。默认任何相邻两粒子电极间的导电截面积相同，水体电导率一定，所以两粒子间的电导正比于其相邻距离。因此中间粒子电极间与其相距 x 的 6 个粒子电极间的电流最大，而距离 $1.414x$ 电流衰减约 1.5 倍，距离更远的粒子电极间电流衰减更严重，可忽略不计，又由于该粒子电极的表面积极小，因此在相同槽压条件下，通过单个粒子电极传递的电流相对就非常小。

但是以全部球形粒子电极作为研究对象时，其传导电流的方式为串联，此时电流不变而电压相互叠加，因此总电压应为单个槽压乘以任意两个相邻球形粒子电极的总组合数，最终表现出大电压小电流的运行条件，这是本试验区别于传统二维平板电极和三维粒子电极的重要特点。

（2）电催化工艺的电耗由电流、电压和电解时间决定，电压由阳极电流密度和极间距决定，因此本试验在确定极间距、电流密度和有效阳极面积的条件下，可按照式(6-1) 计算吨水电耗：

$$W=\frac{U\times I\times T}{V\times 0.9} \tag{6-1}$$

式中　W——吨水电耗，kW·h；

I——电流，A；

U——槽电压，V；

T——电解时间，h；

V——处理水量，L；

0.9——直流电源交转直的转化效率。

本试验中多级串联粒子电极反应器、二维平板电极反应器和三维粒子电极反应器运行电流分别为0.157A、8A和8A，槽电压分别为2005.6V、39.6V和47.5V，处理水量分别为3.9L、3.6L和3.9L，根据图6-6-1可得当出水COD均为170mg/L时，反应时间分别为45min、64min和120min，以此计算得出当出水COD均为170mg/L时吨水电耗分别为67.5kW·h、104.3kW·h和216kW·h。由此可知，在出水COD相同条件下时，三种反应器的吨水电耗由小到大依次为$W_{多级串联}<W_{二维平板}<W_{三维电极}$。

其原因是多级串联粒子电极反应器与三维粒子电极反应器相比较，取消了绝缘玻璃珠的加入，减小了废水中的总电阻，消除了短路电流，因此在相同电流密度的前提下，槽电压大大降低，因此吨水电耗较低；多级串联粒子电极反应器与二维平板电极反应器相比较，虽然两者的水板比相同，但是多级串联粒子电极反应器内部粒子电极能够更加均匀地分布在水中，产生的·OH能够更均匀地在体系中传质，最大限度地消除了浓差极化的现象，由于·OH的寿命极短，因此其在体系中的均匀分布对于提升电流的利用效率至关重要，因此其吨水电耗较低。二维平板电极反应器与三维粒子电极反应器相比较，由于两者具有相同的水板比和电流密度，而三维粒子电极反应器由于短路电流现象和绝缘玻璃珠的存在，导致运行过程中电流利用率低而槽电压高，因此其吨水电耗较高。

（3）根据法拉第电解第二定律可知，电催化过程中苯酚降解量取决于通过废水的总电荷量，本研究中电催化降解理论COD可以通过式(6-2)计算得到：

$$COD_{理论}=\frac{I\times T\times N\times 3600\times 8\times 1000}{F\times V} \tag{6-2}$$

式中 I——运行电流，A；

T——反应时间，h；

V——处理量，L；

N——阴阳极板组数；

F——法拉第常数，96485C/mol。

电流效率可根据式(6-3)计算得到：

$$\eta=(COD_{实测}/COD_{理论})\times 100\% \tag{6-3}$$

其中，$COD_{实测}$为实际测量COD，$COD_{理论}$为电催化降解理论COD。根据式(6-3)得出的三种反应器的电流效率如图6-6-3所示。

根据图6-6-3可知，在反应的初始阶段，三种反应器的电流效率均为最高，多级串联粒子电极反应器、二维平板电极反应器和三维粒子电极反应器电流效率分别为8.51%、7.84%和7.19%，随着反应的进行，电流效率均呈现下降趋势，在120min时电流效率均最低，分别为3.89%、3.72%和3.00%。多级串联粒子电极反应器下降比其余两种更为明显，其原因在于相同反应时间下，多级串联粒子电极反应器能够降解更多的苯酚，导致体系中剩余苯酚浓度最低，不利于电流效率的提升，但其绝对值依然大于其余两种。

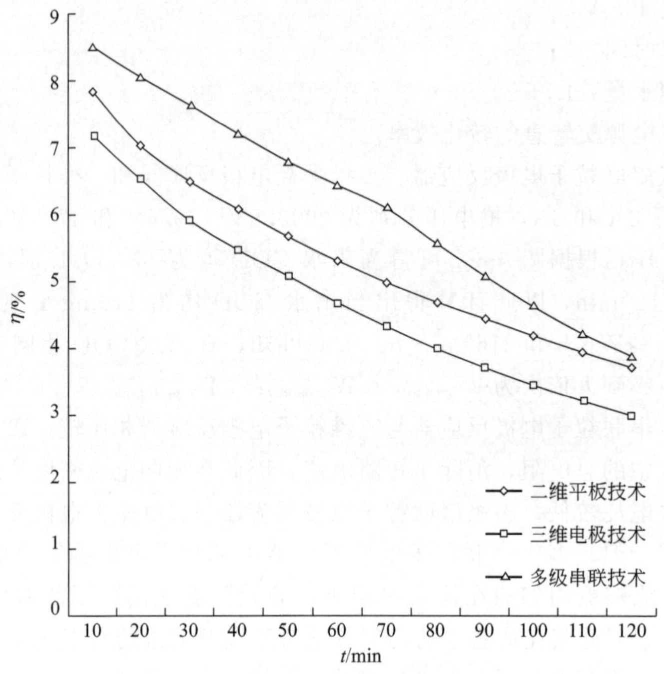

图 6-6-3　三种电催化反应器电流效率

这主要是因为多级串联粒子电极反应器通过等距离固定球形粒子电极的方式，保证任何一个球形粒子电极均不与其相邻的电极接触，消除了三维电极体系中的短路电流，并且由于强氧化物·OH 的寿命极短，在水体中几乎无法传质，而粒子电极均匀分散在水中，产生的·OH 能够更均匀地分布在体系中，避免了·OH 过多的传质过程，这也能够提升电流的利用效率；由于多级串联粒子电极反应器使用的是高压直流电，在保证和二维电极相同电流密度的前提时，槽电压远远高于其余两种反应器，但是电流远远小于其余两种反应器，这就降低了电流造成的热损，即增加了电流利用效率。

6.6.3　三种电催化技术反应动力学方程分析

根据微分法能够确定电催化对于苯酚的降解反应为一级动力学反应，可以根据式(6-4)求得三种反应器的反应速率常数 K：

$$\ln \mathrm{COD}_t = -Kt \tag{6-4}$$

各反应时间条件下的 $\ln \mathrm{COD}_t$ 拟合图如图 6-6-4 所示。

经过拟合后二维平板电极反应器、三维粒子电极反应器和多级串联粒子电极反应器的三条曲线的确定系数 R^2 分别为 0.9977、0.9663 和 0.9756，均大于 0.96，说明在研究范围内苯酚的降解过程遵循一级反应动力学规律。二维平板电极电催化反应器、三维粒子电极电催化反应器和多级串联粒子电极电催化反应器的反应速率常数 K 分别为 0.1825、0.0909 和 0.2535，可知苯酚在三种反应器中的降解反应速率常数由大到小依次为 $K_{多级串联} > K_{二维平板} > K_{三维电极}$，此结果表明多级串联粒子电极电催化反应器的性能优于其余两种。

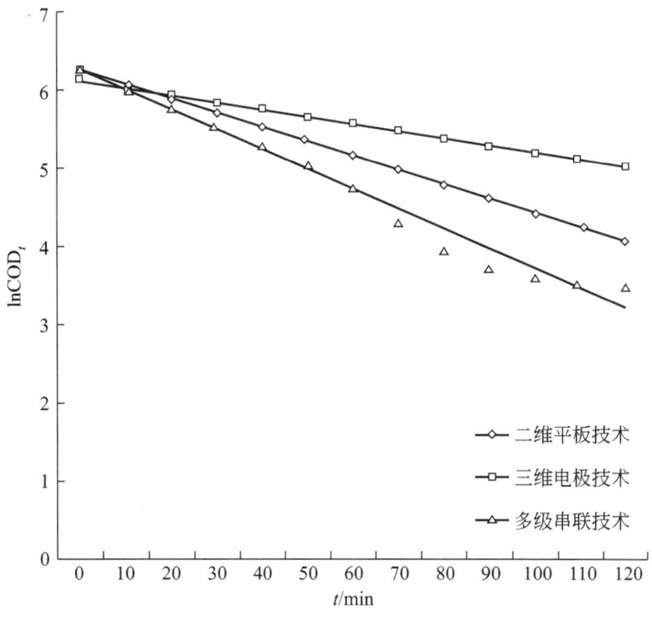

图 6-6-4　反应动力学模型拟合

6.7　多级串联粒子电极工艺总结

（1）通过聚合前驱体法制备的 Ti/SnO_2 电极经过 SEM 和 XRD 分析可知，表面涂层能够完全覆盖钛基体，通过循环伏安测试，得出苯酚在自制 Ti/SnO_2 电极的氧化峰为 1.41V (vs. Ag/AgCl)，峰值电流为 3.40mA/cm^2，说明苯酚在自制 Ti/SnO_2 电极上能够发生直接氧化反应。$NaHCO_3$ 抑制法说明自制 Ti/SnO_2 电极上能够产生·OH，说明苯酚在自制 Ti/SnO_2 电极上能够发生间接氧化反应。

（2）反应初始阶段，COD 下降较快，反应 70min 时，多级串联粒子电极反应器、二维平板电极反应器和三维粒子电极反应器出水 COD 为 74mg/L、153mg/L 和 222mg/L，去除效率为 85.2%、69.4%和 55.6%。随着反应时间的延长，COD 下降较慢，在反应 120min 以后，多级串联粒子电极反应器、二维平板电极反应器和三维粒子电极反应器出水 COD 分别为 34mg/L、56mg/L 和 170mg/L，去除率分别为 93.2%、88.8%和 66.0%。

（3）该多级串联粒子电极技术区别于传统二维平板电极和三维粒子电极电催化技术的重要特点是大电压、小电流的运行条件。

（4）通过多级串联粒子电极反应器、二维平板电极反应器和三维粒子电极反应器对于苯酚溶液的对比降解试验可知，吨水电耗由小到大依次为 $W_{多级串联}<W_{二维平板}<W_{三维电极}$，电流效率由小到大依次为 $W_{三维电极}<W_{二维平板}<W_{多级串联}$。根据微分法能够确定电催化降解苯酚反应为一级动力学反应，并且能够确定三种反应器中的降解反应速率常数由大到小依次为 $K_{多级串联}>K_{二维平板}>K_{三维电极}$。多级串联粒子电极电催化技术在吨水电耗、电流效率以及反应速率三方面均优于传统二维平板电极电催化技术和三维粒子电极电催化技术。

7 隔膜电催化氧化技术处理高氨氮废水研究

7.1 隔膜电催化氧化降解氨氮技术背景

近年来，由于人口剧增、工农业技术和生产力的发展、化学肥料和农家肥料的大面积广泛使用、城镇生活污水和含氮工业废水的排放、生态系统的破坏等多方面因素的综合作用，全球范围内水源的氮污染已经到了一个相当严重的程度。资料和研究表明，城镇生活污水和垃圾中含有的大量氮素中以 NH_4^+-N 为主，而 NH_4^+-N 随污水进入自然水体后，在硝化细菌作用下被氧化成硝酸盐，NO_3^--N 作为 N 的最高氧化态在地球水圈环境中将长久地留存和富集，对人体的健康产生很大的威胁。

目前，含氮废水的处理技术主要包括生物法、物理化学法和电催化法，其中生物法适用性较强，但是具有工艺复杂、运行管理要求高、反应速率缓慢等局限性；物理法本质是通过一定的设备手段，转移浓缩污染物，并未做到真正的无害化处理；传统电催化法为无隔膜电催化技术，且所使用的催化剂多为 Pd、Pt、Ru、Ir、Rh 贵金属负载型催化剂。其中，无隔膜电催化氧化技术因对氮的降解较为彻底、很少或一般不产生二次污染、反应条件温和、可控性强等优点而得到了广泛的应用，但也存在电流效率低、电耗较高的缺点，这也是制约其更大范围推广的瓶颈所在。

本章所述研究以隔膜电催化为基础，开发一种处理含氮废水的有效技术，并探讨最佳试验条件，最终通过与相同处理条件的无隔膜电解反应器的横向对比试验，说明隔膜电催化技术能够解决无隔膜电催化氧化技术中电流利用率较低、吨水处理能耗大的弊端。

7.2 隔膜电催化氧化降解氨氮工艺理论分析

7.2.1 工艺试验方法

本研究中，阳极采用 Ti/RuO_2-SnO_2 析氯电极，阴极采用 Ni-Mo 合金复合析氢电极，阴阳极间隔膜采用阴离子透过膜，构成一个阴极室和一个阳极室，阴阳极室相互串联，含氮废水从阴极室的底部流入，从阴极室的顶部流出后进入阳极室的底部后从阳极室的顶部流出。分别测量含氮废水处理前后的 NO_3^--N、NH_4^+-N 含量，分析隔膜电催化技术降解氮素的效率。

7.2.2 工艺试验原理

隔膜电催化处理含氮废水试验流程如图 7-2-1 所示，其中，试验装置主要由隔膜电催化

反应器、储水箱、进水蠕动泵、直流电源、电导率仪和恒温水浴箱 6 部分组成。含氮废水在进水蠕动泵的作用下，在隔膜电催化反应器和储水箱中循环，通过控制含氮废水电导率、直流电源输出电流、进水蠕动泵的流速以及隔膜电催化反应器的极板间距研究该技术处理含氮废水的最佳条件。

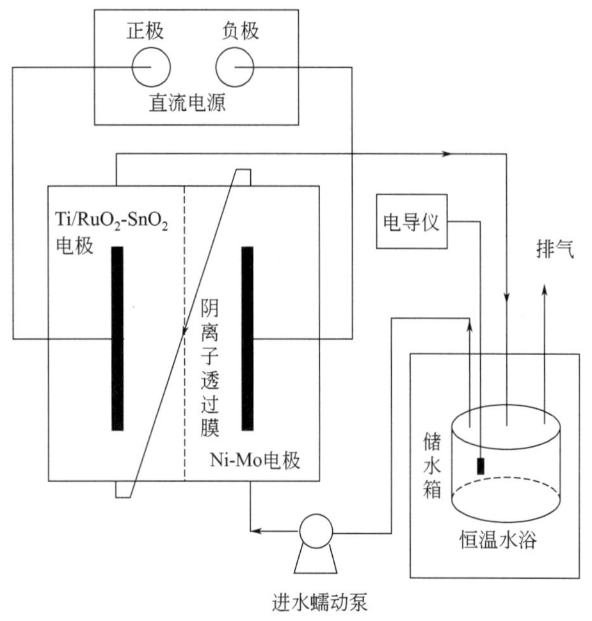

图 7-2-1 隔膜电催化处理含氮废水技术流程图

在施加外部直流电场的条件下，废水所处的电场方向为从 Ti/RuO_2-SnO_2 析氯电极到 Ni-Mo 合金复合析氢电极。阴极室中的 NO_3^--N、NH_4^+-N 在电场力的作用下会向极板表面迁移，最终吸附在电极表面。根据双金属催化还原理论可知，Ni-Mo 合金复合析氢电极通电后会产生活性氢（H∗），H∗会进攻相邻的 O 发动攻击，破坏 N—O 键，形成 O—H 键，NO^{3-} 还原为 NO^{2-}，并且随着 H∗的不断进攻，最终还原为 N_2 和 NH_4^+。随着 Ni-Mo 合金复合析氢电极的通电电解，阴极室中的 pH 会逐渐上升，NH_4^+ 在碱性环境中会转变为 NH_3。阴极室中反应如式(7-1)～式(7-7) 所示。

$$H_2O \longrightarrow H^+ + OH^- \quad (7\text{-}1)$$

$$H^+ + e^- \longrightarrow H* \quad (7\text{-}2)$$

$$2H* + NO_3^- \longrightarrow NO_2^- + H_2O \quad (7\text{-}3)$$

$$2H* + NO_2^- \longrightarrow NO + H_2O \quad (7\text{-}4)$$

$$4H* + 2NO \longrightarrow N_2\uparrow + 2H_2O \quad (7\text{-}5)$$

$$6H* + NO \longrightarrow NH_4^+ + H_2O \quad (7\text{-}6)$$

$$OH^- + NH_4^+ \longrightarrow NH_3 + H_2O \quad (7\text{-}7)$$

阳极室中的 Ti/RuO_2-SnO_2 析氯电极在通电条件下，会产生 ClO^-，在酸性环境中，部分 ClO^- 会转变为 HClO 和 Cl_2，继而将水体中的 NH_3 氧化成 N_2，该反应受到 pH、NH_4^+-N 和 HOCl 浓度等因素的影响，其反应过程和最终产物不一。阳极室中反应如式(7-8)、式(7-9) 所示。

$$HClO+NH_4^+ \longrightarrow H_2O+NH_2Cl+H^+ \quad (7\text{-}8)$$

$$HClO+2NH_2Cl \longrightarrow H_2O+3H^+ +3Cl^- +N_2 \uparrow \quad (7\text{-}9)$$

7.3　工艺设计试验药品及仪器

7.3.1　工艺设计试验药品

工艺设计试验中用到的药品及试剂如表 7-3-1 所示。

表 7-3-1　主要原料和试剂

药品名称	药品规格	药品产地
NaOH	分析纯	天津市化学试剂三厂
H_2SO_4	分析纯	天津市化学试剂三厂
HNO_3	分析纯	天津市化学试剂三厂
硫酸铵	分析纯	天津市化学试剂三厂
硝酸钠	分析纯	天津市化学试剂三厂
草酸	分析纯	天津市科密欧化学试剂有限公司
硝酸镍	分析纯	天津市光复科技发展有限公司
柠檬酸	分析纯	天津市科密欧化学试剂有限公司
乙二醇	分析纯	天津市科密欧化学试剂有限公司
硝酸铜	分析纯	天津市科密欧化学试剂有限公司
对二氯苯	分析纯	天津市科密欧化学试剂有限公司
结晶四氯化锡	分析纯	天津市光复科技发展有限公司
$NaHCO_3$	分析纯	天津市科密欧化学试剂有限公司
硝酸铋	分析纯	天津市科密欧化学试剂有限公司

试验过程中使用 $(NH_4)_2SO_4$ 和 $NaNO_3$ 溶于去离子水中自配含氮废水，含氮废水的初始 NH_4^+-N 为 400mg/L，初始 NO_3^--N 为 100mg/L。

7.3.2　工艺设计试验仪器

工艺设计试验主要仪器如表 7-3-2 所示。

表 7-3-2　主要试验仪器设备及型号

仪器名称	仪器型号	仪器产地
COD 消解仪	DRB200	美国 HACH
分光光度计	DR/2800	美国 HACH
电子天平	AL204	梅特勒-托利多仪器(上海)有限公司
UV-VIS 分光光度计	UV-3600	日本岛津
扫描电镜	EVO-18	德国蔡司公司
直流稳压电源	SKX10020D	天津斯姆德电气设备有限公司

续表

仪器名称	仪器型号	仪器产地
pH 计	FE20	梅特勒-托利多
超声波清洗器	SB25-12DTD	宁波新芝生物科技股份有限公司
低速离心机	KDC-40	科大创新股份有限公司中佳分公司
鼓风式干燥箱	DHG-9123A	上海一恒科学仪器有限公司
真空干燥箱	DZF-6050	上海一恒科学仪器有限公司
蠕动泵	YZ1515	天津市协达电子有限责任公司

7.3.3　工艺设计试验装置

Ni-Mo 合金复合析氢阴极极板长×宽×厚尺寸为 300mm×100mm×2mm，有效面积 $60cm^2$。

Ti/RuO_2-SnO_2 析氯阳极极板长×宽×厚尺寸为 300mm×100mm×2mm，有效面积 $60cm^2$。

小试装置如图 7-2-1 所示。

7.4　试验过程分析方法

试验中所用到的测试指标名称和监测方法如表 7-4-1 所示。

表 7-4-1　水质指标名称和测试方法

序号	指标名称	测试方法
1	NH_4^+-N	采用纳氏试剂分光光度法(GB 7479—1987)
2	NO_3^--N	采用紫外分光光度法(HJ/T 346—2007)

7.5　工艺评价试验过程

本试验保持含氮废水水温 25℃，并取含氮废水 3500mL 放于储水箱中，隔膜电催化反应器有效容积为 3000mL，进水蠕动泵进水流速为 350mL/min。

本试验主要分为两部分研究隔膜电催化处理含氮废水技术效果。

(1) 第一部分的研究

第一部分主要研究隔膜电催化技术处理含氮废水的各最佳分项条件参数，包括如下三个方面的研究。

① 电流密度对处理效果的影响　分别设定电流密度为 $20mA/cm^2$、$40mA/cm^2$、$60mA/cm^2$、$80mA/cm^2$、$100mA/cm^2$、$120mA/cm^2$、$140mA/cm^2$，即直流电源的输出电流分别为 1.2A、2.4A、3.6A、4.8A、6.0A、7.2A、8.4A，含氮废水中 Cl^- 添加量为 1000mg/L，极间距 14mm，每隔 10min 取样测量出水 NH_4^+-N 和 NO_3^--N。

② Cl^- 浓度对处理效果的影响　分别配制 Cl^- 浓度为 200mg/L、400mg/L、600mg/L、

800mg/L、1000mg/L、1200mg/L、1400mg/L 的含氮废水，电流 6.0A，极间距 14mm，每隔 10min 取样测量出水 NH_4^+-N 和 NO_3^--N。

③ 极板间距对处理效果的影响　分别调整阴阳极板间距为 8mm、10mm、12mm、14mm、16mm、18mm、20mm，电流 6.0A，水中 Cl^- 添加量为 1000mg/L，每隔 10min 取样测量出水 NH_4^+-N 和 NO_3^--N。

(2) 第二部分的研究

第二部分主要研究隔膜电催化技术和无隔膜电催化技术在以上最优条件下分别处理含氮废水，在电流效率、吨水电耗方面隔膜电催化技术是否占有明显优势，主要包括如下两个方面的研究。

① 相同电流密度条件下与无隔膜电解技术对比试验　无隔膜电催化反应器就是隔膜电催化反应器中去掉阴离子选择性渗透膜，均在以下条件进行试验：初始水温 25℃，极板间距 8mm，电流密度 $10mA/cm^2$，含氮废水中 Cl^- 浓度 1000mg/L。分别记录两种技术的运行电压，每隔 10min 取样，测量出水 NH_4^+-N 和 NO_3^--N 并进行对比分析。

② 相同吨水电耗条件下与无隔膜电解技术对比试验　试验条件同上，每隔 10min 取样测量出水 NH_4^+-N 和 NO_3^--N，并就两种技术出水作对比分析。

7.5.1 电流密度对处理效果的影响

由图 7-5-1 和图 7-5-2 可以看出，在相同的电解时间条件下，随着电流密度的增加，NH_4^+-N 和 NO_3^--N 氧化速率增大，电流密度对 NH_4^+-N 和 NO_3^--N 的去除的影响比较大，但是电流密度的提高对 NH_4^+-N 和 NO_3^--N 去除率的增加也不是无限的，当超过某一值后，过量的电子不经过电极反应，就会直接进入溶液，使电流效率下降。

从图 7-5-1 和图 7-5-2 中可以看出，在电流密度为 $100mA/cm^2$，电流为 6.0A，电解时

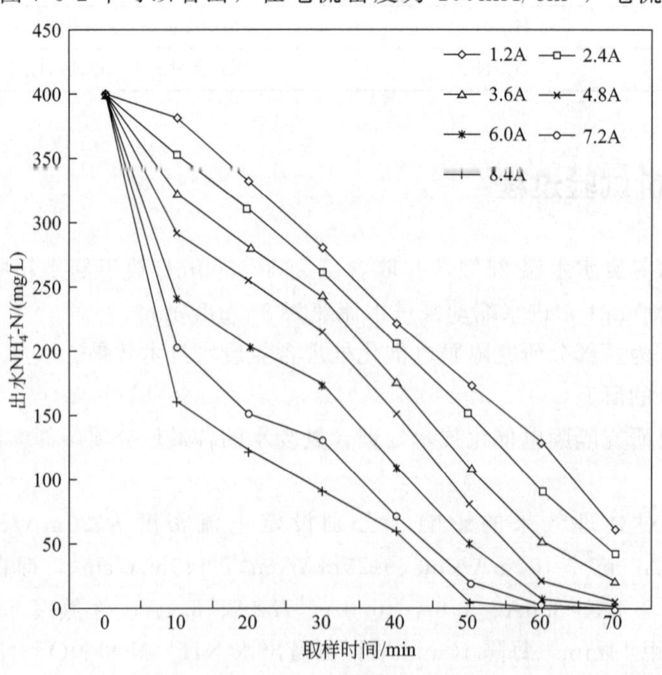

图 7-5-1　不同电流密度出水 NH_4^+-N

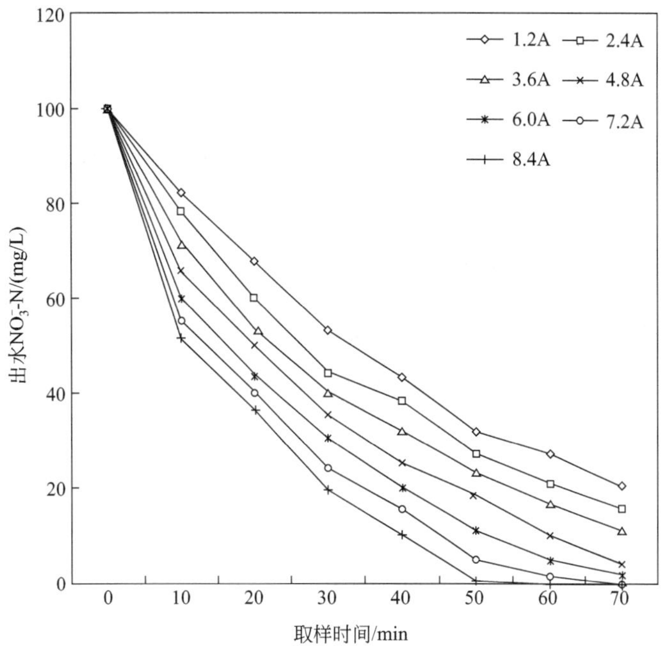

图 7-5-2 不同电流密度出水 NO_3^--N

间为 70min 时 NH_4^+-N 和 NO_3^--N 的浓度就接近 0；再增加电流密度时，多余的电量就会用于电解水，反而降低了电流效率，因此选取最优电流密度为 100mA/cm^2，即最优电流为 6.0A。

7.5.2 Cl$^-$ 浓度对处理效果的影响

当溶液中存在 Cl$^-$ 时，Cl$^-$ 能够促进反应过程中 ClO$^-$ 的产生和氨氮的间接氧化。如图 7-5-3 和图 7-5-4 所示，当含氮废水中 Cl$^-$ 浓度升高时，NH_4^+-N 的去除率升高，一方面是由于 Cl$^-$ 浓度越高，含氮废水的导电能力越强，另一方面是因为 NH_4^+-N 的去除主要是由于间接电化学氧化过程中产生的 Cl_2 和 HClO 引起的。

因为 Cl$^-$ 浓度越高，产生的 Cl_2 或 HClO 浓度越高，所以增加 Cl$^-$ 浓度可以增强间接电化学氧化的效果，对 NH_4^+-N 的去除效果越好，但是当 Cl$^-$ 浓度超过 1000mg/L 后，出水中 NH_4^+-N 和 NO_3^--N 均趋于平缓，这是由于新增加的 Cl$^-$ 相较于水中的 NH_4^+-N 和 NO_3^--N 已经趋于饱和，多余的 Cl$^-$ 即便生成 Cl_2 或者 HClO 后也很少参与进氮素降解的反应中。因此选取 Cl$^-$ 添加浓度为 1000mg/L 为最优条件。

7.5.3 极板间距对处理效果的影响

由图 7-5-5 和图 7-5-6 可以看出，在相同的反应时间时，当极板间距为 8mm 时，含氮废水中 NH_4^+-N 和 NO_3^--N 均最低，因此极板间距越小越有利于电解反应的发生，这主要是极板间距越大，不论是 NH_4^+-N 和 NO_3^--N 的直接降解反应还是间接降解反应，都需要更长的传质距离，这就影响了电流效率，但是由于本研究是在恒定的电流密度条件下进行的，因此极板间距从 8～14mm 的 7 个距离条件下，NH_4^+-N 和 NO_3^--N 出水值相差并不大，但是由

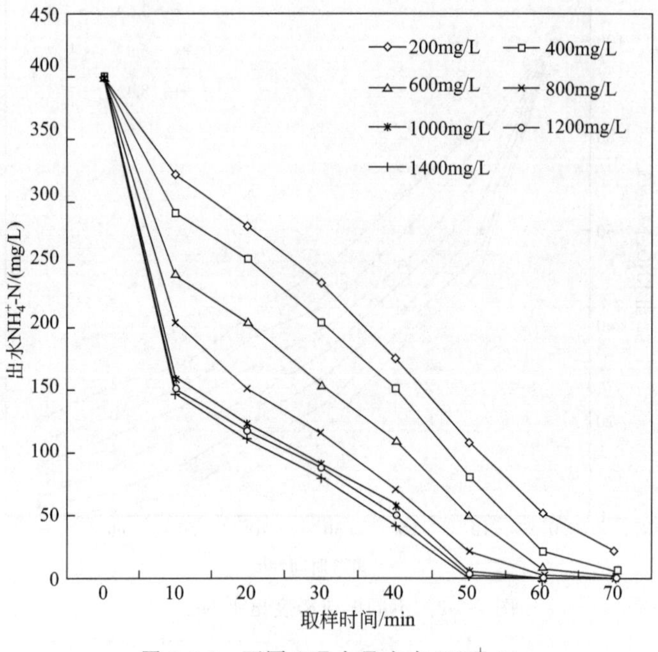

图 7-5-3　不同 Cl^- 含量出水 NH_4^+-N

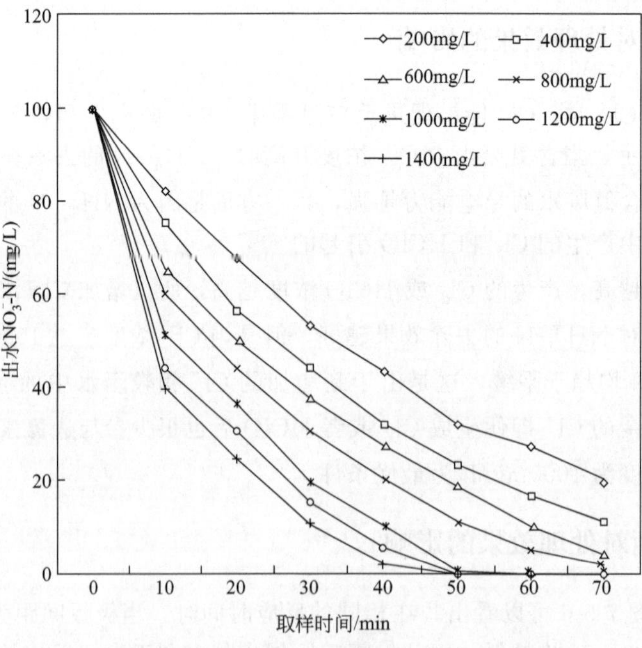

图 7-5-4　不同 Cl^- 含量出水 NO_3^--N

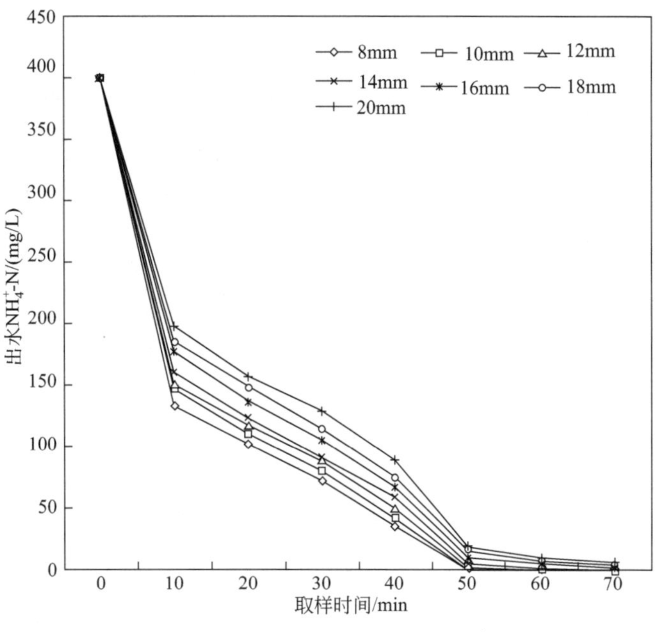

图 7-5-5　不同极板间距出水 NH_4^+-N

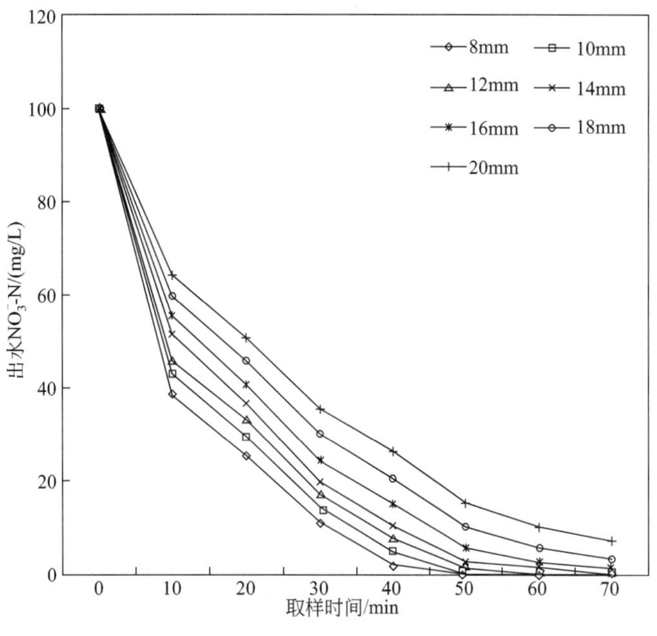

图 7-5-6　不同极板间距出水 NO_3^--N

于极板间距越大，保持恒定电流密度所需要的槽电压越高，因此极板间距越大，整体吨水电耗越大，而极板间距<8mm 时，阴阳极板中间的阴离子选择性透过膜过于接近极板，对于水中的传质过程会造成较大的影响，所以综合考虑选择极板间距 8mm 为最优条件。

7.5.4　相同电流密度与无隔膜电解技术对比试验

如图 7-5-7 所示，在相同电流密度条件下隔膜电催化反应器出水与无隔膜电催化反应器

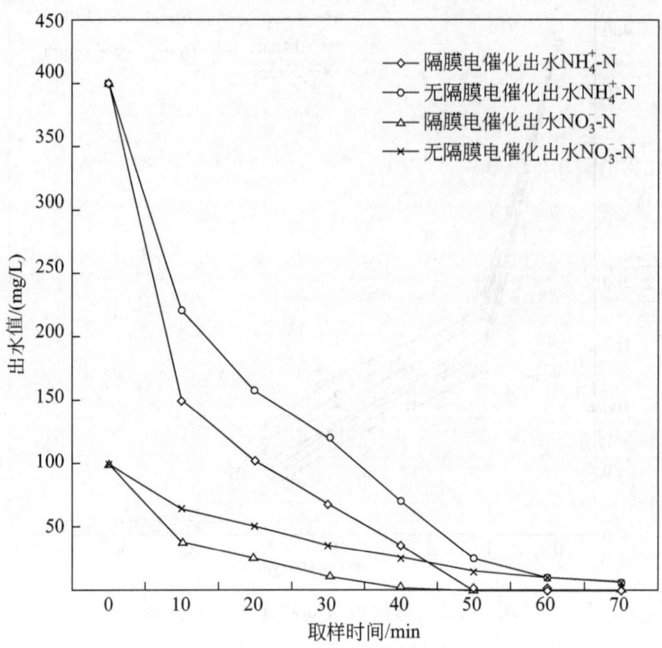

图 7-5-7　相同电流密度下两种技术出水值

出水 NH_4^+-N 和 NO_3^--N 相比较，在相同电解时间条件下，隔膜电催化反应器出水均优于无隔膜电催化反应器出水。

这是由于隔膜电催化反应器在阴离子选择性透过膜的作用下分为阳极室和阴极室，因为阳极室是酸性氧化环境，阴极室是碱性还原环境，含氮废水首先进入阴极室，NO_3^--N 会在活性氢的作用下生成 NH_4^+-N，而 NH_4^+-N 又会与阴极室内的 OH^- 发生以下反应：

$$NH_4^+ + OH^- \longrightarrow NH_3 + H_2O \tag{7-10}$$

其中，阴极室内产生的氢气在逸出水体的过程中会将部分 NH_3 带出到外界空气中，其效果就相当于传统的加碱吹脱法。氨氮废水经过阴极室的加碱吹脱处理后会进入阳极室，阳极室是氧化极室，能够产生 Cl_2、ClO^- 等强氧化剂，会发生以卜反应，其效果就相当十传统折点氯化法。

$$2NH_3 + 3Cl_2 \longrightarrow N_2 + 6HCl \tag{7-11}$$

$$2NH_3 + 3ClO^- \longrightarrow N_2 + 3Cl^- + 3H_2O \tag{7-12}$$

而无隔膜电解由于无法有效区分阴阳极室，因此废水整体 pH 仍旧为中性，并且阴极室产生的活性氢与阳极室产生的 Cl_2、HClO 会相互间发生氧化还原反应，降低电流效率。因此其整体电流的利用效率要低于隔膜电解反应器。电催化工艺的电耗由电流、电压和电解时间决定，可按照式(7-13) 计算吨水电耗。

$$W = \frac{U \times I \times T}{V \times 0.9} \tag{7-13}$$

式中　W——吨水电耗，kW·h；

I——电流，A；

U——槽电压，V；

T——电解时间，h；

V——处理水量，L；

0.9——直流电源交转直的转化效率。

当电流密度为 10mA/cm^2 时，隔膜电催化反应器的槽电压为 5.2V，无隔膜电催化反应器的槽电压为 3.8V，根据式(7-13) 可知，隔膜电催化反应器每 10min 消耗电量 1.49kW・h/t，而无隔膜电催化反应器每 10min 消耗电量 1.09kW・h/t，在相同时间下隔膜电催化反应器的吨水电耗高于无隔膜电催化反应器。

7.5.5　相同吨水电耗与无隔膜电解技术对比试验

如图 7-5-8 所示，在相同吨水电耗条件下隔膜电催化反应器出水 NH_4^+-N 和 NO_3^--N 均优于无隔膜电催化反应器，但是与相同电流密度条件下出水结果相比较，两者出水 NH_4^+-N 和 NO_3^--N 差距缩小，根据式(7-13) 可以反算出，每消耗电量为 1.5kW・h/t 时，隔膜电催化反应器需要 606s，而无隔膜电催化反应器需要 829s，相当于隔膜电催化反应器电解时间的 1.4 倍，因此其出水 NH_4^+-N 和 NO_3^--N 均有所上升，但是仍低于隔膜电催化反应器的出水值，可知隔膜电催化技术处理含氮废水性能优于无隔膜电催化技术。

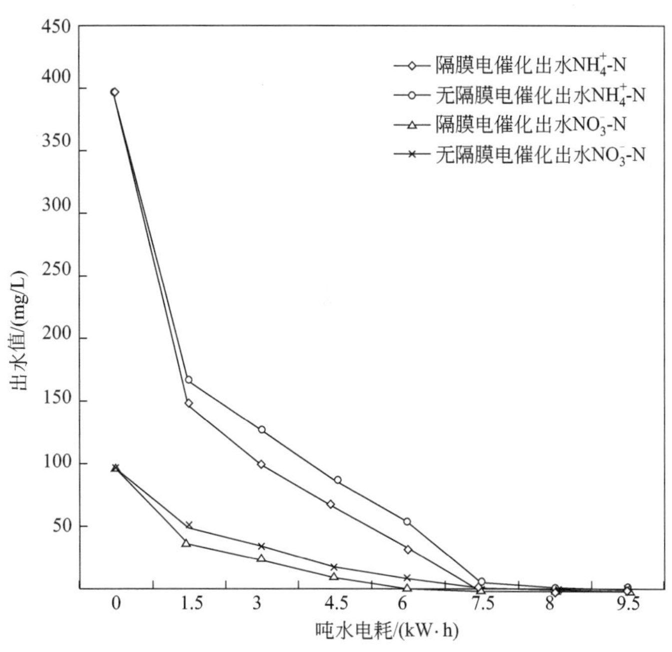

图 7-5-8　相同吨水电耗下两种技术出水值

7.6　隔膜电催化氧化技术处理高氨氮废水工艺总结

(1) 以 Ti/RuO_2-SnO_2 析氯电极为阳极，Ni-Mo 合金复合析氢电极为阴极，以阴离子选择性透过膜为隔膜自制隔膜电催化反应器处理含氮废水最优电流密度为 10mA/cm^2，含

氮废水最优 Cl^- 添加量为 1000mg/L，最优极板间距为 8mm，电解时间 50min 后 NH_4^+-N 和 NO_3^--N 降解效率几乎 100%。

（2）通过隔膜电解反应器和无隔膜电解反应器对于含氮废水的对比降解试验可知，在相同电流密度和电解时间条件下，隔膜电解反应器性能优于无隔膜电解反应器；在相同吨水电耗和电流密度的条件下，隔膜电解反应器依然优于无隔膜电解反应器，但是差值缩小。

参考文献

[1] 冯粒克，喻学敏，白永刚，等.化工园区混合化工废水处理技术研究［J］.污染防治技术，2010，(4)：69-73.

[2] 曲风臣，张恺扬，王敬贤.化工园区污水处理厂设计中应注意的几个问题［J］.化学工业，2010，28(2)：33-36.

[3] 许明，储时雨，蒋永伟，等.太湖流域化工园区污水处理厂尾水人工湿地深度处理试验研究［J］.水处理技术，2014，(5)：87-91.

[4] 黄克文，杨志浪，张国军，等.混凝法预处理某化工园区污水处理厂二级出水的试验研究［J］.电力科技与环保，2010，26(3)：24-28.

[5] 许明，刘伟京，涂勇，等.某化工园区废水处理工程设计实例［J］.化工环保，2014，34(3)：245-249.

[6] 刘静，毛竞.化工园区污水处理厂污水处理工艺研究及应用［J］.青海环境，2012，23(2)：96-100.

[7] 胡冠九，王晓祎，史薇，等.沿江化工园区污水处理厂出水对体外培养的大鼠睾丸细胞生殖毒性研究［J］.环境科学，2009，30(5)：1315-1320.

[8] 石艳玲.某化工园区污水处理厂 Fenton 处理方案的比较研究［J］.环境工程学报，2016，10(9)：5331-5336.

[9] 林长喜，曲风臣，吴晓峰.化工园区污水处理系统的规划、设计［J］.化学工业，2014，32(6)：40-47.

[10] 尚大军，刘智勇.化工园区污水处理系统集成研究进展［J］.化工进展，2013，32(1)：217-221.

[11] 何丹.分析化工园区污水处理厂污水处理工艺研究及应用［J］.石化技术，2017，24(12)：170-170.

[12] 张龙，叶阳阳，曹蕾，等.化工园区污水处理厂规模调整及工艺改造工程设计实例［J］.给水排水，2019，45(4)：75-81.

[13] 徐文江，宁艳英，李安峰，等.水解+ AO+ 深度处理用于化工园区污水处理改造［J］.中国给水排水，2017，33(6)：52-55.

[14] 仲佳鑫.关于海门临江化工园区废水处理模式的研究［J］.环境保护与循环经济，2020，40(4)：31-33，36.

[15] 马羽飞，梅慧瑞，张新国，等.宁夏某煤化工园区污水处理工艺设计［J］.工业用水与废水，2016，47(5)：64-66.

[16] 顾春燕，王斌.化工园区污水处理厂化学需氧量的测试研究［J］.广东化工，2019，393(7)：183-184，186.

[17] 郭辉.某化工园区污水处理厂污泥深度脱水系统设计［J］.中国资源综合利用，2019，39(5)：46-48.

[18] 张永梅，于宗然.化工园区污水处理厂升级改造及中水回用技术探讨与实施方案［J］.化工管理，2019，513(6)：194-195.

[19] 徐富，关国强，张彩吉，等.6000m^3/d 甲醛产业化工园区污水处理工程案例［J］.广东化工，2019，46(10)：125-127.

[20] 张春燕.化工园区污水处理厂工艺改造设计与运行研究［J］.资源节约与环保，2018，205(12)：122-123.

[21] 李延.苏中、苏北化工园区污水处理厂存在的问题与解决建议［J］.污染防治技术，2016，29(6)：45-47.

[22] 王缀成.连云港：化工园区污水处理中水回用实现新突破［J］.表面工程资讯，2008，8(4)：12-12.

[23] 袁新杰.催化氧化处理高难度废水的工业化技术［J］.化工设计通讯，2019，45(2)：224-225.

[24] 金星，高立新，周笑绿.电化学技术在废水处理中的研究与应用［J］.上海电力学院学报，2010，26(1)：90-94.

[25] 金贤，周群英，符福煜.高难度工业废水处理技术方案［J］.精细与专用化学品，2008，16(3)：23-25.

[26] 金贤.精细化工中各类高难度工业废水的诊断与处理［J］.精细与专用化学品，2008，16(12)：30-34.

[27] 吴志坚，宋旭，胡大锵，等.高难度化工废水处理工程实例［J］.污染防治技术，2012，(4)：35-40.

[28] 谢冰，徐亚同.农药废水处理工艺研究［J］.上海环境科学，1996，15(10)：28-30.

[29] 赵伟，陈春兵，冯晓西，等.阻燃剂六溴环十二烷的逆流漂洗工艺改进［J］.环境科学与管理，2007，32(10)：129-132.

[30] 夏世斌，朱长青.微电解-生化组合处理 DCB 染料废水中试研究［J］.三峡大学学报：自然科学版，2006，28

（4）：352-354.

［31］ 江铭. 龙岩造纸厂马尾松 BCTMP 制浆废水处理分析［J］. 化工技术与开发，2011，40（8）：56-59.

［32］ 李海涛，朱其佳，祖荣. 电化学氧化法处理海洋油田废水［J］. 工业水处理，2002，22（6）：23-25.

［33］ 唐亚文，包建春，周益明，等. 碳纳米管负载铂催化剂的制备及其对甲醇的电催化氧化研究［J］. 无机化学学报，2003，19（8）：905-908.

［34］ 王鹏，刘伟藻，方汉平. 垃圾渗沥液中氨氮的电化学氧化［J］. 中国环境科学，2000，20（4）：289-291.

［35］ 李亚卓，张素霞，李晓芳，等. 基于溶胶-凝胶技术的聚烯丙胺基二茂铁化学修饰电极的组装及其对抗坏血酸的电催化氧化［J］. 高等学校化学学报，2003，24（8）：1373-1376.

［36］ 李海丽，朱红乔，曹发和. 电化学还原预处理对 $BiVO_4$ 薄膜电极光电化学氧化水性能的提高［J］. 高等学校化学学报，2013，35（2）：199-203.

［37］ 奚彩明，施毅，赵佳越，等. 炭载 Pd-Ni 合金纳米粒子对甲酸的电催化氧化［J］. 高等学校化学学报，2011，32（6）：1349-1353.

［38］ 李天成，朱慎林. 电催化氧化技术处理苯酚废水研究［J］. 电化学，2005，11（1）：101-104.

［39］ 应传友. 电催化氧化技术的研究进展［J］. 化学工程与装备，2010，8（8）：140-142.

［40］ 赵庆良，李湘中. 化学沉淀法去除垃圾渗滤液中的氨氮［J］. 环境科学，1999，9（5）：90-92.

［41］ 李肖琳，谢陈鑫，秦微，等. 膜分离-光电催化深度处理高盐含聚污水［J］. 环境工程学报，2016，10（8）：4141-4146.

［42］ 徐丽丽，施汉昌，陈金銮. Ti/RuO_2-TiO_2-IrO_2-SnO_2 电极电解氧化含氨氮废水［J］. 环境科学，2007，9（28）：2009-2013.

［43］ 叶舒帆，胡筱敏，张扬，等. 一种新型电化学法处理硝态氮废水的初步研究［J］. 环境科学，2010，8（31）：1827-1833.

［44］ 陈卫国，朱锡海. 电催化产生 H_2O_2 和·OH 及去除废水中有机污染物的应用［J］. 中国环境科学，1998，18（2）：148-150.

［45］ 方荣茂，廖小山，廖斌，等. 电催化氧化法去除黄金冶炼废水中氨氮中试试验［J］. 现代矿业，2014，7（7）：35-37.

［46］ Feng Y J，Li X Y. Electro-catalytic oxidation of phenol on several metal-oxide electrodes in aqueous solution［J］. Water Research，2003，37（10）：2399-2407.

［47］ Ya Xiong，Qingyang Zhong，et al. Removal of cyanide from dilute solution using a cell with three-phase three-dimensional electrode［J］. J Environ Sci Health，2002，37（4）：715-724.

［48］ Duan Y，Wen Q，Chen Y，et al. Preparation and characterization of TiN-doped Ti/SnO_2-Sb electrode by dip coating for Orange Ⅱ decolorization［J］. Applied Surface Science，2014，320：746-755.

［49］ 谢陈鑫，滕厚开，李肖琳，等. 臭氧光电催化耦合处理炼油反渗透浓水［J］. 环境工程学报，2014，8（7）：2865-2869.

［50］ Jian Renfeng. Electro catalysis of anodic oxygen-transfer reaction：The electrochemical incineration of benzoquinone［J］. Electrochem Soc，1991，138（11）：3328-3337.

［51］ Comninellis C H. Electrocatalysis in the electrochemical conversion/combustion of organic pollutants for wastewater treatment［J］. Electrochemical Acta，1994，39（11）：1857-1862.

［52］ 纪红，周德瑞，周育红. CeO_2 对 Ti 基 RuO_2-SnO_2 涂层阳极电催化性能的影响［J］. 稀土，2004，6（25）：41-44.

［53］ 孔亚鹏，陈建设，刘奎仁，等. 脉冲镀 Ni-Mo-Co 合金镀层极其析氢性能［J］. 东北大学学报（自然科学版），2016，6（37）：815-819.

［54］ 时国友，荣化强，郭韬剑. 循环冷却水工艺与水处理药剂对设备管道的影响［J］. 冶金动力，2002，2（4）：55-58.

［55］ Hameed B H，Chin L H，Rengara S. Adsorption of 4-chlorophenol onto activated carbon prepared from rattan sawdust［J］. Desalination，2008，225（42）：185-198.

［56］ Teng Ruling，Wu Kongting，Wu Fengzhin. Kinetic studies on the adsorption of phenol，4-chlorophenol， and 2, 4-dichlorophenol from water using activated carbons [J] . Journal of Environmental Management, 2010, 91 (29) : 2208-2214.

[57] 吴志斌，李媚，廖安平. 颗粒活性炭对 4-氯酚模拟废水吸附研究 [J] . 安徽农业科学，2010，38 (24) : 13343-13344.

[58] 李勇，张伯友，肖贤明，等. 氯酚化合物在活性炭上的吸附 [J] . 水处理技术，2006，32 (3) : 19-33.

[59] 迟春娟，张嗣炯. 液-液萃取法处理高氯难降解有机废水 [J] . 环境污染治理技术与设备，2001，1 (2) : 17-20.

[60] Liu W, Howell J A, Arnot T C, et al. A novel extractive membrane bioreactor for treating biorefractory organic pollutants in the presence of high concentrations of inorganics: application to a synthetic acidic effluent containing high concentrations of chlorophenol and salt [J] . Journal of Membtane Science, 2010, 181 (1) : 127-140.

[61] 孙亚锡，沙布，王晓东，等. 膜生物反应器去除原水中微量 2, 4, 6-三氯酚的研究 [J] . 水处理技术，2007，33 (12) : 42-46.

[62] 张光辉，郝爱玲，陆彩霞，等. 膜生物反应器对水源水中微量二氯酚的去除 [J] . 化工学报，2007，58 (2) : 471-476.

[63] 任荣，张冲，李克勋，等. 季铵盐对活性污泥产率的影响极其去除效果研究 [J] . 中国给水排水，2010，26 (13) : 90-94.

[64] García M T, Ribosa I, Guindulain T, et al. Fate and effect of monoalkyl quaternary ammonium surfactante in the aquatic environment [J] . Environmental Pollution, 2001, 111 (1) : 169-175.

[65] Qin Y, Zhang G Y, Kang B A, et al. Primary aerobic biodegradation of cationic and amphoteric surfactants [J] . Surfactants Deterg, 2005, 8 (1) : 55-58.

[66] 高玉格，张忠智，高伯南，等. 一组混合菌降解水解聚丙烯酰胺和石油的研究 [J] . 工业水处理，2008，28 (9) : 62-66.

[67] 王效成，许慧平，王玉芬. 水中烷基苯磺酸钠的催化氧化处理研究 [J] . 环境科学，1993，14 (6) : 43-48.

[68] 曹征. 鼓泡-絮凝法处理含有阴离子表面活性剂废水 [J] . 环境科学与技术，1992，2 (6) : 37-41.

[69] Casey E Hetrick, Janine Lichtenberger, Michael D Amiridis. Catalytic oxidation of chlorophenol over V_2O_5/TiO_2 catalysts [J] . Applied Catalysis B, 2008, 77 (3) : 255-263.

[70] Stoyanova M, Christoskova St G, Georgieva M. Low-temperature catalytic oxidation of water containing 4-chlorophenol over Ni-oxide catalyst [J] . Matericals Chemistry and Physics, 2003, 248 (1) : 249-259.

[71] 刘琰，孙德智. 高级氧化技术处理染料废水的研究进展 [J] . 工业水处理，2006，26 (6) : 1-5.

[72] Luninita Andronic, Anca Duta. The influence of TiO_2 powder and film on the photodegradation of methyl orange [J] . Materials Chemistry and Physics, 2008, 7 (5) : 32-37.

[73] Kashif Naeem, Ouyang Feng. Parameters effect on heterogeneous photocatalysed degradation of phenol in aqueous dispersion of TiO_2 [J] . Journal of Environmental Sciences, 2009, 18 (21) : 527-533.

[74] Chwei-Huann Chiou, Cheng-Ying Wu, Ruey-Shin Juang. Influence of operating parameters on photocatalytic degradation of phenol in UV/TiO_2 process [J] . Chemical Engineering Journal, 2008, 24 (139) : 322-329.

[75] Xu Xiangrong, Li Shenxin, Li Xiaoyan, et al. Degradation of *n*-butyl benzyl phthalate using TiO_2/UV [J] . Journal of Hazardous Materials, 2009, 33 (164) : 527-532.

[76] Prevot A B, Baiocchi C, Brussino M C, et al. Photocatalytic degradation of Acid Blue 80 in aqueous solutions containing TiO_2 suspensions [J] . Environ Sci Technol, 2001, 29 (35) : 971-976.

[77] Juan Yang, Jun Dai, Chen Chuncheng, et al. Effects of hydroxyl radicals and oxygen species on the 4-chlrorphenol degradation by photoelectrocatalytic reactions with TiO_2-film electrodes [J] . Journal of Photochemistry and Photobiology A: Chemistry, 2009, 45 (208) : 66-77.

[78] Liu Hong, Cheng Shaoan, Wu Ming. Photoelectrocatalytic degradation of sulfosalicylic acid and its electrochemical impedance spectroscopy investigation [J] . Phys Chem A, 2000, 46: 7016-7020.

[79] Xie Quan, Shaogui Yang, Ruan Xiuli. Preparation of titania nanotubes and their environmental application

as electrode [J] . Environ Sci Technol, 2005, 18 (39) : 3770-3775.

[80] Briiala E, Boye B, Sirés I, et al. Electrochemical destruction of chlorophenoxy hericides by anodic oxidation and electro-Fenton using a boron-doped diamond electrode [J] . Acta, 2004, 30 (5) : 4487-4496.

[81] Hoigné J, Bader H. The role of hydroxyl radical reaction in ozonation processes in aqueous solutions [J] . Water Research, 1976, 10: 337-383.

[82] Han Yanhe, Zhang Shanqing, Zhao Huijun. Photoelectrochemical characterization of a robust TiO_2/BDD heterojunction electrode for sensing application in aqueous solutions [J] .Langmuir, 2010, 26 (8) : 6033-6040.

[83] Liu Guangming, Li Xiangzhong, Zhao Jincai, et al. Photooxidation mechanism of dye alizarin red in TiO_2 dispersions under visible illumination: an experimental and theoretical examination [J] . Molecular Catalysis A: Chemical, 2000, 153 (21) : 221-229.

[84] Satoshi Horikoshi, Nick Serpone, Zhao Jincai, et al. Towards a better understanding of the initial steps in the photocatalyzed mineralization of amino acids at the titania/water interface [J] . Photochemistry and Photobiology A: Chemistry, 1998, 51 (118) : 123-129.

[85] Zhu Xinle, Feng Xiaogang, Yuan Chunwei, et al. Photocatalytic degradation of pesticide pyridaben in suspension of TiO_2: Identification of intermediates and degradation pathways [J] . Molecular Catalysis A: Chemical, 2004, 214: 293-300.

[86] Giovanni Palmisano, Vittorio Loddo, Hossan Haned El Nazer, et al. Graphite-supported TiO_2 for 4-nitrophenol degradation in a photoelectrocatalytic reactor [J] . Chemical Engineering Journal, 2009, 155 (16) : 339-346.

[87] Li X Z, Li F B, Fan C M, et al. Photoelectrocatalytic degradation of humic acid in aqueous solution using a Ti/TiO_2 mesh photoelectrode [J] . Water Research, 2002, 36 (34) : 2215-2224.

[88] 樊彩梅，张晓燕，王韵芳. 氧电极在光电催化降解水中苯酚的性能 [J] . 应用化学，2007，27 (4) : 388-392.

[89] Dong Hyun Kim, Marc A Anderson. Photoelectrocatalytic degradation of formic acid using a porous TiO_2 thin-film electrode [J] . Environ Sci Technol, 1994, 28: 479-483.

[90] Gao Bin, Peng Chuang, George Z Chen. Photo-electro-catalysis enhancement on carbon nanotubes/titanium dioxide (CNTs) composite prepared by a novel surfactant wrapping sol-gel method [J] . Applied Catalysis B: Environmental, 2008, (85) : 17-23.

[91] Fabiana M M Paschoal, Marc A Anderson, Maria Valnice B Zanoni. The photoelectrocatalytic oxidative treatment of textile wastewater containing disperse dyes [J] . Desalination, 2009, 249 (32) : 1350-1355.

[92] Marly E Osugi, Krishnan Rajeshwar, Elisa R A Ferraz, et al. Comparison of oxidation efficiency of disperse dyes by chemical and photoelectrocatalytic chlorination and removal of mutagenic activity [J] .Electrochemical Acta, 2009, 54 (12) : 2086-2093.

[93] Hidaka H, Ajisaka K, Horikoshi S, et al. Comparative assessment of the efficiency of TiO_2/OTE thin film electrodes fabricated by three deposition methods: Photoelectrochemical degradation of the DBS anionic surfactant [J] . Journal of Photochemistry and Photobiology A: Chemistry, 2001, 138 (9) : 185-192.

[94] Zhao Baoxiu, Li Xiangzhong, Wang Peng. Degradation of 2, 4-dichlorophenol with a novel TiO_2/Ti-Fe-graphite felt photoelectrocatalytic oxidation process [J] . Journal of Environmental Sciences, 2007, (19) : 1020-1024.

[95] Fabiana Maria Monteiro Paschoal, Greg Pepping, Maria Valnice Boldrin Zanoni. Bromate using Ti/TiO_2 coated as a photocathode [J] . Environ, 2009, 43: 7496-7502.

[96] Hou Yining, Qu Juihui, Zhou Xu, et al. Electro-photocatalytic degradation of acid orange Ⅱ using a novel TiO_2/ACF photoanode [J] . Science of the Total Environment, 2009, 407 (43) : 2431-2439.

[97] Luan Jingfei, Zhao Wei, Feng Jingwei, et al. Structural, photophysical and photocatalytic properties of novel Bi_2AlVO_7 [J] . Journal of Hazardous Materials, 2009, 164 (21) : 781-789.

[98] Xu Yunlan, Jia Jinping, Zhong Dengjie, et al. Degradation of dye wastewater in a thin-film photoelectrocat-

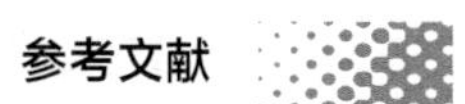

alytic (PEC) reactor with slant-placed TiO_2/Ti anode [J]. Chemical Engineering Journal, 2009, 150 (12): 302-307.

[99] 安太成，何春，朱锡海，等. 三维电极电助光催化降解直接湖蓝水溶液的研究 [J]. 催化学报，2001，22 (2): 193-198.

[100] 吴合进，吴鸣，谢茂松，等. 增强型电场协助光催化降解有机污染物 [J]. 催化学报，2000，21 (5): 399-404.

[101] Li Jingyuan, Lu Na, Xie Quan, et al. Facile method for fabricating boron-doped TiO_2 nanotube array with enhanced photoelectrocatalytic properties [J]. Ind Eng Chem Res, 2008, 47 (19): 3804-3808.

[102] Juliana Carvalho Cardoso, Thiago Mescoloto Lizier, Maria Valnice Boldrin Zanoni. Highly ordered TiO_2 nanotube arrays and photoelectrocatalytic oxidation of aromatic amine [J]. Applied Catalysis B: Environmental, 2010, 99 (2): 96-102.

[103] Tian Min, Wu Guosheng, Brian Adams, et al. Kinetics of photoelectrocatalytic degradation of nitrophenols on nanostructured TiO_2 electrodes [J]. Phys Chem, 2008, 112 (19): 825-831.

[104] Lu Na, Xie Quan, Li JingYuan, et al. Fabrication of boron-doped TiO_2 nanotube array electrode and investigation of its photoelectrochemical capability [J]. Phys Chem, 2007, 111 (26): 11836-11842.

[105] Pardeshi S K, Patil A B. A simple route for photocatalytic degradation of phenol in aqueous zinc oxide suspension using solar energy [J]. Solar Energy, 2008, 82 (34): 700-705.

[106] 刘新育，张东升，张立华，等. TiO_2 光催化降解林可霉素废水的研究 [J]. 工业水处理，2009，29 (3): 40-43.

[107] Kashif Naeem, Ouyang Feng. Parameters effect on heterogeneous photocatalysed degradation of phenol in aqueous dispersion of TiO_2 [J]. Journal of Environmental Sciences, 2009, 21 (3): 527-534.

[108] Ibhadon A O, Greenway G M, Yue Y, et al. The photocatalytic activity and kinetics of the degradation of an anionic azo-dye in a UV irradiated porous titania foam [J]. Applied Catalysis B: Environmental, 2008, 36 (44): 351-355.

[109] 尹红霞，康天放，张雁，等. 电化学催化氧化法降解水中甲基橙的研究 [J]. 环境科学与技术，2008，31 (2): 88-91.

[110] Xie Quan, Ruan Xiuli, Zhao Huimin, et al. Photoelectrocatalytic degradation of pentachlorophenol in aqueous solution using a TiO_2 nanotube film electro [J]. Environmental Pollution, 2007, 57 (147): 409-414.

[111] An Taicheng, Li Guiying, Zhu Xihai, et al. Photoelectrocatalytic degradation of oxalic acid in aqueous phase with a novel three-dimensional electrode-hollow quartz tube photoelectrocatalytic reactor [J]. Applied Cataltsis A: General, 2005, 279 (63): 247-256.

[112] Vinodgopal K, Hotchandani S, Kamat P V. Electrochemically assisted photocatalysis: titania particulate film electrodes for photocatalytic degradation of 4-chlorophenol [J]. Phys Chem, 1993, 97 (53): 9040-9044.

[113] 王静，冯玉杰. 电催化电极与电化学水处理技术的研究应用进展 [J]. 黑龙江大学自然科学学报，2004，21 (1): 126-132.

[114] Rajeshwar K, Ibańez J G, Swain G M. Electrochemistry and environment [J]. Appl Electrochem, 1994, 24 (41): 1077-1091.

[115] An Taicheng, Zhang Wenbing, Xiao Xianming, et al. Photoelectrocatalytic degradation of quinoline with a novel three-dimensional electrode-packed bed photocatalytic reactor [J]. Journal of Photochemistry and Photobiology A: Chemistry, 2004, 46 (161): 233-242.

[116] Pardeshi S K, Patil A B. A simple route for photocatalytic degradation of phenol in aqueous zinc oxide suspension using solar energy [J]. Solar Energy, 2008, 21 (82): 700-705.

[117] Huseyin Selcuk. Disinfection and formation of disinfection by-products in a photoelectrocatalytic system [J]. Water Research, 2010, 9 (44): 3966-3972.

[118] 杜琳，吴进，李桂英，等. 光电催化降解活性艳红 K-2BP 中电解质 NaCl 和 Na_2SO_4 的作用研究 [J]. 化学学报，2006，64 (24)：2486-2490.

[119] Brillas E，Bastida R M，Liosa E，et al. Electrochemical destruction of aniline and 4-chloroaniline for wastewater treatment using a carbon-PTFE-fed cathode [J]. Electrochem Sci，1995，40 (142)：1733-1741.

[120] Michelle Fernanda Brugnera，Krishnan Rajeshwar，Juliano C Cardoso，et al. Biphenyl a removal from wastewater using self-organized TiO_2 nanotubular array electrodes [J]. Chemosphere，2010，78 (11)：569-575.

[121] Maria Valnice B Zanoni，Jeosadaque J Sene，Huseyin Selcuk，et al. Photoelectrocatalytic production of active chlorine on nanocrystalline titanium dioxide thin-film electrodes [J]. Environ Sci Technol，2004，38 (11)：3203-3208.